路由交换技术与网络工程设计

编 著　饶绪黎　章　丞
副主编　何志清　李　昕　张晓惠　郑鸿妍
　　　　林遵豪　陈建颖　林凤华

北京理工大学出版社
BEIJING INSTITUTE OF TECHNOLOGY PRESS

内 容 简 介

本书系统性地融合行业龙头企业的网络系统集成特色与项目实施规范的相关知识,在中小企业网络系统建设与维护的大背景下,以华为路由和交换技术基础为切入点,深刻地刻画了一位网络新人所参与的网络设计、实施、运维的成长历程。

本书从零开始,沿着计算机网络基本概念、网络系统集成通识、网络工程实施规范、交换网络基础、路由网络基础、网络安全技术逐步展开。针对高校课程教学的特点与需求,采用项目化的形式对教学单元进行组织,每个项目都有具体的实践任务,非常适合课堂教学。

本书可以作为计算机网络技术、物联网、智能互联网络技术、信息安全、网络工程、计算机科学与技术等专业相关课程的教材,也可作为网络技术爱好者、网络管理员、技术经理、项目经理的参考用书,还可以作为高校学生参加技能竞赛的参考用书。

版权专有　侵权必究

图书在版编目(CIP)数据

路由交换技术与网络工程设计/饶绪黎,章丞编著
. -- 北京:北京理工大学出版社,2022.11
ISBN 978-7-5763-1752-7

Ⅰ. ①路… Ⅱ. ①饶… ②章… Ⅲ. ①计算机网络-路由选择-教材②网络工程-网络设计-教材 Ⅳ.
①TN915.05②TP393

中国版本图书馆 CIP 数据核字(2022)第 189620 号

出版发行 / 北京理工大学出版社有限责任公司	
社　　址 / 北京市海淀区中关村南大街5号	
邮　　编 / 100081	
电　　话 / (010)68914775(总编室)	
(010)82562903(教材售后服务热线)	
(010)68944723(其他图书服务热线)	
网　　址 / http://www.bitpress.com.cn	
经　　销 / 全国各地新华书店	
印　　刷 / 涿州市新华印刷有限公司	
开　　本 / 787毫米×1092毫米　1/16	
印　　张 / 19	责任编辑 / 王玲玲
字　　数 / 423千字	文案编辑 / 王玲玲
版　　次 / 2022年11月第1版　2022年11月第1次印刷	责任校对 / 刘亚男
定　　价 / 83.00元	责任印制 / 施胜娟

图书出现印装质量问题,请拨打售后服务热线,本社负责调换

前言

计算机网络技术是ICT领域一项重要的基础技术与核心技术。谈其基础，任何一项新兴技术都离不开计算机网络技术的支撑，例如大数据技术、人工智能技术等；谈其核心，当下数字化生活的背景下，任何企业与个人都已经完全离不开网络了，网络的高效、稳定、快速运行，是保障企业数字化生命的关键技术。在这个领域内，网络系统集成行业已经发展多年，形成了一套行之有效的工程实施规范与管理办法，从而为客户的网络项目实施与运维提供了重要的支撑。

网络系统集成行业是历年来用人缺口最大的行业，但可惜的是，大量的用人岗位无法找到能够直接对口的人才，往往需要耗费精力与时间进行大量的岗前培训。而在高校侧，由于没有行业企业介入课堂教学，无法将企业标准、企业流程植入课堂，导致岗课分离。这也是导致人才供需不一致的原因之一。

为了更好地实现企业用人标准与课堂教学的对接，将企业标准与规范植入课堂教学中，本书的编写得到了行业龙头企业福建金科信息技术股份有限公司的大力支持，系统性地融合企业网络系统集成特色与项目管理、实施规范的相关知识，带有编者对这两个方面多年的经验总结和独到的见解，以华为路由和交换技术基础为切入点，将理论与实践紧密结合，采用项目化的形式对教学单元进行组织，逻辑完整，知识点清晰。

本书以一位新人网络工程师参与的网络工程设计、实施与运维任务所需的理论与实践技能为脉络进行了详细阐述。全书共分8个项目：项目1介绍了开启网络工程师之路所需的网络基础知识；项目2介绍了网络系统集成的整体流程；项目3介绍了网络工程实施的规范；项目4讲解了设计实施企业交换网络；项目5讲解了设计实施企业路由网络；项目6介绍了对企业网络的安全加固；项目7阐述了企业网络运维的相关知识；项目8是在前几个项目基础上的综合案例实践。

本书可以作为计算机网络技术、物联网、智能互联网络技术、信息安全、网络工程、计算机科学与技术等专业相关课程的教材，也可作为网络技术爱好者、网络管理员、技术经理、项目经理的参考用书，还可以作为高校学生参加技能竞赛的参考用书。

饶绪黎、章丞负责编写教材大纲、审稿、统稿及指导编写工作。教材项目1由李昕撰写，项目2、3、4、6、7、8由章丞撰写，项目5由张晓惠撰写。何志清总工程师（金科）进行了技术审核。郑鸿妍（金科）、林遵豪、林风华、陈建颖、商懿、王元森、阮诗怀、南凯文、林隆、洪晓东、连宇、孙健、袁明杰亦对本书的形成有重大贡献。

因编者水平有限，书中存在的问题与不足敬请读者批评指正。

编者

目录

项目 1　开启网络工程师之路 ⋯⋯⋯⋯⋯⋯⋯⋯⋯⋯⋯⋯⋯⋯⋯⋯⋯⋯⋯⋯⋯⋯⋯⋯⋯⋯⋯⋯ 1
　1.1　认识计算机网络 ⋯⋯⋯⋯⋯⋯⋯⋯⋯⋯⋯⋯⋯⋯⋯⋯⋯⋯⋯⋯⋯⋯⋯⋯⋯⋯⋯⋯⋯⋯⋯ 2
　　1.1.1　网络的演变与发展 ⋯⋯⋯⋯⋯⋯⋯⋯⋯⋯⋯⋯⋯⋯⋯⋯⋯⋯⋯⋯⋯⋯⋯⋯⋯⋯ 2
　　1.1.2　网络的组成 ⋯⋯⋯⋯⋯⋯⋯⋯⋯⋯⋯⋯⋯⋯⋯⋯⋯⋯⋯⋯⋯⋯⋯⋯⋯⋯⋯⋯⋯ 3
　　1.1.3　网络的分类 ⋯⋯⋯⋯⋯⋯⋯⋯⋯⋯⋯⋯⋯⋯⋯⋯⋯⋯⋯⋯⋯⋯⋯⋯⋯⋯⋯⋯⋯ 4
　　1.1.4　网络的主要性能指标 ⋯⋯⋯⋯⋯⋯⋯⋯⋯⋯⋯⋯⋯⋯⋯⋯⋯⋯⋯⋯⋯⋯⋯⋯⋯ 7
　　1.1.5　网络的功能和应用 ⋯⋯⋯⋯⋯⋯⋯⋯⋯⋯⋯⋯⋯⋯⋯⋯⋯⋯⋯⋯⋯⋯⋯⋯⋯⋯ 8
　1.2　网络体系架构与协议 ⋯⋯⋯⋯⋯⋯⋯⋯⋯⋯⋯⋯⋯⋯⋯⋯⋯⋯⋯⋯⋯⋯⋯⋯⋯⋯⋯⋯ 8
　　1.2.1　TCP/IP 体系结构 ⋯⋯⋯⋯⋯⋯⋯⋯⋯⋯⋯⋯⋯⋯⋯⋯⋯⋯⋯⋯⋯⋯⋯⋯⋯⋯ 9
　　1.2.2　IP 协议 ⋯⋯⋯⋯⋯⋯⋯⋯⋯⋯⋯⋯⋯⋯⋯⋯⋯⋯⋯⋯⋯⋯⋯⋯⋯⋯⋯⋯⋯⋯ 10
　　1.2.3　传输层协议 ⋯⋯⋯⋯⋯⋯⋯⋯⋯⋯⋯⋯⋯⋯⋯⋯⋯⋯⋯⋯⋯⋯⋯⋯⋯⋯⋯⋯ 13
　　1.2.4　其他常见协议 ⋯⋯⋯⋯⋯⋯⋯⋯⋯⋯⋯⋯⋯⋯⋯⋯⋯⋯⋯⋯⋯⋯⋯⋯⋯⋯⋯ 16
　1.3　认知网络工程师工作环境 ⋯⋯⋯⋯⋯⋯⋯⋯⋯⋯⋯⋯⋯⋯⋯⋯⋯⋯⋯⋯⋯⋯⋯⋯⋯⋯ 21
　　1.3.1　网络设备认知 ⋯⋯⋯⋯⋯⋯⋯⋯⋯⋯⋯⋯⋯⋯⋯⋯⋯⋯⋯⋯⋯⋯⋯⋯⋯⋯⋯ 21
　　1.3.2　网络工程师常用软硬件 ⋯⋯⋯⋯⋯⋯⋯⋯⋯⋯⋯⋯⋯⋯⋯⋯⋯⋯⋯⋯⋯⋯⋯ 21
　项目实施 ⋯⋯⋯⋯⋯⋯⋯⋯⋯⋯⋯⋯⋯⋯⋯⋯⋯⋯⋯⋯⋯⋯⋯⋯⋯⋯⋯⋯⋯⋯⋯⋯⋯⋯⋯ 24
　　任务一：安装使用华为 eNSP 模拟器 ⋯⋯⋯⋯⋯⋯⋯⋯⋯⋯⋯⋯⋯⋯⋯⋯⋯⋯⋯⋯⋯ 24
　　任务二：华为设备常用命令 ⋯⋯⋯⋯⋯⋯⋯⋯⋯⋯⋯⋯⋯⋯⋯⋯⋯⋯⋯⋯⋯⋯⋯⋯⋯ 27
　项目总结 ⋯⋯⋯⋯⋯⋯⋯⋯⋯⋯⋯⋯⋯⋯⋯⋯⋯⋯⋯⋯⋯⋯⋯⋯⋯⋯⋯⋯⋯⋯⋯⋯⋯⋯⋯ 31
　思考与练习 ⋯⋯⋯⋯⋯⋯⋯⋯⋯⋯⋯⋯⋯⋯⋯⋯⋯⋯⋯⋯⋯⋯⋯⋯⋯⋯⋯⋯⋯⋯⋯⋯⋯⋯ 31

项目 2　初探企业网络系统集成 ⋯⋯⋯⋯⋯⋯⋯⋯⋯⋯⋯⋯⋯⋯⋯⋯⋯⋯⋯⋯⋯⋯⋯⋯⋯ 33
　2.1　企业网络概述 ⋯⋯⋯⋯⋯⋯⋯⋯⋯⋯⋯⋯⋯⋯⋯⋯⋯⋯⋯⋯⋯⋯⋯⋯⋯⋯⋯⋯⋯⋯⋯ 34
　　2.1.1　不同行业的网络类型 ⋯⋯⋯⋯⋯⋯⋯⋯⋯⋯⋯⋯⋯⋯⋯⋯⋯⋯⋯⋯⋯⋯⋯⋯ 34
　　2.1.2　网络系统集成项目分类 ⋯⋯⋯⋯⋯⋯⋯⋯⋯⋯⋯⋯⋯⋯⋯⋯⋯⋯⋯⋯⋯⋯⋯ 37
　　2.1.3　企业网络设计目标与原则 ⋯⋯⋯⋯⋯⋯⋯⋯⋯⋯⋯⋯⋯⋯⋯⋯⋯⋯⋯⋯⋯⋯ 38

2.2 网络系统集成认知 ·· 40
2.2.1 网络系统集成概述 ·· 40
2.2.2 项目角色 ·· 41
2.2.3 项目生命周期 ·· 47
2.2.4 项目实施流程 ·· 48
2.3 网络建设项目启动 ·· 49
2.3.1 项目建议书 ··· 49
2.3.2 可行性分析 ··· 50
2.3.3 招投标流程 ··· 51
2.3.4 设备选型 ·· 57
项目实施 ·· 68
任务：根据招标书进行设备选型 ······························ 68
项目总结 ·· 72
思考与练习 ·· 72

项目 3 规范实施网络工程 ··· 74
3.1 项目技术方案 ·· 75
3.1.1 技术方案概述 ·· 75
3.1.2 设计方案研讨 ·· 75
3.1.3 技术方案文档制作 ·· 76
3.2 项目实施方案 ·· 78
3.2.1 实施方案概述 ·· 78
3.2.2 综合布线方案 ·· 78
3.2.3 设备调试方案 ·· 85
3.2.4 项目实施方案 ·· 89
3.3 项目实施计划 ·· 91
3.3.1 实施计划编写原则 ·· 91
3.3.2 实施计划撰写 ·· 91
3.4 设备到货签收 ·· 92
3.4.1 设备到货签收 ·· 92
3.4.2 设备加电验收 ·· 92
3.5 设备上架与布线 ·· 93
3.5.1 上架工具准备 ·· 93
3.5.2 设备上架安装 ·· 94
3.5.3 进行线缆连接 ·· 95
3.5.4 设备标签与线缆标签 ······································ 96
3.6 项目验收 ·· 97
3.6.1 项目验收分类 ·· 97

  3.6.2 项目验收内容 ·· 97
  3.6.3 项目验收流程 ·· 105
  3.6.4 项目验收可能存在的问题 ·· 106
项目实施 ··· 107
  任务一：设备开箱、上架、加电、验收 ··· 107
  任务二：设备初始化配置 ·· 111
  任务三：制作双绞线 ·· 115
项目总结 ··· 117
思考与练习 ·· 117

项目 4 设计实施企业交换网络

 4.1 局域网体系架构 ·· 120
  4.1.1 以太网技术概述 ··· 120
  4.1.2 冲突域与广播域 ··· 121
  4.1.3 CSMA/CD ·· 122
  4.1.4 以太网技术发展 ··· 122
 4.2 交换机设备简介 ·· 123
  4.2.1 以太网交换机的硬件结构 ·· 123
  4.2.2 交换机的转发原理 ·· 124
  4.2.3 交换机的基础配置 ·· 125
 4.3 VLAN 技术 ·· 126
  4.3.1 VLAN 技术简介 ··· 126
  4.3.2 VLAN 的原理 ·· 127
  4.3.3 VLAN 的配置 ·· 129
  4.3.4 VLAN 间路由 ·· 130
 4.4 生成树协议 STP ·· 135
  4.4.1 二层网络的冗余 ··· 135
  4.4.2 生成树协议简介 ··· 136
  4.4.3 生成树协议工作原理 ··· 137
  4.4.4 生成树协议端口状态 ··· 140
  4.4.5 生成树协议的配置 ·· 141
  4.4.6 快速生成树协议 ··· 142
 4.5 DHCP 协议 ·· 145
  4.5.1 DHCP 技术概述 ··· 145
  4.5.2 DHCP 工作过程 ··· 146
  4.5.3 DHCP 中继 ·· 147
项目实施 ··· 147
  任务一：交换机基础配置 ·· 147

任务二：交换机的 VLAN 与中继配置 ·· 149
　　任务三：交换机 VLAN 间路由配置（三层交换机实现方式）·················· 154
　　任务四：交换机 VLAN 间路由配置（单臂路由实现方式）······················ 158
　　任务五：交换机生成树的配置 ·· 161
　　任务六：DHCP 服务配置 ··· 165
项目总结 ··· 166
思考与练习 ··· 167

项目 5　设计实施企业路由网络 ··· 168
5.1　路由基础 ·· 169
　　5.1.1　路由的基本概念 ··· 169
　　5.1.2　路由表 ·· 169
　　5.1.3　路由信息的来源 ··· 171
　　5.1.4　路由的优先级 ·· 172
　　5.1.5　路由的开销 ··· 172
5.2　静态路由与默认路由 ··· 173
　　5.2.1　静态路由的概述 ··· 173
　　5.2.2　静态路由和默认路由的配置方法 ··· 173
　　5.2.3　静态路由配置案例 ·· 175
　　5.2.4　浮动静态路由和负载均衡 ·· 177
5.3　动态路由协议及分类 ··· 180
　　5.3.1　距离矢量路由协议 ·· 182
　　5.3.2　链路状态路由协议 ·· 183
5.4　距离矢量路由协议 RIP ·· 184
　　5.4.1　RIP 路由协议工作原理 ··· 185
　　5.4.2　RIP 路由环路避免 ··· 188
　　5.4.3　RIP 的缺陷 ··· 192
　　5.4.4　RIPv2 的配置和实施 ·· 193
5.5　链路状态路由协议 OSPF ·· 194
　　5.5.1　OSPF 的一些重要概念 ·· 195
　　5.5.2　OSPF 的 LSA 类型 ·· 201
　　5.5.3　OSPF 的配置和实施 ··· 202
项目实施 ··· 203
　　任务一：静态路由协议的配置 ·· 203
　　任务二：RIPv2 的基本配置 ··· 208
　　任务三：OSPF 单区域的配置 ·· 212
　　任务四：OSPF 多区域的配置 ·· 218
项目总结 ··· 224

思考与练习 ·· 225

项目 6　实施企业网络安全加固 ·· 228

6.1　访问控制列表 ·· 229

6.1.1　ACL 的基本原理 ··· 229
6.1.2　配置 ACL 规则 ··· 231
6.1.3　ACL 的应用建议 ··· 234

6.2　网络地址转换技术 ·· 234

6.2.1　静态 NAT ··· 234
6.2.2　动态 NAT ··· 235
6.2.3　Easy IP ·· 237
6.2.4　NAT Server ·· 238

项目实施 ·· 239

　　任务一：访问控制列表的应用 ·· 239
　　任务二：Easy IP 的配置应用 ·· 243

项目总结 ·· 244

思考与练习 ·· 245

项目 7　运维网络系统 ··· 246

7.1　网络巡检 ·· 247

7.1.1　巡检的概念 ·· 247
7.1.2　巡检工作流程 ·· 247

7.2　网络变更 ·· 250

7.2.1　网络变更定义 ·· 250
7.2.2　网络割接概述 ·· 251
7.2.3　网络割接内容 ·· 251
7.2.4　网络优化概述 ·· 252
7.2.5　网络优化内容 ·· 253

7.3　故障处理 ·· 254

7.3.1　网络故障概述 ·· 254
7.3.2　网络故障分类 ·· 254
7.3.3　常见故障处理方法 ··· 255

项目实施 ·· 255

　　任务一：某客户网络设备巡检 ·· 255
　　任务二：撰写网络巡检报告 ·· 263

项目总结 ·· 268

思考与练习 ·· 268

项目 8　设计并实施网络工程案例 ··· 269

8.1　项目概述 ·· 270

- 8.2 需求分析 ………………………………………………………………… 270
- 8.3 拓扑设计 ………………………………………………………………… 271
- 8.4 网络规划 ………………………………………………………………… 271
  - 8.4.1 设备选型 …………………………………………………………… 271
  - 8.4.2 IP 地址规划 ………………………………………………………… 272
  - 8.4.3 设备接口对接表 …………………………………………………… 274
  - 8.4.4 设备命名 …………………………………………………………… 276
  - 8.4.5 运营商线路选择 …………………………………………………… 276
  - 8.4.6 路由规划 …………………………………………………………… 276
  - 8.4.7 省中心及福州总部局域网规划 …………………………………… 277
- 8.5 试点调试 ………………………………………………………………… 278
  - 8.5.1 配置模板 …………………………………………………………… 278
  - 8.5.2 网络设备状态测试 ………………………………………………… 286
  - 8.5.3 网络连通性测试 …………………………………………………… 287
  - 8.5.4 路由选路测试 ……………………………………………………… 288
- 8.6 实施周期安排及验收 …………………………………………………… 288
  - 8.6.1 实施周期安排 ……………………………………………………… 288
  - 8.6.2 验收文档 …………………………………………………………… 289
- 项目总结 ……………………………………………………………………… 290

参考文献 …………………………………………………………………… 291

项目 1

开启网络工程师之路

【项目背景】

小陈是一名刚毕业的大学生，在高中阶段，他就在网上结识了不少朋友，网络对他来说充满了神秘感。他想揭开网络神秘的面纱，想知道计算机网络是如何演变和发展的，也想知道网络由什么组成，有哪些分类，网络是如何工作的……而且他还有一个目标，就是大学毕业以后要做一名网络工程师。如今他如愿以偿进入了一家网络系统集成公司成为一名实习生。虽然在校期间他学过网络的相关知识和技能，但是很遗憾已经都基本忘了。但是现在工作促使他重新将丢失的知识和技能捡起来。

在本项目中，我们将同小陈一起跟着项目经理老张探索什么是计算机网络，了解网络体系架构与协议，熟悉各种网络设备和常用软硬件，我们将一起完成华为 eNSP 模拟器的使用，会使用华为设备的常用命令来进行模拟实验。希望通过我们共同努力，实现从网络小白到网络达人华丽转变。

【知识结构】

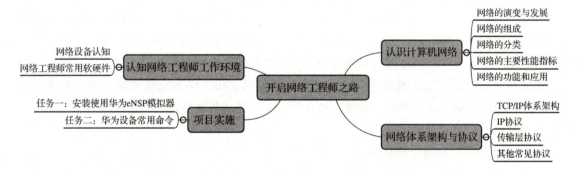

【项目目标】

知识目标：
- 了解计算机网络的演变与发展
- 认识计算机网络的组成
- 理解计算机网络的分类
- 掌握计算机网络的主要性能指标

- 理解 TCP/IP 体系结构及协议簇
- 对网络设备有基本认知

技能目标：
- 能够按照规范选择不同的线缆进行设备连接
- 能够熟练使用终端软件对网络设备进行配置
- 能够熟练使用华为 eNSP 模拟器

【项目分析与准备】

1.1 认识计算机网络

计算机网络是指将地理位置不同的具有独立功能的多台计算机及其外部设备，通过通信线路连接起来，在网络操作系统、网络管理软件及网络通信协议的管理和协调下，实现资源共享和信息传递的计算机系统。

1.1.1 网络的演变与发展

计算机网络出现的历史不长，但发展很快，它经历了一个从简单到复杂的演变过程。一般将计算机网络的形成与发展进程分为以下 4 代，但这四个阶段在时间划分上并非截然分开，而是有部分重叠的，这是因为网络的演进是逐渐的，而非在某个日期发生了突变。

➢ **第 1 代——面向终端的计算机通信网络**

第 1 代计算机网络在 20 世纪 50 年代中期至 60 年代末期出现，计算机技术与通信技术初步结合，形成了计算机网络的雏形。此时的计算机网络是指以单台计算机为中心的远程联机系统。美国 IBM 公司在 1963 年投入使用的飞机订票系统 SABRE – 1 就是这类系统的典型代表之一。此系统以一台中央计算机为网络的主体，将全美范围内的 2 000 多个终端通过电话线连接到中央计算机上，实现并完成了订票业务。在单计算机的联机网络中，已经涉及了多种通信技术、多种数据传输与交换设备。从计算机技术看，这种系统中多个用户终端分时使用主机上的资源，此时的主机既要承担数据的通信工作，又要完成数据处理的任务，因此，主机负荷较重，效率不高。此外，由于每个分时终端都要独占一条通信线路，致使线路的利用率降低，系统费用增加。

➢ **第 2 代——初级计算机网络**

第 2 代计算机网络又称为计算机 – 计算机网络。在 20 世纪 60 年代末期至 70 年代中后期，在单主机联机网络互联的基础上，完成了计算机网络体系结构与协议的研究，形成了初级计算机网络。此时的计算机网络以交换机为通信子网的中心，并由若干个主机和终端构成了用户的资源子网，而且是以分组交换技术为基础理论的。世界上公认的第一个最成功的远程计算机网络是在 1969 年，由美国高级研究计划局（Advanced Research Project Agency，ARPA）组织和成功研制的 ARPAnet 网络。美国高级研究计划局的 ARPAnet 在 1969 年建成了具有 4 个节点的试验网络，1971 年 2 月建成了具有 15 个节点、23 台主机的网络并投入使用，它是世界上最早出现的计算机网络之一，现代计算机网络的许多概念和方法都来源于它。目前，人们通常认为它就是网络的起源，同时也是 Internet 的起源。这时的 ARPAnet 网络首先将上个计算机网络划分为"通信子网"和"资源子网"两大部分，当今的计算机网络仍沿用这种组合方式。在计算机网络中，计算机通信子网完成全网的数据传输和转发等通信处理工作；计算机资源子网承担全网的数据处理业务，并向网络用户提供各种网络资源和网络服务。第 1 代和第 2 代计算机网络的主要区别是：前者以被各终端共享的单台计算机（资源所在地）为中心，而后者则以通信子网为中心，用户共享的资源子网在通信子网的外围。

> 第 3 代——开放式的标准化计算机网络

在 20 世纪 70 年代初期至 90 年代中期，计算机网络在解决了计算机联网和网络互联标准问题的基础上，提出了开放系统的互联参考模型与协议，促进了符合国际标准化的计算机网络技术的发展。因此，第 3 代计算机网络指的是"开放式的标准化计算机网络"。

这里的"开放式"是相对于那些只能符合独家网络厂商要求的各自封闭的系统而言的。在开放式网络中，所有的计算机和通信设备都遵循着共同认可的国际标准，从而可以保证不同厂商的网络产品可以在同一网络中顺利地进行通信。事实上，目前存在着两种占主导地位的网络体系结构，一种是 ISO（国际标准化组织）的 OSI（开放式系统互连）体系结构，另一种是 TCP/IP（传输控制协议/网际协议）体系结构。

> 第 4 代——新一代综合型、智能化、宽带高速网络

在 20 世纪 90 年代初期，计算机网络与 Internet（即因特网）向着全面互连、高速和智能化发展，并得到了广泛的应用。此外，为保证网络的安全，防止网络中的信息被非法窃取，网络中要求更强大的安全保护措施。目前正在研究与发展着的计算中网络由于 Internet 的进一步普及和发展，使网络面临的带宽（即网络传输速率和流量）限制问题更加突出，网络安全问题日益增加，多媒体信息（尤其是视频信息）传输的实用化和因特网上 IP 地址紧缺等困难逐步显现。因此，新一代计算机网络应满足高速大容量、综合性、数字信息传递等多方位的需求。随着高速网络技术的发展，目前一般认为，第 4 代计算机网络是以千兆交换式以太网技术、ATM 技术、帧中继技术、波分多路复用等技术为基础的宽带综合业务数字化网络为核心来建立的，其中的 ATM 技术已经成为 21 世纪通信子网中的关键技术。综上所述，各种相关的计算机网络技术和产业必将对 21 世纪的政治、经济、军事、教育和科技的发展产生更大的影响。

1.1.2 网络的组成

在讨论计算机网络的组成时，可以从多个角度来讨论。

> 从组成部分来看

一个完整的计算机网络主要由硬件、软件和协议三大部分组成，缺一不可。

硬件主要由主机（也称端系统）、通信链路（如双绞线、光纤）、交换设备（如路由器、交换机等）和通信处理机（如网卡）等组成。

软件主要包括各种实现资源共享的软件和方便用户使用的各种工具软件（如网络操作

系统、邮件收发程序、FTP程序、聊天程序等）。

协议是计算机网络的核心，协议规定了网络传输数据时所遵循的规范。就如同我们现实生活中的法律一样，网络世界也必须遵循一定的规则。

> 从工作方式来看

计算机网络（主要指Internet）可分为边缘部分和核心部分。

边缘部分由所有连接到因特网上、供用户直接使用的主机组成，用来进行通信（如传输数据、音频或视频）和资源共享。

核心部分由大量的网络和连接这些网络的路由器组成，它为边缘部分提供连通性和交换服务。

> 从功能组成来看

计算机网络由通信子网和资源子网组成。

通信子网由各种传输介质、通信设备和相应的网络协议组成，它使网络具有数据传输、交换、控制和存储的能力，实现计算机之间的数据通信。

资源子网是实现资源共享功能的设备及其软件的集合，向网络用户提供共享其他计算机上的硬件资源、软件资源和数据资源的服务。

1.1.3 网络的分类

对计算机网络的分类可以从以下几个不同的角度进行：按网络所覆盖的地理范围分类、按网络的传输技术分类、按拓扑结构分类、按使用者分类、按交换技术分类、按传输介质分类等。

> 按网络所覆盖的地理范围分类

计算机网络按其覆盖的地理范围进行分类，可以分为以下3类。

广域网（Wide Area Network，WAN），也称远程网。广域网提供长距离通信，通常是几十千米到几千千米的区域，比如跨国通信。连接关于网的各节点交换机的链路一般都是高速链路，具有较大的通信容量。

城域网（Metropolitan Area Network，MAN）。覆盖范围跨越几个街区甚至整个城市，覆盖范围为5～50 km，城域网大多采用以太网技术，因此有时也常并入局域网的范围进行讨论。

局域网（Local Area Network，LAN）。范围几十米到几千米的区域。一般用微机或工作站通过高速线路相连。传统上，局域网使用广播技术，而广域网使用交换技术。

个人区域网（Personal Area Network，PAN）。个人区域网就是在个人工作的地方把属于个人使用的电子设备（如便携式电脑等）用无线技术连接起来的网络，因此也常称为无线个人区域网（Wireless PAN，WPAN），其范围很小，大约在10 m。

顺便指出，若中央处理机之间的距离非常近（如仅1 m的数量级或甚至更小些），则一般就称之为多处理机系统，而不称它为计算机网络。

> 按传输技术分类

网络所采用的传输技术决定了网络的主要技术特点。根据数据传输方式的不同，计算机网络可以分为"广播式网络"和"点对点网络"两个大类。

广播网络（Broadcasting Network）中的计算机或设备使用一个共享的通信介质进行数据传播，网络中的所有节点都能收到任何节点发出的数据信息。广播网络中的传输方式目前有以下3种。

①单播（Unicast）：发送的信息中包含明确的目的地址，所有节点都检查该地址，如果与自己的地址相同，则处理该信息；如果不同，则忽略。

②组播（Multicast）：将信息传输给网络中的部分节点。

③广播（Broadcast）：在发送的信息中使用一个指定的代码标识目的地址，将信息发送给所有的目标节点。当使用这个指定代码作为目的地址传输信息时，所有节点都接收并处理该信息。

点对点网络（Point to Point Network）中的计算机或设备以点对点的方式进行数据传输，两个节点间可能有多条单独的链路。这种传播方式应用于广域网中。

以太网和令牌环网属于广播网络，而 ADSL（Asymmetric Digital Subscriber Line，非对称数字用户线路）属于点对点网络。

> **按拓扑结构分类**

网络拓扑结构是指网络总的节点（路由器、主机等）与通信线路（网线）之间的几何关系（如总线形、环形）表示的网络结构，主要指通信子网的拓扑结构，其在很大程度上决定了网络的工作方式。网络的拓扑结构通常有如下几种：总线型、星型、环型、树型和网状结构，如图1-1所示。

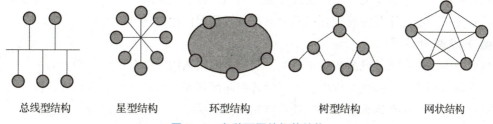

图1-1　各种不同的拓扑结构

■ **总线型结构**

总线型结构是将各个节点的设备用一根总线连接起来，网络中的所有节点（包括服务器、工作站和小旧机等）都通过这条总线进行信息传输，任何一个节点的信息都可以沿着总线向两个方向传输，并能被总线中所有其他节点接收。

总线型网络中使用的多是广播式的传输技术。

总线型结构的特点如下：

总线两端必须有终结器，用于吸收到达总线末端的信号，否则，信号会从总线末端反射回总线中，造成网络传输的误码；在一个时刻只能允许一个用户发送数据，否则会产生冲突；若总线断裂，则整个网络失效。

总线型拓扑结构在早期建成的局域网中应用非常广泛，现在所建成的新的局域网中已经很少使用了。

■ 星型结构

星型结构是以中央节点为中心，把若干外围节点连接起来形成辐射式的互连结构，中央节点对各设备间的通信和信息交换进行集中控制与管理。

星型网络中使用的传输技术要根据中央节点来决定，若中央节点是交换树，则传输技术为点到点式；若中央节点是共享式 Hub，则传输技术为广播式。

星型结构的特点如下：每台主机都是通过独立的线缆接到中心设备，线缆成本相对于总线结构要高一些，但是任何一条线缆的故障都不会影响其他主机的正常工作；中心节点是整个结构中的关键点，如果出现故障，整个网络都无法工作。星型结构是局域网中最常使用的拓扑结构。

■ 环型结构

环型结构是将各节点通过一条首尾相连的通信线路连接起来形成封闭的环，环中信息的流动是单向的，由于多个节点共用一个环，因此必须进行适当的控制，以便决定在某一时刻哪个节点可以将数据放在环上。环型网络中使用的传输技术通常是广播式。

环型结构的特点如下：同一时刻只能有一个用户发送数据；环中通常会有令牌用于控制发送数据的用户顺序；发送出去的数据沿着环路转一圈后会由发送方将其回收。

环型结构在局域网中已经越来越少见。

■ 树型结构

树型结构从星型结构派生而来，各节点按一定层次连接起来，任意两个节点之间的通路都支持双向传输，网络中存在一个根节点，由该节点引出其他多个节点，形成一种分级管理的集中式网络，越是顶层的节点，其处理能力越强，对于低层解决不了的问题，可以申请高层节点解决。其适用于各种管理部门需要进行分级数据传送的场合。

■ 网状结构

网状结构是从广播域网的角度来看的，又有全网状结构和部分网状结构之分。

①全网状结构。全网状结构中，所有设备都两两相连，以提供冗余性和容错性。

优点：每个节点在物理上都与其他节点相连，如果一条线路出现故障，信息仍然可以通过其他多条链路到达目的地。

缺点：当网络节点很多时，链路介质的数量及链路间连接的数量就会非常大，因此实现全网状结构的拓扑非常困难，也非常昂贵。

②部分网状结构。部分网络结构中，至少有一个节点与其他所有节点相连。

优点：网络中的连接仍然具有冗余性，当某条链路不可用时，依然能采用其他链路传递数据。这种结构用于许多通信骨干网及因特网中。

> 按使用者分类

根据网络的应用类型，可以把计算机网络分为公用网和专用网。

公用网（Public Network），也称公众网。一般由电信部门组建、管理和控制，网络内的传输和交换装置可以租给任何部门和单位使用。只要符合网络拥有者的要求，就能使用这一网络，其是为全社会所有人提供服务的网络。

专用网（Private Network）。指某个部门为满足本单位特殊业务需要而建造的网络。这种网络不向本单位以外人的提供服务。如铁路、典礼、军队等部门专用网络。

> 按交换技术分类

根据网络的交换技术，可以将计算机网络分为电路交换网、报文交换网和分组交换网。

电路交换网络，在源节点和目的节点之间建立起一条专用的通路用于传输数据，包括建立连接（占用通信资源）、传输数据（一直占用通信资源）和断开连接（释放通信资源）三个阶段。最典型的电路交换网是传统电话网络。该类网络的特点是整个报文的比特流连续的从源点直达终点，好像在一条管道中传送。在通信期间始终使用该路径，并且不允许其他用户使用，通信结束后断开所建立的路径。

报文交换网络，也称存储-转发网络。用户数据加上源地址、目的地址、校验码等辅助信息，然后封装成报文，这个报文传送到相邻节点，全部存储后，再转发给下一个节点，重复这一过程直到到达目的节点。每个报文可以单独选择到达目的节点的路径。

分组交换网络，也称包交换网络。其原理是将数据分成较短的固定长度的数据块，在每个数据块中加上目的地址、源地址等辅助信息组成分组（包），以储存-转发方式传输。

> 按传输介质分类

传输介质可分为有线和无线两大类。

有线网络可分为双绞线网络、同轴电缆网络等。

无线网络可分为蓝牙、微波、无线电等类型。

1.1.4 网络的主要性能指标

影响网络性能的因素有很多，如传输的距离、使用的线路、传输技术、带宽等。对用户而言，则主要体现在所获得的网络速度不一样。计算机网络的主要性能指标是指带宽、吞吐量和时延。

> 带宽

在局域网和广域网中，都使用带宽（Bandwidth）来描述它们的传输容量。带宽本来是指某个信号具有的频带宽度。带宽的单位为 Hz（或者 kHz、MHz 等）。

在通信线路上传输模拟信号时，将通信线路允许通过的信号频带范围称为线路的带宽（或通频带）。

在通信线路上传输数字信号时，带宽就等同于数字信道所能传输的"最高数据率"。数字信道传输数字信号的速率称为数据率或比特率。带宽的单位是比特每秒（b/s），即通信线路每秒所能传输的比特数。例如，以太网的带宽为 10 Mb/s，意味着每秒能传输 10 Mb，传输每比特用 0.1 μs。目前以太网的带宽有 10 Mb/s、100 Mb/s、1 000 Mb/s、10 Gb/s 等几种类型。

> 吞吐量

吞吐量（Throughout）是指一组特定的数据在特定的时间段经过特定的路径所传输的信息量的实际测量值。由于诸多原因，使得吞吐量常常远小于所用介质本身可以提供的最大数字带宽。决定吞吐量的因素包括：网络互连设备；所传输的数据类型；网络的拓扑结构；网络上的并发用户数量；用户的计算机；服务器；拥塞。

> 时延

时延（Delay 或 Latency）是指一个报文或分组从一个网络（或一条链路）的一端传输到另一端所需的时间。通常来讲，时延是由以下几个不同的部分组成的。

①发送时延。发送时延是节点在发送数据时使数据块从节点进入传输介质所需的时间，也就是从数据块的第一个比特开始发送算起，到最后一个比特发送完毕所需的时间，又称为传输时延。

②传播时延。传播时延是电磁波在信道上传播定的距离所花费的时间。

③处理时延。处理时延是指数据在交换节点为存储转发而进行一些必要的处理所花费的时间。

1.1.5 网络的功能和应用

计算机网络的功能主要表现在以下四个方面。

> 数据传送

数据传送是计算机网络的最基本功能之一，用于实现计算机与终端或计算机与计算机之间传送各种信息。

> 资源共享

充分利用计算机系统硬、软件资源是组建计算机网络的主要目标之一。

> 提高计算机的可靠性和可用性

提高可靠性表现在计算机网络中的各计算机可以通过网络彼此互为后备机，一旦某台出现故障，故障机的任务就可由其他计算机代为处理，避免了单机故障时无后备机情况下，某台计算机出现故障而导致系统瘫痪的现象，大大提高了系统可靠性。

提高计算机可用性是指当网络中某台计算机负担过重时，网络可将新的任务转交给网络中较空闲的计算机完成，这样就能均衡各计算机的负载，提高了每台计算机的可用性。

> 易于进行分布式处理

计算机网络中，各用户可根据情况合理选择网内资源，以就近、快速地处理。对于较大型的综合性问题，可通过一定的算法将任务交换给不同的计算机，达到均衡使用网络资源，实现分布处理的目的。此外，利用网络技术，能将多台计算机连成具有高性能的计算机系统，对于解决大型复杂问题，比用高性能的大、中型机费用要低得多。

计算机网络的这些重要功能和特点，使得它在经济、军事、生产管理和科学技术等部门发挥重要的作用，成为计算机应用的高级形式，也是实现办公自动化的主要手段。

1.2 网络体系架构与协议

计算机网络涉及计算机技术、通信、使用多个方面，复杂而有秩序。网络普遍存在于军事、工业、教学、家庭、公司集团等中。在网络的管理中，有着严格的管理秩序。计算机网络体系就是通过网络将所有的计算机连接在一起，实现信息的共享。

计算机网络体系结构是计算机网络及其部件所应该完成功能的精确定义。这些功能究竟由何种硬件或软件完成,是遵循这种体系结构的。体系结构是抽象的,实现是具体的,是运行在计算机软件和硬件之上的。

世界上第一个网络体系结构是美国 IBM 公司于 1974 年提出的,它取名为系统网络体系结构(System Network Architecture,SNA)。凡是遵循 SNA 的设备就称为 SNA 设备。这些 SNA 设备可以很方便地进行互连。不久后,其他一些公司也相继推出自己公司的具有不同名称的体系结构。不同的网络体系结构出现后,使用同一个公司生产的各种设备都能够很容易地互连成网。这种情况显然有利于一个公司垄断市场。但由于网络体系结构的不同,不同公司的设备很难互相连通。全球经济的发展使得不同网络体系结构的用户迫切要求能够互相交换信息。

1.2.1 TCP/IP 体系结构

为了使不同体系结构的计算机网络都能互连,国际标准化组织 ISO 于 1977 年成立了专门机构研究该问题。他们提出了一个试图使各种计算机在世界范围内互连成网的标准框架,即著名的开放系统互连基本参考模型(Open Systems Interconnection Reference Model,OSIRM),简称为 OSI。"开放"是指非独家垄断的。因此,只要遵循 OSI 标准,一个系统就可以和位于世界上任何地方的,也遵循这一标准的其他任何系统进行通信。

然而到了 20 世纪 90 年代初期,虽然整套的 OSI 国际标准都已经制定出来了,但由于基于 TCP/IP 的互联网已抢先在全球相当大的范围成功地运行了,而与此同时,却几乎找不到有什么厂家生产出符合 OSI 标准的商用产品。因此人们得出这样的结论:OSI 只获得了一些理论研究的成果,但在市场化方面则事与愿违地失败了。现今规模最大的、覆盖全球的、基于 TCP/IP 的互联网并未使用 OSI 标准。

TCP/IP 的体系结构比较简单,它只有四层。图 1-2 给出了用这种四层协议表示方法的例子。请注意,图中的路由器在转发分组时最高只用到网络层而没有使用传输层和应用层。

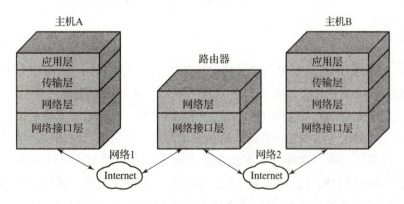

图 1-2 TCP/IP 四层协议的表示方法举例

应当指出,技术的发展并不是遵循严格的 OSI 分层概念。实际上,现在的互联网使用的 TCP/IP 体系结构有时已经演变为图 1-3 所示的那样,即某些应用程序可以直接使用 IP 层,甚至直接使用最下面的网络接口层。

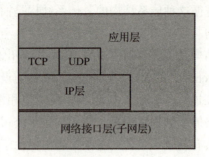

图1-3 TCP/IP体系结构的另一种表示方法

还有一种方法,就是分层次画出具体的协议来表示TCP/IP协议簇(图1-4),它的特点是上下两头大而中间小:应用层和网络接口层都有多种协议,而中间的IP层很小,上层的各种协议都向下汇聚到一个IP协议中。这种很像沙漏计时器形状的TCP/IP协议簇表明:TCP/IP协议可以为各式各样的应用提供服务(所谓的everything over IP),同时,TCP/IP协议也允许IP协议在由各式各样网络构成的互联网上运行(所谓的IP over everything)。正因为如此,互联网才会发展到今天的这种全球规模。从图1-4不难看出IP协议在互联网中的核心作用。

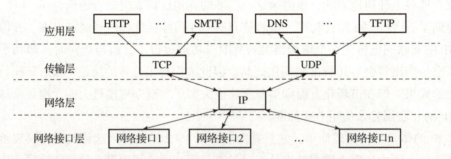

图1-4 沙漏计时器形状的TCP/IP协议簇示意图

1.2.2 IP协议

IP是建立TCP/IP网络的基本协议,它向其他运行在网络层中或网络层之上的协议提供了数据传送服务。IP协议向传输层提供一种无连接的、不可靠的服务。因为无连接,数据交换前无须在发送方和接收方之间建立一条专用通信线路。发送方只需将数据通过网络接口传送到网络上,数据在网络中逐站被传送时,途中站点根据网络当时的实际情况来决定下一站点的选择,即路径选择。这种方式下无法预先确定数据将沿着哪条线路到达目的地。以"无连接"方式来传输数据时,可能会出现数据丢失、重复等现象,其可靠性不高,但优点是灵活方便,可实现线路最大的利用率。IP协议的不可靠性使得传输层必须使用可靠的TCP协议,以保证向高层提供可靠的数据传输服务。

TCP/IP网络中的IP就如同邮政服务中的"标准信封",在这个基本的、有效的传送机制中,任何种类的数据都能插入该"标准信封"中,如图1-5所示。

| 网络接口层协议头 | IP头 | IP有效负载(TCP, UDP, ICMP) | 网络接口层协议尾 |

图1-5 IP数据传送上传来的数据

因为IP需要用于传送大量不同类型的数据,所以,在设计中,IP只向上层提供所需的最小服务,而把诸如分组确认、流量控制之类的实现留给了TCP之类的上层协议。形象地说,IP是个廉价的初级邮件服务,在此基础上如果需要提供特殊的保障,可以再在IP头中增加附加选项,就像寄一个挂号邮件或其他特殊邮件一样。

> IP协议的功能

尽管IP传输缺少面向连接的服务和可靠的质量保证,但是IP仍然承担了大量的责任。实际上,IP涉及了TCP/IP传输中的一些最复杂的操作,归纳起来,IP协议所定义的主要功能包括以下内容。

①将上层数据(如TCP、UDP数据)或同层的其他数据(如ICMP数据)封装到IP数据报中。

②将IP数据报传送到最终目的地。

③为了使数据能够在链路子上进行传输,对数据进行分段。

④确定数据报到达其他网络中的目的地的路径。

总的来说,IP需要定义一系列的功能,决定如何创建数据报,如何使用数据报通过一个物理网络。当计算机数据发送时,IP协议软件执行一组任务;当从另一台计算机接收数据时,IP协议软件执行另一组任务。

当发送数据时,源计算机上的IP协议软件必须确定目的地是在同一个网络(本地)上,还是在另一个网络上。IP通过执行这两项计算并对结果进行比较,才能确定数据到达目的地网络。如果目的地在本地,那么IP协议软件就启动直达通信;如果目的地是远程计算机,那么IP必须通过计算网关或路由器进行通信。在大多数情况下,这个网关应当是默认网关。当源IP完成了数据报的准备工作时,它就将数据报传递给网络访问层,网络访问层再将数据报传送到传输介质,最终完成数据帧发往目的计算机的过程。当数据抵达目的计算机时,网络访问层首先接收该数据。网络访问层要检查数据帧有无错误,并将数据帧送往正确的物理地址。假如数据帧到达目的地址正确无误,网络访问层便从数据帧的其余部分中提取数据有效负载(Payload),然后将它一直传送到帧层次类型字段指定的协议。在这种情况下,可以说数据有效负载已经传递给了IP。当接收到来自网络访问层的数据报时,IP首先要确定数据报本身在传递过程中是否出现错误。接着,IP对数据报中包含的目的IP地址进行比较,以确定数据报是否已经送达正确的计算机。

> IP数据报格式

图1-6给出了IP数据报的格式。在网络运行中,每个协议层或每个协议都包含一些供它自己使用的信息。这些信息通常置于数据的前面,通常把它称为报头。报头中含有若干特定的信息单元,称为字段,一个字段可以包含数据报要发往的地址,或者用来描述数据到达目的地时应该对数据进行何种操作。

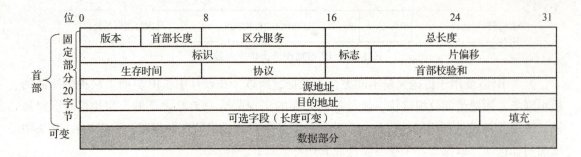

图 1-6 IP 数据报格式

在互联层间，数据报以数据报的格式相互进行传递。其中，IP 数据报格式中的前面部分就是 IP 报头，紧接着的才是 IP 数据报数据的有效负载。源计算上的 IP 协议软件负责创建 IP 报头（即打包），而目的地计算机的 IP 软件则要查看 IP 报头信息中的指令（即解包），以确定应对数据报中的数据有效负载执行什么操作。IP 报头中存在着大量的信息，包括源主机和目的主机的 IP 地址，甚至包含对路由器的指令。IP 数据报从源计算机经过的每个路由器都要查看甚至更新 IP 报头中的某个部分。

➢ **IP 地址的分类**

IPv4 地址是一个包含 32 位二进制数的组合，一般写成点分十进制，例如 192.168.1.1。IP 地址的组成分为网络位和主机位。根据网络位和主机位的不同，可分为 A 类、B 类、C 类、D 类和 E 类 5 大类。每个类中有特定的私有地址段，可供任意组织和个人在网络内部随意使用，无法在公网中使用，见表 1-1。

表 1-1 IP 地址的分类

类别	网络位	主机位	地址范围	私有地址段
A	8	24	0.0.0.0 ~ 127.255.255.255	10.0.0.0 ~ 10.255.255.25
B	16	16	128.0.0.0 ~ 191.255.255.255	172.16.0.0 ~ 172.31.255.255
C	24	8	192.0.0.0 ~ 223.255.255.255	192.168.0.0 ~ 192.168.255.255
D	—	—	224.0.0.0 ~ 239.255.255.255	—
E	—	—	240.0.0.0 ~ 255.255.255.255	—

IP 地址一般与子网掩码共同使用。子网掩码标识了 IP 地址中哪些位是网络位，哪些位是主机位。例如，255.255.255.0 换算成二进制为 11111111.11111111.11111111.00000000，标识 IP 地址的前三个 8 位组都是网络位，最后一个 8 位组是主机位。

1.2.3 传输层协议

从通信和信息处理的角度看,传输层向它上面的应用层提供通信服务,它属于面向通信部分的最高层,同时也是用户功能中的最低层。当网络边缘部分的两台主机使用网络核心部分的功能进行端到端通信时,只有主机的协议栈才有传输层,而网络核心部分中的路由器在转发分组时,都只用到下三层的功能。

在 TCP/IP 协议簇中,传输层运行两个协议:传输控制协议(TCP)和用户数据报协议(UDP),它们均利用 IP 层提供的服务进行运行。也就是说,TCP 和 UDP 的协议数据单元都要经过 IP 协议封装成 IP 数据报来传送。TCP 提供端到端的可靠的、面向连接的服务。UDP 提供端到端的不可靠的、无连接的服务。

1.2.3.1 传输端口

传输层实现主机应用进程间的通信,往往有多个应用进程需要传输层提供服务,那么如何识别不同的应用进程呢?在 TCP/IP 协议中采用端口,为每一端口分配一个端口号,是应用进程的唯一标识。端口号(Protocol Port)是传输层引入的一个非常重要的概念,TCP 和 UDP 都使用端口进行寻址,它们分别拥有自己的端口号,这些端口号可以共存于一台主机而互不干扰。在多种任务环境中,每个端口对应于主机上的一个进程。例如,对于每个 TCP/IP 实现来说,FTP 服务器的 TCP 端口号都是 21,每个 Telnet 服务器的 TCP 端口号都是 23,每个 TFTP(简单文件传输协议)服务器的 UDP 端口号都是 69。任何 TCP/IP 实现所提供的服务都用 1~1023 之间的端口号。这些人们所熟知的端口号由 Internet 端口号分配机构(Internet Assigned Numbers Authority,IANA)进行管理。

TCP/IP 的端口值长度为 16 位,取值范围为 0~255。表 1-2 和表 1-3 列出了一些最常用的 TCP 和 UDP 端口。用户在利用 TCP 或 UDP 编写自己的应用程序时,应避免使用这些端口号。TCP 和 UDP 分别可以提供 216 个不同的端口。端口的分配方式有两种:一是保留端口,二是自由端口。小于 1 024 的端口号为保留端口,保留端口采用全局分配方式。

表 1-2 常见熟知的 TCP 端口

TCP 端口号	关键字	描述
21	FTP	文件传输协议
23	TELNET	远程登录协议
25	SMTP	简单邮件传输协议
53	DOMAIN	域名服务器
80	HTTP	超文本传输协议
110	POP3	邮件协议

表 1-3 常见熟知的 UDP 端口

UDP 端口号	关键字	描述
53	DOMAIN	域名服务器
69	TFTP	简单文件传输协议
161	SNMP	简单网络管理协议

客户端通常对它所使用的端口号并不关心，只需保证该端口号在本机上是唯一用户就可以了。客户端口号又称为临时端口号（即存在时间很短暂）。这是因为它通常只是在用户运行该客户程序时才存在，而服务器只要开着，其服务就运行。

1.2.3.2 TCP 协议

IP 协议提供的是不可靠的数据报服务。数据报在传输过程中可能出现差错、丢失、顺序错乱等现象。而 TCP 必须为上层进程提供可靠的数据传输服务，为此，TCP 需要对 IP 层进行"弥补"和"加强"，以提供一个可靠的（包括传输数据不重复、不丢失和顺序正确）、面向连接的、全双工的数据流传输服务。

> **TCP 协议的功能**

TCP 协议主要功能如下：

①建立和释放连接：TCP 允许在不同主机上的两个进程之间建立连接，实现全双工数据传输，传输结束后释放连接。为了确保成功、正确地连接和释放，TCP 在连接时使用"3 次握手"技术，释放时采用"文雅释放"技术。

②基本数据传输：TCP 将上层数据看成字节流，为了传输方便，字节流被分成若干段。每段是一个传输层的协议数据单元，每个段被封装在 IP 数据报中传输。

③可靠性控制：TCP 通过连接提供确认、滑动窗口、超时重传、流量控制等技术来保证数据传输的可靠性。

④多路复用：能为多个进程提供并行传输连接。在传输层协议之上的应用层协议中，远程登录协议 TELNET、电子邮件协议 SMTP、文件传送协议 FTP 等都使用面向连接的 TCP 协议。

> **TCP 报文格式**

TCP 协议的报文首部格式如图 1-7 所示。

TCP 报文也分为首部和数据段两部分，首部长度可变，用"数据偏移"字段指示首部长度。报文格式如图 1-7 所示。数据与校验和字段的意义同 UDP，其余各字段意义如下：

信源端口：占 2 字节，发送端口号。

信宿端口：占 2 字节，接收端口号。

发送序号：占 4 字节，是发送数据第一个字节的序号。

确认序号：占 4 字节，期待接收的字节序号。

数据偏移：占 4 位，指出以 32 位为单位的首部长度。

保留：占 6 位，留作今后用，目前应设置为 0。

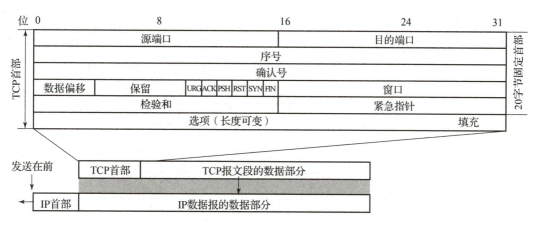

图1-7 TCP报文首部格式

选项：长度可变，目前只规定了"最大报文段长度"选项。

窗口：占2字节，指接收窗口的大小，单位为字节。

码位：共有6位，包括紧急比特URG（Urgent）、确认比特ACK、急迫比特PSH（Push）、重建比特RST（Reset）、同步比特SYN、终止比特FIN（Final）。

紧急比特URG（Urgent）：当URG=1时，表明此报文段应尽快传送而不必排队，此时要与首部中的紧急指针字段配合使用，紧急指针指出在本报文段中的紧急数据的最后一个字节序号。

确认比特ACK：只有当ACK=1时，确认序号字段才有意义。

急迫比特PSH（Push）：当PSH=1时，指示应迅速将本段发送出去，而不必等到收集较多的字节数据在一段里。

重建比特RST（Reset）：当RST=1时，表明出现严重错误，必须释放连接，然后再重新进行传输连接。

同步比特SYN：当SYN=1、ACK=0时，表明这是一个连接请求报文段；当SYN=1、ACK=1时，表明这是一个连接确认报文段。

终止比特FIN（Final）：当FIN=1时，表示报文字段发送完毕，要求释放连接。

1.2.3.3 UDP协议

在TCP/IP协议簇中，TCP是面向连接，提供高可靠性服务的协议，不使用流量控制和差错控制。UDP仅提供数据报的发送和接收。其传输过程中可能出现数据报丢失、重复和顺序错乱现象，这些均由上层的应用程序负责解决。因此，UDP提供的是不可靠的传输服务。UDP协议比TCP协议简单得多，因此开销小，效率高。应用层中的简单网络管理协议（SNMP）、简单文件传输协议（TFTP）等都使用UDP协议。

虽然UDP协议同样使用网络层的IP协议来传送数据包，但和面向连接的协议不同，UDP协议提供不可靠的无连接服务。它不使用确认信息对数据包的到达进行确认，不对收到的数据包进行排序，也不提供反馈信息来控制网络站点之间数据传输的速率。这就是说，UDP数据包可能会出现丢失、重复、错序的现象，而且发送方的数据发送速率可能会超过接收方的数据处理能力。

每个 UDP 数据包称为一个用户数据包，它从结构上分为两部分：头部和数据区，如图 1-8 所示。数据包头中包含源端口、目的端口、数据包长度和 UDP 校验和。

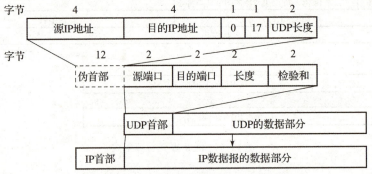

图 1-8　UDP 用户数据报的首部和伪首部

源端口（Source Port）和目的端口（Destination Port）字段包含了 16 位的 UDP 协议端口号，它使得多个应用进程可以多路复用同一个 UDP 协议，仅通过不同的端口号来区分不同的应用进程。

报文长度（Length）字段记录了该 UDP 数据报文的总长度（以字节为单位，包括字节的 UDP 头和其后的数据部分），所以长度字段的最小值是 8 字节（即数据包头的长度），最大值为 65 535 字节。

与 IP 协议相比，UDP 协议仅增加了两方面的内容：一个是端口（Port）的概念，一个就是校验和。利用协议端口，UDP 能够区分在同一台主机上运行的多个程序；使用校验和机制，UDP 协议在把数据向应用程序提交之前，先对数据做一些差错检查。

1.2.4　其他常见协议

1.2.4.1　地址解析协议 ARP

在实际应用中，我们经常会遇到这样的问题：已经知道了一个机器（主机或路由器）的 IP 地址，需要找出其相应的硬件地址。地址解析协议 ARP 就是用来解决这样的问题的，如图 1-9 所示。还有一个旧的协议，叫作逆地址解析协议 RARP，它的作用是使只知道自己硬件地址的主机能够通过 RARP 协议找出其 IP 地址。现在的 DHCP 协议已经包含了 RARP 协议的功能。下面就介绍 ARP 协议的要点。

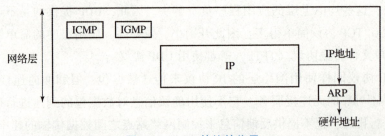

图 1-9　ARP 协议的作用

我们知道，网络层使用的是 IP 地址，但在实际网络的链路上传送数据帧时，最终还是必须使用该网络的硬件地址。但 IP 地址和下面的网络硬件地址之间由于格式不同而不存在简单的映射关系。此外，在一个网络上可能经常会有新的主机加入进来，或撤走一些主机。更换网络适配器也会使主机的硬件地址改变。地址解析协议 ARP 解决这个问题的方法是在主机 ARP 高速缓存中存放一个从 IP 地址到硬件地址的映射表，并且这个映射表还经常动态更新（新增或超时删除）。

每一台主机都设有一个 ARP 高速缓存（ARP cache），里面有本局域网上的各主机和路由器的 IP 地址到硬件地址的映射表，这些都是该主机目前知道的一些地址。那么主机怎样知道这些地址呢？我们可以通过下面的例子来说明。

当主机 A 要向本局域网上的某台主机 B 发送 IP 数据报时，就先在其 ARP 高速缓存中查看有无主机 B 的 IP 地址。如有，就在 ARP 高速缓存中查出其对应的硬件地址，再把这个硬件地址写入 MAC 帧，然后通过局域网把该 MAC 帧发往此硬件地址。

也有可能查不到主机 B 的 IP 地址的项目。这可能是主机 B 才入网，也可能是主机 A 刚刚加电，其高速缓存还是空的。在这种情况下，主机 A 就自动运行 ARP，然后按以下步骤找出主机 B 的硬件地址。

①ARP 进程在本局域网上广播发送一个 ARP 请求分组。图 1-10（a）所示是主机 A 广播发送 ARP 请求分组的示意图。ARP 请求分组的主要内容是："我是 209.0.0.5，硬件地址是 00-00-C0-15-AD-18。我想知道主机 209.0.0.6 的硬件地址。"

②在本局域网上的所有主机上运行的 ARP 进程都收到此 ARP 请求分组。

③主机 B 的 IP 地址与 ARP 请求分组中要查询的 IP 地址一致，就收下这个 ARP 请求分组，并向主机 A 发送 ARP 响应分组，同时在这个 ARP 响应分组中写入自己的硬件地址。由于其余的所有主机的 IP 地址都与 ARP 请求分组中要查询的 IP 地址不一致，因此都不理睬这个 ARP 请求分组，如图 1-10（b）所示。ARP 响应分组的主要内容是："我是 209.0.0.6，硬件地址是 08-00-2B-00-EE-0A。"请注意：虽然 ARP 请求分组是广播发送的，但 ARP 响应分组是普通的单播，即从一个源地址发送到一个目的地址。

④主机 A 收到主机 B 的 ARP 响应分组后，就在其 ARP 高速缓存中写入主机 B 的 IP 地址到硬件地址的映射。

当主机 A 向 B 发送数据报时，很可能以后不久主机 B 还要向 A 发送数据报，因而主机 B 也可能要向 A 发送 ARP 请求分组。为了减少网络上的通信量，主机 A 在发送其 ARP 请求分组时，就把自己的 IP 地址到硬件地址的映射写入 ARP 请求分组。当主机 B 收到 A 的 ARP 请求分组时，就把主机 A 的这一地址映射写入主机 B 自己的 ARP 高速缓存中，以后主机 B 向 A 发送数据报时就很方便了。

可见 ARP 高速缓存非常有用。如果不使用 ARP 高速缓存，那么任何一台主机只要进行一次通信，就必须在网络上用广播方式发送 ARP 请求分组，这就使网络上的通信量大大增加。ARP 把已经得到的地址映射保存在高速缓存中，这样就使得该主机下次再和具有同样目的地址的主机通信时，可以直接从高速缓存中找到所需的硬件地址，而不必再用广播方式发送 ARP 请求分组。

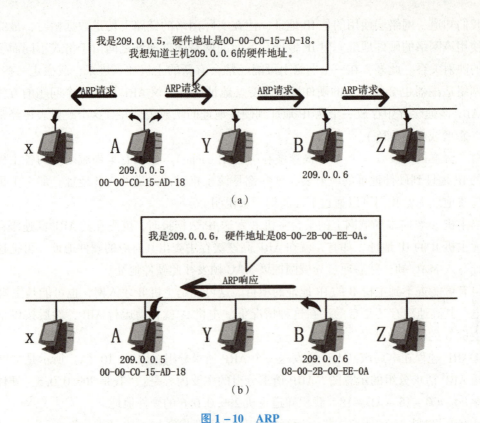

图 1-10 ARP
(a) 主机 A 广播发送 ARP 请求分组；(b) 主机 B 向 A 发送 ARP 响应分组

ARP 对保存在高速缓存中的每一个映射地址项目都设置生存时间（例如 10~20 min）。凡超过生存时间的项目，就从高速缓存中删除掉。设置这种地址映射项目的生存时间是很重要的。设想有一种情况：主机 A 和 B 通信，A 的 ARP 高速缓存里保存有 B 的硬件地址，但 B 的网络适配器突然坏了，B 立即更换了一块，因此 B 的硬件地址就改变了。假定 A 还要和 B 继续通信。A 在其 ARP 高速缓存中查找到 B 原先的硬件地址，并使用该硬件地址向 B 发送数据帧。但 B 原先的硬件地址已经失效了，因此 A 无法找到主机 B。但是过了一段不长的生存时间，A 的 ARP 高速缓存中已经删除了 B 原先的硬件地址，于是 A 重新广播发送 ARP 请求分组，又找到了 B。

请注意，ARP 是解决同一个局域网上的主机或路由器的 IP 地址和硬件地址的映射问题。如果所要找的主机和源主机不在同一个局域网上，例如，在图 1-11 中，主机 H1 就无法解析出另一个局域网上主机 H2 的硬件地址（实际上，主机 H1 也不需要知道远程主机 H2 的硬件地址）。主机 H1 发送给 H2 的 IP 数据报首先需要通过与主机 H1 连接在同一个局域网上的路由器 R1 来转发。因此，主机 H1 这时需要把路由器 R1 的 IP 地址 IP3 解析为硬件地址 HA3，以便能够把 IP 数据报传送到路由器 R1。以后，R1 从转发表找出了下一跳路由器 R2，同时使用 ARP 解析出 R2 的硬件地址 HA5，于是 IP 数据报按照硬件地址 HA5 转发到路由器 R2。路由器 R2 在转发这个 IP 数据报时，用类似方法解析出目的主机 H2 的硬件地址 HA2，使 IP 数据报最终交付主机 H2。

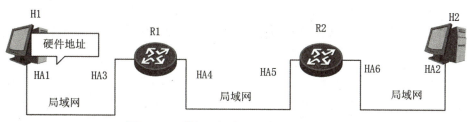

图 1-11　主机和源主机不在同一个局域网

　　从 IP 地址到硬件地址的解析是自动进行的，主机的用户对这种地址解析过程是不知道的。只要主机或路由器要和本网络上的另一个已知 IP 地址的主机或路由器进行通信，ARP 协议就会自动地把这个 P 地址解析为链路层所需要的硬件地址。

　　下面归纳出使用 ARP 的四种典型情况（图 1-12）。

图 1-12　使用 ARP 的四种典型情况

　　①发送方是主机（如 H1），要把 IP 数据报发送到同一个网络上的另一台主机（如 H2）。这时 H1 发送 ARP 请求分组（在网 1 上广播），找到目的主机 H2 的硬件地址。

　　②发送方是主机（如 H1），要把 IP 数据报发送到另一个网络上的一台主机（如 H3 或 H4）。这时 H1 发送 ARP 请求分组（在网 1 上广播），找到网 1 上的一个路由器 R1 的硬件地址。剩下的工作由路由器 R1 来完成。R1 要做的事情是下面的③或④。

　　③发送方是路由器（如 R1），要把 IP 数据报转发到与 R1 连接在同一个网络（网 2）上的主机（如 H3）。这时 R1 发送 ARP 请求分组（在网 2 上广播），找到目的主机 H3 的硬件地址。

　　④发送方是路由器（如 R1），要把 IP 数据报转发到网 3 上的一台主机（如 H4）。H4 与 R1 不是连接在同一个网络上。这时 R1 发送 ARP 请求分组（在网 2 上广播），找到连接在网 2 上的一个路由器 R2 的硬件地址。剩下的工作由这个路由器 R2 来完成。

　　在许多情况下需要多次使用 ARP，但这只是以上几种情况的反复使用而已。

　　有的读者可能会产生这样的问题：既然在网络链路上传送的帧最终是按照硬件地址找到目的主机的，那么为什么还要使用抽象的 IP 地址，而不直接使用硬件地址进行通信？这样似乎可以免除使用 ARP。

　　这个问题必须弄清楚。由于全世界存在着各式各样的网络，它们使用不同的硬件地址。要使这些异构网络能够互相通信，就必须进行非常复杂的硬件地址转换工作，因此由用户或用户主机来完成这项工作几乎是不可能的事，但 IP 编址把这个复杂问题解决了。连接到互联网的主机只需各自拥有唯一的 IP 地址，它们之间的通信就像连接在同一个网络上那样简单方便。因为上述调用 ARP 的复杂过程都是由计算机软件自动进行的,对用户来说是看不见这种调用过程的,因此,在虚拟的 IP 网络上用 IP 地址进行通信给广大的计算机用户带来很大的方便。

1.2.4.2 网际控制报文协议 ICMP

为了更有效地转发 IP 数据报和提高交付成功的机会,在网际层使用了网际控制报文协议 ICMP（Internet Control Message Protocol）（RFC 792）。ICMP 允许主机或路由器报告差错情况和提供有关异常情况的报告。ICMP 是互联网的标准协议,但不是高层协议（看起来好像是高层协议,因为 ICMP 报文是装在 IP 数据报中,作为其中的数据部分）,而是 IP 层的协议。ICMP 报文作为 IP 层数据报的数据,加上数据报的首部,组成 IP 数据报发送出去。ICMP 报文格式如图 1-13 所示。

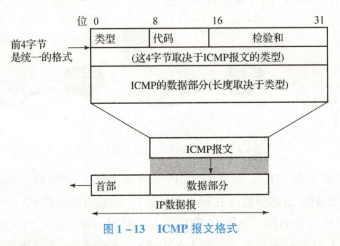

图 1-13 ICMP 报文格式

> **ICMP 报文的种类**

ICMP 报文有两种,即 ICMP 差错报告报文和 ICMP 询问报文。

ICMP 报文的前 4 字节是统一的格式,共有三个字段:类型、代码和检验和。接着的 4 字节的内容与 ICMP 的类型有关。最后面是数据字段,其长度取决于 ICMP 的类型。表 1-4 给出了几种常用的 ICMP 报文类型。

表 1-4 几种常用的 ICMP 报文类型

ICMP 报文种类	类型的值	ICMP 报文的类型
差错报告报文	3	终点不可达
	11	时间超过
	12	参数问题
	5	改变路由（redirect）
询问报文	8 或 0	回送（Echo）请求或回答
	13 或 14	时间戳（Timestamp）请求或回答

1.3 认知网络工程师工作环境

1.3.1 网络设备认知

1.3.1.1 交换机

交换机是一种基于 MAC（网卡的硬件地址）识别，能完成封装转发数据包功能的网络设备。交换机可以"学习"MAC 地址，并把其存放在内部地址表中，通过在数据帧的始发者和目标接收者之间建立临时的交换路径，使数据帧直接由源地址到达目的地址，因此交换机是数据链路层设备。交换机也被称为多口网桥，交换机的运行速度远远高于网桥，并且可以支持其他功能，例如虚拟局域网。

1.3.1.2 路由器

路由器（Router）是网络之间互连的设备。路由器通过路由决定数据的转发，转发策略称为路由选择（Routing），这也是路由器名称的由来（Router，转发者）。如果说交换机的作用是实现计算机、服务器等设备之间的互连，从而构建局域网络，那么路由器的作用则是实现网络与网络之间的互连，从而组成更大规模的网络。路由器工作在 TCP/IP 网络模型的网络层，对应于 OSI 参考模型的第 3 层，因此，路由器也常称为网络层互连设备。

1.3.1.3 防火墙

防火墙（Firewall）是一种建立在现代通信网络技术和信息安全技术基础上的应用型安全技术、隔离技术。防火墙对流经它的网络通信进行扫描，这样能够过滤掉一些攻击，以免其在目标计算机上被执行。防火墙还可以关闭不使用的端口。而且它还能禁止特定端口的流出通信，封锁特洛伊木马。最后，它可以禁止来自特殊站点的访问，从而防止来自不明入侵者的所有通信。

1.3.1.4 无线设备

经过十多年的发展，无线网络技术正日渐成熟，相关产品越来越丰富，包括无线网桥、无线接入器、无线网卡、户外天线等。其中，无线网桥可实现局域网间的连接；无线接入器相当于有线网络中的集线器，可实现无线与有线的连接；无线网卡一般分为 PCMCIA 网卡、PCI 网卡和 USB 网卡，PCMCIA 网卡用于笔记本式计算机、PCI 网卡用于台式机、USB 网卡无限制。目前各大网络产品厂商均提供无线网络产品及相关服务。

1.3.2 网络工程师常用软硬件

1.3.2.1 终端软件

熟悉各种网络设备是网络工程师修炼途中的一个重要组成部分，在对网络设备进行配置时，终端软件必不可少。

➢ SecureCRT

SecureCRT 是一款支持 SSH（SSH1 和 SSH2）的终端仿真程序，简单地说，是在 Windows 下登录 UNIX 或 Linux 服务器主机及华为网络设备的软件。

SecureCRT 支持 SSH，同时支持 Telnet 和 rlogin 协议。SecureCRT 是一款用于连接运行包括 Windows、UNIX 和 VMS 的理想工具。通过使用内含的 VCP 命令行程序可以进行加密文件的传输。SecureCRT 的 SSH 协议支持 DES、3DES 和 RC4 与 RSA 鉴别。

➢ PuTTY

PuTTY 是一个 Telnet、SSH、rlogin、纯 TCP 以及串行接口连接软件。除了官方版本外，有许多第三方的团体或个人将 PuTTY 移植到其他平台上。随着 Linux 在服务器端应用的普及，Linux 系统管理越来越依赖于远程。在各种远程登录工具中，PuTTY 是出色的工具之一。PuTTY 是一个免费的，Windows x86 平台下的 Telnet、SSH 和 rlogin 客户端，但是功能丝毫不逊色于商业的 Telnet 类工具。

1.3.2.2 线缆

➢ 控制线

控制线也叫 Console 线，一般在对网管型交换机或者路由器进行本地配置时会用到它。一般情况下设备端是 RJ-45 接口，也有老设备为 DB9 或 DB25 接口的。但无论什么接口，它的协议是 RS232 的，即在无流控情况下为一收一发共四条连接线。并且在 PC 终端上必须收发对应发收，即交叉连接，以达到 PC 终端与设备串行通信的目的。

Console 线也分为两种：一种是串行线，即两端均为串行接口（两端均为母头，或一端为公头，另一端为母头），两端可以分别插入计算机的串口和交换机的 Console 端口；另一种是两端均为 RJ-45 接头（RJ-45-to-RJ-45）的扁平线。由于扁平线两端均为 RJ-45 接口，无法直接与计算机串口进行连接，因此，还必须同时使用一个 RJ-45-to-DB-9（或 RJ-45-to-DB-25）的适配器。通常情况下，在交换机的包装箱中都会随机赠送一条 Console 线和相应的 DB-9 或 DB-25 适配器，如图 1-14 所示。

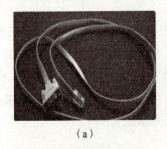
(a)
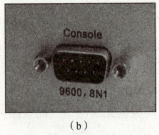
(b)

(c)

图 1-14 控制线及端口

(a) Console 线；(b) DB-9 串口端口；(c) DB-25 串口端口

➢ 双绞线

双绞线（Twisted pair）是由许多对线组成的数据传输线。它的特点是价格低廉，所以被广泛应用。双绞线是用来和 RJ-45 水晶头相连的，分为屏蔽（Shielded Twisted pair，STP）和非屏蔽（Unshielded Twisted pair，UTP）两种。所谓屏蔽，就是指网线内部信号线的外面包裹着一层金属网,在屏蔽层外面才是绝缘外皮,屏蔽层可以有效地隔离外界电磁信号的干扰。UTP 是目前局域网中使用频率最高的一种网线,如图 1-15 所示。

图 1-15 网线

➢ 同轴电缆

同轴电缆(Coaxial Cable)是指有两个同心导体,而导体和屏蔽层又共用同一轴心的电缆。由于它在主线外包裹绝缘材料,在绝缘材料外面又有一层网状编织的屏蔽金属网线,所以能很好地阻隔外界的电磁干扰,提高通信质量。

同轴电缆的优点是可以在相对长的无中继器的线路上支持高带宽通信;但是其缺点也是显而易见的:一是体积大,细缆的直径就有 3 in①、8 in 粗,要占用电缆管道的大量空间;二是不能承受缠结、压力和严重的弯曲,这些都会损坏电缆结构,阻止信号的传输;三是成本高。然而所有这些缺点正是双绞线能克服的,因此在现在的局域网环境中,基本已被基于双绞线的以太网物理层规范所取代。

➢ 光纤

光纤(Fiber Optic Cable)以光脉冲的形式来传输信号,因此材质也以玻璃或有机玻璃为主。它由纤维芯、包层和保护套组成。如图 1-16 所示。

图 1-16 光纤

光纤的结构和同轴电缆很类似,也是中心为一根由玻璃或透明塑料制成的光导纤维,周围包裹着保护材料,根据需要还可以多根光纤合并在一根光缆里面。根据光信号发生方式的不同,光纤可分为单模光纤和多模光纤。

➢ USB 转串口

---

① 1 in = 2.54 cm。

USB 转串口即实现计算机 USB 接口到通用串口之间的转换，为没有串口的计算机提供快速的通道，而且，使用 USB 转串口设备等于将传统的串口设备变成了即插即用的 USB 设备，如图 1-17 所示。作为应用最广泛的 USB 接口，每台电脑必不可少的通信接口之一，它的最大特点是支持热插拔，即插即用，传输速度快。

图 1-17　USB 转串口

项目实施

任务一：安装使用华为 eNSP 模拟器

【任务描述】

实验验证是计算机网络设备安装与调试中的一个重要组成部分，然而能够进行实验验证的真机设备往往较少。小陈现在刚刚走出校门踏入社会，然而网络工程师岗位对代码的熟练度要求是肯定不能少的，华为 eNSP 模拟器可以完美解决缺乏真机的问题。因此，小陈计划在自己的电脑上安装该模拟器并尝试使用。

【材料准备】

1. eNSP 安装包
2. Wireshark 安装包
3. VirtualBox 安装包
4. WinPcap 安装包

【任务实施】

步骤 1：下载 eNSP 及相关组件。

eNSP 的正常使用，需要 Wireshark、VirtualBox 及 WinPcap 这三个软件的支持。因此，在初次安装 eNSP 时，可以一并下载并安装这三个软件。下载地址为 https://pan.baidu.com/s/1sVK9I8JZMe6TpWMxw3rDIg? pwd = yl4q，提取码为 yl4q。

步骤 2：安装 eNSP 的相关组件。

在安装 eNSP 主程序之前，可以先安装 Wireshark、VirtualBox、WinPcap 这三个组件。可按照默认选项各自进行安装。

步骤 3：安装 eNSP。

解压缩 eNSP 主程序压缩包并双击安装，保持默认的语言选项，单击"确定"按钮，出现安装向导，单击"下一步"按钮，在许可协议下勾选"同意"，选择安装目标位置（一定要纯英文路径！），如图 1-18 所示。然后单击"下一步"按钮。

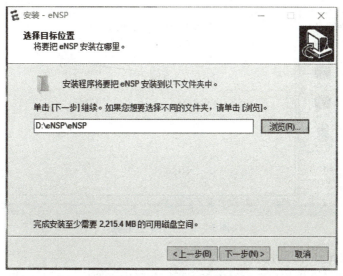

图 1-18　安装目标位置

步骤 4：运行 eNSP 程序。

eNSP 及相关组件全部安装完成后，第一次打开 eNSP 时，选择以管理员身份打开，当 Windows 弹出安全中心警报时，单击"允许访问"按钮。进入 eNSP 界面后，选择右上角菜单"工具"→"注册设备"，选择所有设备后再单击"注册"按钮，如图 1-19 所示。

图 1-19　注册设备

步骤 5：熟悉 eNSP UI 界面。

eNSP 主界面主要分为功能区、设备与线缆区、拓扑及配置区三个部分，如图 1-20 所示。其中功能区主要设置了创建保存拓扑、打开停止设备、删除线缆或设备等功能。设备与线缆区可根据需求将设备拖入拓扑区中或选择线缆来连接设备等功能。拓扑及配置区主要用于实现拓扑的绘制及设备的配置。

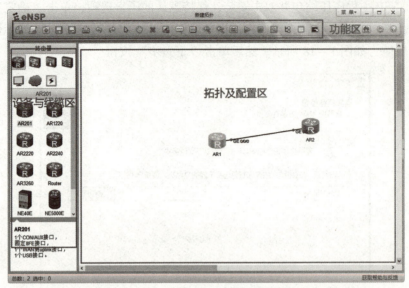

图1－20　eNSP主界面

步骤6：创建拓扑并开启配置界面。

在设备与线缆区分别拖出两台AR1220至拓扑区中，选中这两台设备，在功能区中选中开启设备。开启后，双击设备图标即可打开配置界面，如图1－21所示。

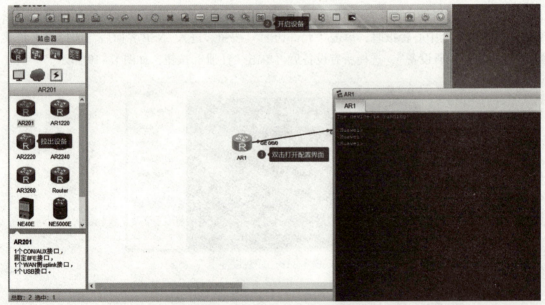

图1－21　创建拓扑并开启配置界面

【任务总结】

eNSP是一款非常优秀的网络设备模拟软件，能够进行路由交换、无线、安全等类型的实验，大大方便了网络工程师进行拓扑设计与功能验证的工作，是每一位网络行业从业人员都必须熟练掌握的工具软件之一。

任务二：华为设备常用命令

【任务描述】

项目经理老张作为实习生小陈的师傅，对小陈的动手操作能力的培养极其重视。通过之前的摸底考核，发现小陈的实操能力比较薄弱。因此，老张要求小陈这几天通过模拟器进行训练，来提升对设备配置的熟练程度。

【材料准备】

eNSP 模拟器。

【任务实施】

步骤1：熟练掌握华为设备各种视图的概念及操作。

➢ 用户视图

登录后，系统默认为用户视图，用于查看华为各种设备（交换机、路由器和防火墙等）的基本配置信息或者远程连接其他主机，查看运行状态或其他参数，如：可以进行时钟设置，系统重启，恢复出厂设置等。在这种模式下，不能改变设备的配置。提示符如下：

```
Please press enter to start cmd line!
###########
<Huawei>
```

➢ 系统视图

在用户模式下，通过 system – view 命令进入系统视图，配置设备的系统参数，如：设备名称，aaa 认证、acl 配置等。过程和提示符如下：

```
<Huawei>system – view
Enter system view, return user view with Ctrl + Z.
[Huawei]
```

➢ 接口视图

在系统视图下，通过类似接口命令 interface GigabitEthernet 0/0/0 进入，配置接口参数，如：接口重启或关闭。提示符如下：

```
[Huawei]interface GigabitEthernet 0/0/0
[Huawei – GigabitEthernet0/0/0]
```

➢ 协议视图

与接口视图平级，由系统视图进入，如 OSPF 等。提示符如下：

```
[Huawei]ospf
[Huawei – ospf – 1]
```

除此以外，还有诸如用户界面视图、VLAN 视图等。各种视图之间的切换关系如图 1 – 22 所示。

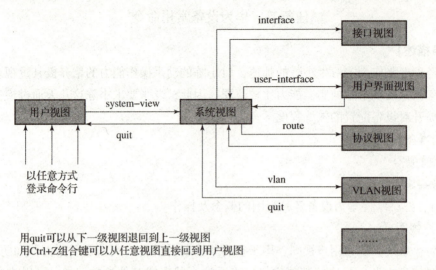

图 1-22 各视图之间的切换关系

步骤 2：熟练掌握常用命令。

➤ **常用设备管理命令**

①配置设备名称，提示符如下：

[Huawei]sysname LSW1
[LSW1]

②配置/显示系统时间，提示符如下：

<Huawei>clock datetime 12:00:00 2022-06-01　　　//配置系统时间

<Huawei>display clock　　　　　　　　　　　　　//显示系统时间
2022-06-01 12:00:05-08:00
Wednesday
Time Zone(China-Standard-Time): UTC-08:00

➤ **常用信息查看命令**

①查看设备信息，提示符如下：

<Huawei>display version
Huawei Versatile Routing Platform Software
VRP (R) software, **Version 5.110（S5700 V200R001C00）**
Copyright (c) 2000-2011 HUAWEI TECH CO., LTD
Quidway **S5700-28C-HI Routing** Switch uptime is **0 week, 0 day, 0 hour, 1 minute**

软件版本：**Version 5.110（S5700 V200R001C00）**
设备型号：**S5700-28C-HI Routing**
运行时间：**0 week, 0 day, 0 hour, 1 minute**

② 查看当前配置，提示符如下：

```
<Huawei>display current-configuration
#
sysname Huawei
#
cluster enable
ntdp enable
ndp enable
```

③ 查看接口配置，提示符如下：

```
<Huawei>display interface brief
PHY: Physical
*down: administratively down
(l): loopback
(s): spoofing
..........
Interface                    PHY   Protocol InUti OutUti inErrors outErrors
GigabitEthernet0/0/1         down  down     0%    0%     0        0
..........
```

④ 查看接口 IP 状态与配置信息，提示符如下：

```
<Huawei>display ip interface brief
*down: administratively down
^down: standby
(l): loopback
(s): spoofing
The number of interface that is UP in Physical is 1
The number of interface that is DOWN in Physical is 2
..........
Interface              IP Address/Mask    Physical   Protocol
MEth0/0/1              unassigned         down       down
NULL0                  unassigned         up         up(s)
```

⑤ 查看历史命令，提示符如下：

```
<Huawei>display history-command
  clock datetime 12:00:00 2022-06-01
  display clock
  sysname LSW1
  system-view
  sysname Huawei
  quit
  display current-configuration
  display interface brief
  display ip interface brief
```

⑥显示当前视图下生效配置，提示符如下：

```
[Huawei-GigabitEthernet0/0/1]display this
#
interface GigabitEthernet0/0/1
#
return
```

> **配置文件的操作**

①保存配置，提示符如下：

```
<Huawei>save
The current configuration will be written to the device.
Are you sure to continue? [Y/N]Y                                    //输入 Y or N
Info: Please input the file name (*.cfg, *.zip) [vrpcfg.zip]:
Jun  1 2022 12:14:03-08:00 Huawei %%01CFM/4/SAVE(1)[50]:The user chose Y when de
ciding whether to save the configuration to the device.
Now saving the current configuration to the slot 0.
Save the configuration successfully.
```

②擦除配置，提示符如下：

```
<Huawei>reset saved-configuration                                    //擦除保存配置
```

③设置下次启动的配置文件，提示符如下：

```
<Huawei>startup saved-configuration filename
```

④备份/恢复下次启动配置文件，提示符如下：

```
<Huawei>backup startup-configuration to dest-addr [ filename ]
<Huawei>restore startup-configuration from src-addr filename
```

⑤查看保存的配置文件，提示符如下：

```
<Huawei>display saved-configuration
```

> **其他命令**

①获取一个命令视图下所有命令和描述，可以直接在该视图模式下输入"?"或者部分指令后输入"?"，提示符如下：

```
<Huawei>interface?
  Eth-Trunk            Ethernet-Trunk interface
  GigabitEthernet      GigabitEthernet interface
  LoopBack             LoopBack interface
  MEth                 MEth interface
  NULL                 NULL interface
  Tunnel               Tunnel interface
  Vlanif               Vlan interface
```

②支持 Tab 键补齐，提示符如下：

```
<Huawei>disp[tap 键]
<Huawei>display
```

③使用键盘中的↑、↓键或快捷键来翻阅和调出历史记录中的某一条命令：

用↑键或快捷键 Ctrl + P 调出上一条历史命令。

用↓键或快捷键 Ctrl + N 调出下一条历史命令。

【任务总结】

熟练掌握设备常用命令是成为一名合格的网络工程师的必经之路，是未来学习路由交换等技术的前置任务。常用命令在对设备的配置与运维管理中使用的频率非常高，只有熟练掌握了常用命令，才能更好地检查、管理、调试设备。

项目总结

经过这个章节的学习，我们初步了解了计算机网络的基本概念、计算机网络架构及协议簇，介绍了常见网络设备的线缆及连接、基本配置，以及网络工程师常用的软硬件。通过开展项目任务，对华为 eNSP 模拟器的使用有了初步的了解。这些理论和实操技能使得我们对开展网络设备实操有了更加深刻的认识。小陈作为网络小白，也逐步具备了作为一名网络实施工程师的基本素养和能力。但这远远不够，如果只停留于此，小陈所能承担的任务也仅仅是设备安装、连线等体力活，而无法承担更加精细化，需要更多逻辑思维能力支撑的设备调试的相关任务。

青春如酒，成长正酣。所有美好的，都将被分享；所有错误的，都将被原谅；而所有不够成熟的，都可以，慢慢等待。让我们一起加油吧！

思考与练习

1. 以下不是计算机网络功能的是（　　）。

   A. 资源共享　　　　　　　　　　B. 数据信息的集中和处理

   C. 分布式处理　　　　　　　　　D. 规范化信息和数据

2. 以下选项中，（　　）不是带宽的单位。

   A. b/s　　　　　B. Mb/s　　　　C. KB/s　　　　D. Gb/s

3. 下列选项中，能够指定给某个具体主机的 IP 地址是（　　）。

   A. 225.98.45.26　　　　　　　　B. 192.255.45.213

   C. 210.46.234.0　　　　　　　　D. 127.34.5.21

4. 以下是正确的子网号表示方法是（　　）。

   A. 255.255.0.0　　　　　　　　B. 187.230.34.0

   C. 210.34.78.26　　　　　　　　D. 132.43.66.22

5. 下列地址中，（　　）是 B 类地址。

   A. 211.45.61.9　　　　　　　　B. 120.232.38.78

C. 234.97.22 1.245　　　　　　　　D. 176.32.12.56

6. 下列选项中，不能够作为子网掩码的是（　　）。

　A. 255.255.0.0　　　　　　　　　B. 255.255.248.0
　C. 255.255.206.64　　　　　　　　D. 255.255.255.128

7. 一个主机的 IP 地址为 198.0.46.1，其默认掩码是（　　）。

　A. 255.0.0.0　　　　　　　　　　B. 255.255.0.0
　C. 255.255.255.0　　　　　　　　D. 255.255.255 255

8. 下列网络地址中，不是私有地址的是（　　）。

　A. 172.16.0.0　　　　　　　　　　B. 192.168.2.0
　C. 10.0.0.0　　　　　　　　　　　D. 211.32.45.0

9. 某单位在划分子网之后，子网之间的连接需要使用（　　）设备。

　A. 集线器　　　B. 网桥　　　C. 交换机　　　D. 路由器

10. 在 TCP/IP 模型中，使用（　　）端口向上层提供服务。

　A. 应用层　　　B. 传输层　　　C. 网络层　　　D. 物理层

标准答案：

1. D　2. C　3. A　4. B　5. D
6. C　7. C　8. D　9. D　10. B

项目 2　初探企业网络系统集成

【项目背景】

随着通信技术与计算机技术的不断发展，计算机网络技术作为两者结合的产物不断渗透进人们工作、生活的方方面面。特别是21世纪以来，世界的趋势是逐渐数字化，即所有相关的信息都呈现网络化、电子化，以推动信息的流转，从而推动生产力的提升。当今世界，已经没有任何一家企业不需要网络技术作为业务的支撑。网络成为信息流转的高速公路，企业对于网络的高可用性要求也越来越高，希望网络能够7×24小时不间断地提供互联服务。那么作为一家企业，该如何构建自己的自动化、智能化网络呢？而作为服务方，又该采用怎样的硬件和软件的设计从而帮助客户达成这一目标呢？这些问题及答案将成为我们接下来学习的内容。

小陈毕业后来到一家网络系统集成公司上班，有幸第一个参与的项目是某公司网络建设项目。该项目目前还处于前期阶段，近期将开展相关的招投标工作。假如公司顺利中标，接下来小陈也将跟整个技术团队一起参与到项目的实施工作中。目前来说，不论是招投标还是项目实施的具体工作，小陈都完全摸不着头脑。

在本项目中，我们将跟小陈一起，参加由项目经理老张组织的培训并手把手地指导实践。希望通过我们的努力，能够顺利地完成项目的招投标工作，并做好项目实施前的各项准备工作。

【知识结构】

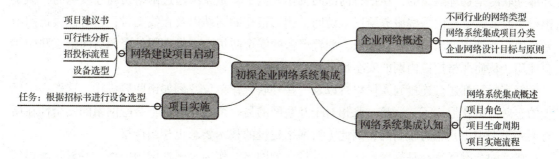

【项目目标】

知识目标：
- 了解企业网络的定义与其拓扑的行业属性

- 了解企业网络系统集成项目的类型
- 掌握企业网络设计原则
- 了解网络系统集成的定义
- 了解项目角色、实施流程与进度管理
- 了解项目建议书与可行性分析

技能目标:
- 能够理解并描述项目生命周期
- 能够理解并描述项目实施流程
- 能够根据用户需求进行产品选型

【项目分析与准备】

2.1 企业网络概述

对于初出茅庐的网络工程师来说，各式各样网络集成项目总是让人充满了期待，我们平时苦练与钻研的路由器与交换机到底是如何将网络连接起来的？了解过网络系统集成项目的分类后，你会对网络系统集成有更加全面的认识。

2.1.1 不同行业的网络类型

➢ 金融网络

我们所熟悉的银行营业网点能够处理金融业务，离不开底层网络系统的支撑，银行的"钱"其实都存放在它们的服务器当中，而用户每天想要存取款都得通过网络对服务器上我们账户里的钱进行加减的动作，想象一下，如果因为网络不给力，导致我们存款的时候少了一个零，那会是多么令人着急的事情，因此，为了保障系统的稳定性以及安全性，银行会不遗余力地将 IT 系统建设完善。

银行的网络系统都是独立于公网的，也就是说，银行内部网络属于一个巨大的内网，与外部互联网是物理隔离的，在银行内部的工作人员平时是无法通过网络访问互联网的，但是银行平时又需要提供一些服务给民众访问，例如银行的网站以及在线支付，这时候银行网络系统中会单独划分出一块安全区域，配置严密的安全防护，提供有限的资源访问给互联网用户使用，从而严格把控内网的安全性。

每家银行都还会连接到人民银行以及一些外联合作单位，例如银联等机构，这样一张巨大的金融网络就形成了，这是一张相对于互联网的另一个独立网络，金融网络的安全性在所有网络类型中也是相对较高的，因此，对网络建设的技术要求也相当严格。

典型的金融网络都是高度层次化、结构化的网络，作为全国性覆盖网络，一般每家银行都有全国总行网络，重点省份设有分行网络，每个分行网络有下属分行、支行以及无人网点，而每个级别的网络内部按照功能划分区域，例如核心区、上联区、下联区、外联区、办公区、服务器区、测试区等。为了方便管理与维护，会将业务与办公隔离开，并设立独立的网管系统。

> **政务网络**

政务网络与金融网络相比,也是一个安全性较高的网络。由于政府机构中常常有一些敏感信息需要保护,并且政府作为一个国家的行政机关,需要向市民发布新闻以及提供便民服务,政府门户网站也成为一些不法分子"重点关注"的对象,国家对政府网络有相对应安全等级保护要求。

政务网络一般分为业务网络与办公网络,两套网络相对隔离,有的机构常常会见到一个办公人员有两台电脑主机,一台可以上互联网,一台无法上互联网,仅能够连接内部网络。政务网络中对于连接互联网的区域会有防火墙进行流量过滤,并且部署专业攻击防范设备。

政务网络也是典型的层次化部署的网络,一般以行政等级进行划分,省市级单位网络都有负责与其他机构连接的上下联区域,并且由专门的路由负责路由策略的部署,如图2-1所示。

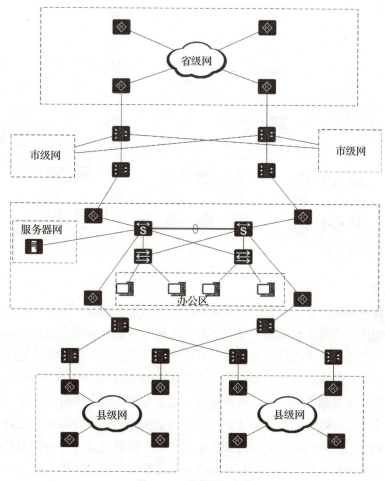

图 2-1 政务网络拓扑

> **校园网络**

校园网络一般有多个外网出口用于连接互联网以及教育专网,出口位置还会部署上网行为管理设备,维护内网用户上网时的行为动作以及流量监控。除此之外,校园网络一般还有核心区、办公区、教学区、宿舍区等区域划分。

总的来说,一个校园的网络是个巨大的内网,因为校园网络中终端设备集中度较高,因此由大量交换设备将网络互联在一起。在校园网络中对交换机的合理部署,以及上下联设备之间的带宽,直接影响了整个网络的性能。在校园网络中,学生与教师是主要使用人群,还需要部署一系列安全准入系统,控制入网人员的权限,如图 2-2 所示。

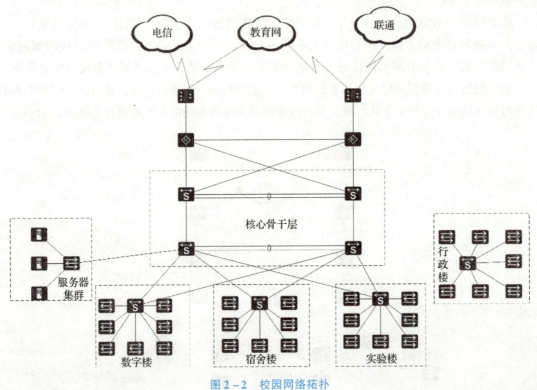

图 2-2　校园网络拓扑

> **企业网络**

企业网络按照规模划分,有中小型企业网络与大型企业网络,根据每家公司的业务模式不同,网络的组成形式也不尽相同。中小型企业的网络一般从实用性出发,构建时主要用于内部设备互联,使得企业内部设备能够访问互联网,并配合上一定的流量监控,若公司在多地有分公司,还需要选择通过运营商专线或者使用 VPN 技术将企业内部网络连接。

现在许多公司除了部署传统的有线网络外,还会部署无线网络系统以及语音视频网络系统,从而提升企业工作效率。大型企业的网络往往会按照功能划分为多个区域,并且还会涉及跨城市甚至跨洋的区域连接,企业内部有数据中心,部署有企业的各类 OA 系统以及业务系统,这种类型的网络在管理运维时往往需要采取系统集中式的管理,应用专业的网管系统进行统一监控,如图 2-3 所示。

> **运营商网络**

运营商网络是一张巨大的网络,目前我国有中国电信、中国移动、中国联通、中国网通、中国网通、教育网等 9 家营利性质与非营利性质的互联网运营单位,还有数百个跨省经

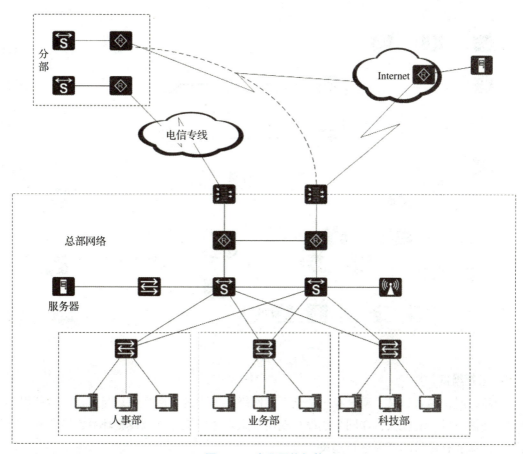

图 2-3 企业网络拓扑

营的互联网接入服务提供商。不同的运营单位的网络规模与资源都存在一定差距,在南方 21 个省市主要是中国电信占主导地位,北方 10 个省市以中国网通占大部分份额。

运营商网络主要负责为企业、个人用户提供网络连接服务,目前主流运营商提供两类服务:一类是移动网络,还有一类就是固定有线网络(简称固网),移动网络和固网一般都分为 3 层网络结构,分别为省级层面、国内长途层面以及国际层面,如图 2-4 所示。

> 军事网络

军事网络是所有类型的网络中,安全防护等级最高的网络,因为涉及国家机密,也只有部分集成公司为这样特殊的网络服务。

军事网络采取物理隔离的方式将其与互联网隔离开,并且军事网络都是使用军用线路进行互联,甚至不会连接到一般运营商的网络中。军事网络的建设比较神秘,若非相关人士,是无法知道其内部结构的,此处不进行详述。

2.1.2 网络系统集成项目分类

一个网络集成项目按照内容进行区分,可以分为全新组网和升级改造两种类型。各有各自的特点,接下来我们来对每种类型进行逐一分析。

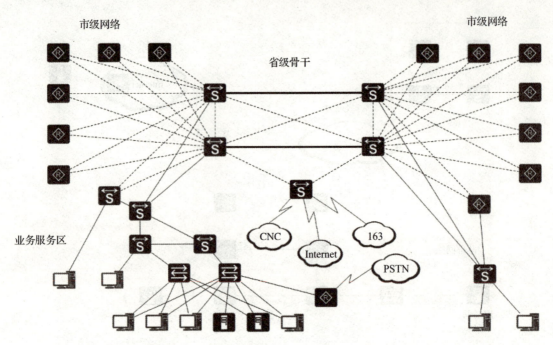

图 2-4 营运商网络拓扑

> **全新组网**

全新组网,顾名思义,就是在一个全新的网络环境中进行网络规划与建设,全新组网购买的网络设备量一般较大,在网络建设初期需要重点考虑机房基础设施环境,需要进行现场勘测,以保证有足够的资源进行建设。

全新组网在设计方案过程中,需要充分考虑到合理性与可扩展性,就像一座大楼的地基,地基不稳,如果只建设一层楼,则看不出区别,但是当楼层越来越高时,就会体现出前期规划的不足,这时要进行返工就十分困难了。

> **升级改造**

升级改造的难度会比全新组网的相对高,因为网络已经在客户环境中投入生产,网络改造根据改造的程度不同,有需要停止业务与不需要停止业务的区别,如果要实现不影响业务的平滑过渡升级,对整个项目前期需要有充分的时间进行准备,设计好平滑过渡的方案,在过渡过程中还要做好发生意外情况的解决方案,因此回退方案在升级改造的项目中是必不可少的。什么是回退方案?就是当指定的时间内无法完成升级改造时,可以根据回退方案快速恢复原有的网络,保证原有业务能够正常运行,在研究失败原因后,另寻时间再进行升级。

2.1.3 企业网络设计目标与原则

作为当今社会企业生产运营的重要载体,网络已经在整个 IT 系统建设中占据越来越重要的地位。企业已经无法承受由于网络故障等问题而造成的经济损失。在企业网络建设的过程中,企业管理人员及网络设计人员不断追求以下目标:

◇ 在保障功能、性能、安全的前提下的最低部署及运营成本。
◇ 能够不断提高的整体性能。
◇ 硬件及配套软件环境易于操作及使用。
◇ 极高的可靠性及完备的安全性。
◇ 可基于未来需求的网络扩展性。

> **企业网络设计原则**

一般来说，企业网络结构设计原则必须满足 6 个要素，分别是统一性、稳定性、高可用性、安全性、易管理性和可拓展性。

统一性指的是网络架构的构建、网络规划和网络管理都建立在"一个整体"的基础之上。在对应用、流量及用户管理上具有统一性和长期性。统一性非常重要，一个大型的网络，如果没有统一的架构及管理规划是不可想象的。就像很多小网络一样，根本就不具备可管理性，将大大增加网络的维护和管理成本。例如，在项目中，所有设备互联接口、VLAN 等设计都是完全一致的，这就是统一性。

稳定性指网络运行情况的一个量化指标，可用 MTBF（Mean Time Between Failure，平均无故障运行时间）量化。稳定性是最重要的设备指标，一台设备性能再好，假如三天两头死机，肯定会对业务造成重大影响。

高可用性是指网络架构必须能够达到或者超过业务系统对服务级别的要求。通过多层次的冗余连接考虑，以及设备自身的冗余支持，使得整个架构在任意部分都能够满足业务系统不间断的连接需求。高可用性的表达形式，一般都表现在设备冗余、线路冗余、板卡冗余等。例如，核心交换机，配备有偶数台，互为备份，流量负载均衡，任何一台设备故障都不会影响整体的网络持续运行。

安全性主要考虑生产系统和办公系统数据的完整和安全。网络架构需要具有支持整套安全体系实施的能力，以确保用户、合作伙伴和员工生产、办公的安全。网络安全是个大课题，包括了主机安全、接入安全、数据库安全等。网络安全不光包括技术方面，还包括行政法规方面。要知道，堡垒都是从内部攻破的。没有安全的法规和审计手段，无法保证完全的安全。

易管理性是指网络架构在功能、容量、覆盖能力等各方面具有易扩展能力，以适应快速的业务发展对基础架构的要求。在大型网络中，网络的易管理性非常重要。小网络可以人工管理，自行登录到设备上查日志、查运行情况等。但网络设备多了以后，根本就没办法这么做，必须采购网络管理软件。好的网络管理软件支持自动生成网络拓扑，自动对网络威胁进行防御、对网络故障主动告警（告警的形式包括短信、邮件、语音等）。

可拓展性是指网络架构采用分层模块化设计，同时配合整体网络与系统管理，优化网络、系统管理和支持维护。网络属于基础设备，不可能每年都建设全新的网络，更多的是在之前的基础上更新迭代。例如，升级核心交换机，就像换 CPU 这样。但是网络架构必须是要支持这样的升级操作的。当前所有的高端设备都是模块化的，支持升级引擎、升级板卡、升级电源模块，就看总体的预算有多少。

2.2 网络系统集成认知

2.2.1 网络系统集成概述

"系统集成"对于刚入行的新人来说是个很新鲜的名词，其实与经常听说的"项目""工程"都是描述同一件事，那么到底什么是系统集成呢？系统集成的英文名是 System Integration，目的是达到用户应用的需要，通过结构化的综合布线技术和计算机网络技术，将各自独立的终端设备、服务器、网络基础设施、应用软件等集成到一个统一管理和维护的系统中去，从而达到网络资源共享，实现集中管理、高效运维、方便升级等。系统集成的关键就在于解决各个系统之间的兼容问题，为了使整套系统能够达到预期的功能目标，系统集成需要面向多厂商、多协议和各种系统应用，也就意味着在一个集成项目中可能会碰到各种类型的设备，例如不同的终端设备、不同厂家的网络设备、不同类型的软件系统等，如图 2-5 所示。

图 2-5 各类网络设备厂家

系统集成中还有多种分类，有软件系统集成、网络系统集成等。其中，在网络系统集成项目中，终端设备是用户连接入网络，使用服务的媒介，如图 2-6 所示。终端设备从传统的台式 PC 到现在流行的手机、平板以及各类穿戴设备，终端设备还可以是提供服务的服务器。将这些不同的设备连接在一起的就是网络系统，网络就像台式机中的主板，将各个零部件整合在一起，网络集成是系统集成中非常关键的一个部分，网络设备根据功能来区分，还能分为路由器、交换机、防火墙、负载均衡等，不同厂家都有各自引以为豪的产品，如图 2-7 所示。因此，一个项目中对于设备的选择也是重点要考虑的问题，主要考量平衡价格与性能的关系、满足前瞻性设计等因素。这些往往是网络系统升级的主要驱动力。

> 网络系统集成显著的特点

① 需要根据用户的需求进行合理规划与设计，最终满足其需求。

② 网络系统集成是一项综合型的系统工程，需要从商务、技术和管理等方面进行综合统筹。

图2-6 各类终端设备

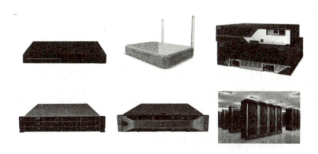

图2-7 各类网络设备

③网络系统集成不是简单地购买设备、安装设备，它体现网络系统的设计能力、调试能力与技术保障能力。

④技术是系统集成项目的核心，为了确保系统集成项目的成功实施，还需要一系列的项目管理与商务活动。

总而言之，网络系统集成不仅仅是一种技术行为，还包含商业和管理行为。

2.2.2 项目角色

在一个网络系统网络集成项目中，系统集成公司会为每个项目组建项目团队，为了达到既定目标，团队中每个角色都有明确分工与职责。图2-8为网络系统集成项目组织架构图。接下来就为大家介绍每个角色的任务以及能力需求。

图2-8 网络集成项目组织架构图

2.2.2.1 客户技术代表

> **职责与能力**

负责与集成公司的技术代表进行对接，客户代表可以有多人，负责不同的业务模块，如服务器、网络、安全等。一家大型企业的技术部门一般都会有许多集成服务公司为他们提供技术支持，每家集成服务公司提供不同部分的技术服务，这些集成服务公司的技术实力可以弥补客户企业在 IT 系统运维上的人员空缺，客户所在企业也可以因此降低运维的成本。这时候你可能就要作为企业的技术代表去与这些集成服务公司进行交涉，从而保障企业的 IT 系统正常运转。

客户技术代表需要具备相对应岗位的技术基础，他们可以不用详细掌握项目中出现的技术，但是他们需要对技术的应用有一定了解，了解这些技术在实施后会达到何种效果。他们需要为自己的企业提出需求，并且与集成服务公司沟通，最终确定项目的整体框架与实施计划，并在实施过程中负责监督与管理。

> **主要工作内容**

①在系统集成项目的启动阶段，代表所在企业提出项目需求，这些需求有可能非常详细，也有可能只是领导们"拍脑袋"的想法，这些需求都需要在项目初期进行一步步的明确，以保证在确定项目技术方案、设备配置及预算时是准确无误的。

②在方案设计过程中，客户技术代表作为甲方，配合乙方进行项目的规划与设计，与作为乙方的系统集成公司的技术人员相比，客户的技术代表对于他们自己的企业更加了解，他们需要在设计阶段提供项目所需的基础资料。

③在项目实施过程中，作为甲方监督乙方是否按照规定进行项目实施，并且根据合同为乙方提供各方面支持，例如基础环境的准备，提供客户网络系统的相关资料，以及协调与其他系统集成公司之间的合作，毕竟有些大型项目是由多家系统集成服务公司共同实施的。

④在项目结束后，参与项目的验收，并执行乙方承诺的项目培训，以保证能够顺利地从集成服务公司手中交接整个项目，因为项目的后续运维工作会移交到他们手中。

2.2.2.2 销售经理

> **职责与能力**

销售经理是集成服务公司的代表，是集成公司的重要角色，负责挖掘新客户，了解用户的原始需求，通过沟通挖掘潜在项目机会。身为一名合格的销售经理，需要深入掌握产品知识，与客户保持良好沟通，时刻把握客户的需求，并配合售前部门做好售前支持工作。

作为销售，必须严格保守公司机密，负责招投标技术文件及方案编制，深入分析市场，制订市场营销战略，提升销售价值，扩大市场占有率，严格控制成本和各类经营风险，提供市场运作的方向性建议。一名优秀的销售需要具备商务技能、交际能力、组织能力、谈判策略以及管理能力，一般的销售是卖产品，高级的销售是卖自身的价值。

为了成为一个专业而且合格的销售，建议可以参加中国销售管理专业水平证书考试，学习销售管理基本知识和职业技能，中国销售管理专业证书分为三个级别，有销售助理专业水平证书、销售经理专业水平证书以及销售总监水平证书。

凡是想要从事市场管理、客户服务、产品销售以及市场调研等相关工作，需要进行以下课程的学习，从而获得对应证书，详见表 2-1。

表 2-1 中国销售管理专业水平认证课程

序号	课程代码	课程名称	学分	证书名称
1	10492	销售管理学	4	销售经理助理
1	10493	销售管理学（实践）	2	销售经理助理
2	10494	促销管理	6	销售经理助理
3	10495	销售客户沟通	6	销售经理助理
4	10496	零售管理	4	销售经理助理
4	10497	零售管理（实践）	2	销售经理助理
5	10498	网络销售	3	销售经理助理
5	10499	网络销售（实践）	2	销售经理助理
6	10500	市场调研与销售预测	4	销售经理
7	10501	销售渠道管理	4	销售经理
8	10516	销售客户管理	2	销售经理
8	10517	销售客户管理（实践）	2	销售经理
9	10502	企业销售管理案例研究报告（中级）	不计学分	销售经理
10	10503	组织间销售	4	销售总监
10	10504	组织间销售（实践）	2	销售总监
11	10505	销售风险管理	4	销售总监
11	10506	销售风险管理（实践）	2	销售总监
12	10507	物流与供应链管理	6	销售总监
13	10508	企业销售管理案例研究报告（高级）	不计学分	销售总监
13	10509	企业销售管理案例研究报告答辩（高级）	不计学分	销售总监

> **主要工作内容**

①整天坐在办公桌前销售不是个好销售，每个销售经理在其公司中都有背负着业绩指标压力，为了能够完成季度以及年度任务，他们时常需要四处奔波，与客户之间建立良好的沟通关系，了解客户有什么样的需求；集成销售需要与厂家保持良好的沟通。

②客户如果被销售（售前）所推荐的解决方案打动，就会洽谈下一步的合作，销售就可以顺理成章地将项目落地成型，但如果客户的项目是原先就有的打算，这时候销售就需要代表公司参加招标阶段，与其他的公司公平竞争项目机会。

③销售经理需要为所推荐的解决方案对客户负责，如果解决方案中有虚假的承诺，将来在项目实施过程中无法达到既定目标，就会影响与客户之间的信任关系，严重影响到公司声

誉，甚至带来经济损失或法律责任。

④销售经理在同一时间可能需要经手多个项目，把握不同项目的进度，通过一定项目经营手段，使得每个项目在每个计划的时间点前有所推进。

2.2.2.3 项目经理

> **职责与能力**

项目经理的主要职责就是监督与管理整个项目，进行成本控制、质量管控、施工安全、进度安排等方面的综合性管理，项目经理最大的任务就是在预算成本范围内优质完成既定任务，满足客户提出的需求。

因此，项目经理需要有很强的项目统筹安排能力，身为整个项目的领导者，他需要具备以下四大能力：

①组织能力：身为项目经理，在项目中需要组织安排与管理项目组成员，项目组成员来自公司中的各个部门，而且每个员工的水平、能力以及工作模式都具有一定差异，如果项目组的各个成员为初次合作，那么就需要项目经理进行合理安排调配，通过工作让整个团队磨合到最佳状态。

②影响力：项目中的成员对于工作的态度不同，同样是技术人员，有人为的是通过积攒项目经验让自己提升，有人为的是通过完成项目获得项目分成，有人也许已经是"老油条"，没有全身心投入项目，这时候项目经理需要通过自身的影响力，引导团队上下一致保持一心。

③交流能力：具有有效倾听、劝告和理解他人行为的能力，保持与他人良好的人际关系。理解上级下达的指令，并且准确传达给项目组成员。在项目中，项目经理还需要与客户代表及其他合作伙伴的成员进行沟通。项目经理需要具备很强的能力，但不意味着他的所有决定都一定是正确的，面对他人提出合理的意见，项目经理需要进行合理的分析与理解，如果处理不当，将会引起恶性循环，严重时将影响项目进度与施工质量。

④应变能力：每个项目都有各自的特点，即使选择同样的设备，使用同样的方案与人员，也会因为施工环境的不同、客户的不同等原因发生千变万化的情况，有些情况在项目方案设计之前能被考虑到，但是总是难以避免一些突发情况，项目经理作为项目的负责人，要在关键时刻挺身而出，冷静与果断地解决问题。

项目经理想要提升项目管理能力，可以考取项目管理资格证书，此证书由我国社会保障部在全国推行的项目管理专业人员资质认证，分为4个等级：项目管理员、助理项目管理师、项目管理师以及高级项目管理师，证书具有广泛性和权威性，代表我国项目管理专业资质认证的最高水平，也是企业评价一个项目经理时的重要工具。

> **主要工作内容**

项目经理必须要具备项目全局观，将各个环节都考虑周全，这样他才能制订出合理且明确的目标和合理计划，具体说来分为以下几大任务：

①主持制订项目实施计划，对项目工期、施工安全、工程质量等方面进行全面控制管理。

②项目设计阶段，项目经理需要主持技术会议，审定技术方案，对工程建设的主要问题进行审核，进行合理的任务分配。

③对整个项目实施过程进行总体负责，定期对分工进行监督，协调各个任务负责人之间的业务关系，承担用户满意度责任。

④及时了解进度与情况，处理和解决施工现场突发的问题。

⑤项目结束时，负责项目的验收，组织项目的交付工作。

⑥管理汇总工程文档，向甲方提供项目相关总结材料，将项目顺利交接给甲方。

⑦定期向项目管理部提交项目周报，负责监督和考核工程参与人员的工作。

⑧保证项目按合同期限和技术要求完成，承担完成工程目标的责任。

2.2.2.4 技术经理

> **职责与能力**

技术经理是项目中技术方面的顶梁柱，负责确保项目实施过程中各个技术规范和技术标准能够实现，技术经理不但需要对技术细节充分了解，还要能够管理技术团队，让项目的具体实施有条不紊地进行。技术经理是一个项目中解决实际技术问题的核心人物，需要具备以下能力：

①具备解决项目过程中专业领域重要技术问题的能力。

②了解业界现状及发展趋势。

③具备丰富的相关项目实施经验。

④能够指导实施工程师工作和学习。

> **主要工作内容**

①负责工程项目现场的实施，按照工程项目的进度计划完成工程项目的既定任务。这其中包括现场环境勘查、设备上架安装于调试、应用软件的部署、系统联调、测试验收以及试运行保障等工作。

②负责网络系统运维服务保障，按照甲方公司与乙方公司签订的维保合同要求，负责网络系统的日常运维、系统定期巡检、软件升级、网络变更、系统性能优化等工作。

③参与工程项目的文档编写，组织项目组成员，完成工程项目实施、运维相关的技术文档编写。

④在项目结束后，参与工程项目的技术培训，为用户或公司员工提供对应项目的产品培训。

⑤组织硬件平台、网络平台、软件系统的搭建；独立或配合其他部门实施系统、网络工程。

2.2.2.5 售前工程师

> **职责与能力**

售前工程师在销售看来扮演的角色是技术专家，而在售后技术工程师眼中是懂得技术的销售人员，用户眼中的售前工程师则是代表乙方公司技术水平的专家。

售前工程师需要针对用户提出的需求，结合当前技术发展的趋势，提供有效的整体解决方案。当客户有非常明确的解决方案时，售前工程师的任务是结合自己公司的产品将用户的方案实现出来，但大多数用户都不清楚自己的网络到底需要什么，这时候就需要售前工程师的帮助。售前工程师的工作大部分是通过对用户当前业务进行分析，提出适合用户信息化应用的建议，并且根据这个建议提供一套可行的解决方案。

售前工程师仅仅是针对用户的需求提供技术实现的方案。也就是说，在售前工程师工作时，有一个前提假设，即用户需求已经明确。而售前咨询师的工作大部分是通过对用户当前业务或者管理状况的分析，提出用户信息化的架构和策略，并且根据此架构和策略提供一套可以实现此架构和策略的方案。如果将投标作为一个临界点，那么售前工程师往往提供给用户的是标书，而售前工程师提供给用户的一般为两个部分：信息化规划和信息系统建设建议书。

> **主要工作内容**

①负责组织制订系统集成项目的技术方案编写、标书的准备、讲解及用户答疑等工作。
②配合客户经理完成与用户的技术交流、技术方案宣讲、应用系统演示等工作。
③配合业务部其他部门做好用户沟通、资料共享、技术协调等工作。
④配合市场人员完成应用系统演示、产品宣传资料撰写等工作。
⑤配合做好与合作伙伴厂商的技术交流。

2.2.2.6 售后工程师

> **职责与能力**

售后工程师是项目中一线实施人员，负责将实施方案付诸实践，将具体细节实现出来。因此，售后工程师需要具备一定网络专业技术能力，至少需要达到初级网络工程师认证能力水平，根据项目实施内容不同，还需要具备一定的主机系统运维能力。

①了解并熟悉网络基础知识。
②对路由协议有一定了解，需要熟悉路由器等网络设备的操作。
③具备交换协议、设备配置及维护能力。
④网络安全设备基础配置能力，如堡垒机、防火墙、ACS。
⑤主机系统配置能力：Windows Server、Linux 系统。
⑥一定的网络综合布线能力。

华为、华三、锐捷、思科等 ICT 厂商都提供了一系列职业资格认证，提供给售后工程师进行职业能力的提升。以华为公司认证体系为例，如图 2-9 所示。

> **主要工作内容**

①负责机房内的网络连接以及网络间的系统配置。
②负责网络拓扑的勘测，进行路由的归类汇总，并整理成文。
③负责机房内设备之间的线路连接、网络连通性测试。
④负责网络故障分析，及时处理网络中出现的问题。
⑤利用网络测试分析工具定期对网络进行优化工作。

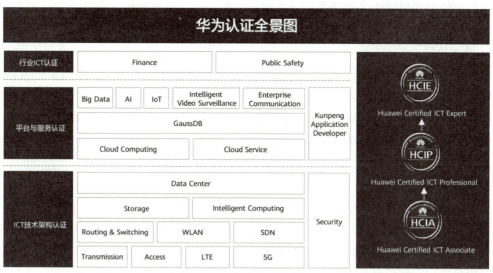

图 2-9　华为认证全景图

2.2.3　项目生命周期

项目的本质就是在规定的期限内完成特定的一个目标，在此期间会经历不同的阶段，就像生物的生命一样，有幼年、青年、中年、老年这样不同的阶段，每个项目都有明确的开始与结束时间，每个阶段都有明显的特征。在网络集成项目中，生命周期一般分为如图 2-10 所示几个阶段。

图 2-10　项目生命周期

> **启动阶段**

在确定一个项目的初期，项目管理层通常热情高涨，在启动阶段最关键的工作就是明确项目的计划。在启动阶段，需要项目负责人员对项目背景进行了解，与客户进行沟通与交涉，根据客户的需求进行分析，制订出合理可行的行动计划，这也就是我们平时经常说的可行性分析，并且总结为项目建议书提交给客户审阅。在项目确定交给某家公司之前，客户会进行招投标，根据来投标公司的资质与项目方案进行选择，而项目承接单位作为乙方，需要保证自己提出的方案具备让客户满意的性价比。

> **计划阶段**

在项目计划阶段，由项目经理制订整个项目明确的时间节点与工作需求。需要进行方案设计、环境勘测、实施方案的具体细节、实施计划、拓扑设计、技术具体实现等一系列工作。

> **执行阶段**

在执行阶段，整个项目团队则是严格按照既定的工作安排与计划进行高效的实施，推进整个项目的前进。在执行过程中，项目经理需要对团队中每个成员的工作进度进行统筹规划，确保每个环节合理进行，并且在执行过程中处理可能突发的各类状况。在网络集成项目中，执行阶段包括机房环境的准备、设备到货验收、设备加电验收、设备上架、综合布线、设备配置与调试以及功能测试等。

> ➤ 收尾阶段

收尾阶段是在执行阶段完成后，对已完成的系统进行业务的调试，在与客户共同调整后，将整个环境进行试运行，在确保业务能够正常运转后，让客户来审核是否达到要求，也就是项目验收。根据项目的不同，验收阶段的时间有长有短，但是都必须符合项目一开始约定的要求，项目的主要领导负责人需要对项目进行总结，并交付给客户，而项目的销售也需要协调将商务环节进行推进，说得通俗点，干完活就要来收钱了。

> ➤ 维护阶段

成功地将项目结果交付给客户，并不代表着一个项目的结束。因为任何产品都需要有一个售后的维护阶段，而网络集成项目后期，在系统正常运行后，需要长期运转与使用，而集成服务公司则需要根据要求对系统进行维护，例如按要求进行定期的巡检，在发生故障时能够及时提供响应，售后服务在某些企业是单独划分为一个项目来进行的。

2.2.4 项目实施流程

以福建省某知名网络系统集成行业龙头企业为例，其项目实施流程如下：

①在项目中标后，在销售部进行内部立项的同时，由销售经理完成填写《工程任务书》，并提交至项目管理部。

②项目管理部根据项目情况，会同技术经理指定项目负责人，并正式签发《项目经理任命书》（三级以下项目由技术经理直接指定）。外地分公司技术团队资源不足时，可向集团技术中心进行资源申请，由集团技术中心负责人批准并确定人员，由项目管理部任命。

③项目经理接受任命后，根据合同要求，进行项目计划的制订。项目计划包括人员组织结构、工程进度计划、工程成本预算等，由技术经理审核后上报项目管理部，项目管理部审批通过后，项目组正式成立。

④如有必要，项目经理可申请召开项目协调会，由项目管理部负责协调销售、商务等部门参加。

⑤项目组成立后，由项目经理负责安排协调项目组成员进行工程前期准备工作。在准备阶段的主要工作包括工程实施手册编写、工程实施环境调查、内部技术培训及交底、工程辅材及工具准备等。

⑥在工程实施条件具备后，项目组正式向用户提交《工程开工报告》，用户批准后，正式开始项目实施。在实施阶段的主要工作包括设备到货及加电验收、安装调试，以及其他软硬件优化调试、系统测试等任务。

⑦工程完工后，项目组向用户提交书面《验收申请报告》及验收方案，用户审批通过后正式进行验收。

⑧根据合同约定情况确定是否需要进行初验及终验，无约定的直接进行项目终验。

⑨项目验收通过后即与用户签署《项目初/终验报告》，未通过验收的，根据存在问题进行相应整改，直至验收通过。

⑩项目通过竣工验收后,由项目经理召集项目组成员召开工程总结会议,分析工程得失,总结工程经验,并进行记录。

⑪项目组需提交验收报告及相关工程文档至项目管理部统一存档保存。

⑫开始项目维保服务期。项目维保服务期内,仍然以项目经理为首要负责人,负责协调解决维保期限内出现的相关问题。

工程项目实施总体流程如图2-11所示。

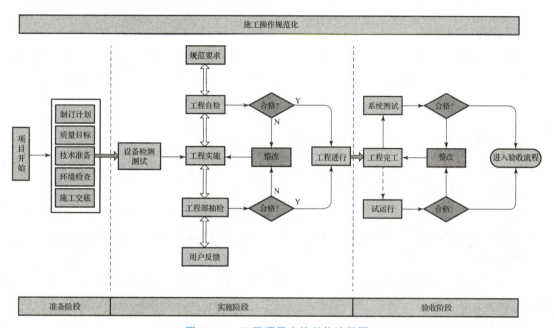

图2-11 工程项目实施总体流程图

2.3 网络建设项目启动

2.3.1 项目建议书

项目建议书主要根据项目建设背景和建设需求及项目前景来进行项目市场分析、对项目建设的必要性和可行性的研究、项目设计原则、项目建设的内容、设备及主要技术经济指标等分析,并对主要原材料的需求量、项目总投资及方式、经济效益、资金来源处等进行初步估算。项目建议书的主要作用是决策者通过项目建议书中的内容进行综合评估后,做出项目是否实施的决定。

项目建议书(又称立项申请书)是项目单位就新建、扩建事项向单位归口管理部门申报的书面申请文件,是项目建设筹建单位或项目合法人根据各种条件,如单位预算、功能性能要求、现有软硬件环境等做出的初步分析后生成的策略方案。针对具体需求提出的某一具体项目的建议文件,是对建设项目有一个整体框架性的设想。项目建议书可以减少项目选择的盲目性,为下一步可行性分析打下基础。项目建议书的主要作用是决策者可以通过项目建议书中的内容进行综合评估后，做出项目是否实施的决定。

与可行性分析报告的区别：

第一，两者含义不同。项目建议书，又称立项申请书，是项目单位就新建、扩建事项向单位归口管理部门申报的书面申请文件。项目建议书的主要作用是决策者在综合评估项目建议书中的内容后，做出项目是否实施的决定。

可行性分析报告同样是在投资决策之前，对拟建项目进行全面技术经济分析，在此基础上，综合论证项目建设的必要性和可行性，通过各种精确数据资料为投资决策提供科学依据的书面材料。

第二，研究的内容不同。项目建议书是初步选择项目，主要查核建议的必要性和可行性，其决定是否要进行下一步内容。可行性分析则需要进行全面、深入的技术分析及经济分析论证，准备多种方案，选择最佳方案，或者提出充分理由来否定该项目，为最终的决策提供有效依据。

第三，依据的基础资料不同。项目建议书是依据单位及部门总体发展规划及当前资源现状及瓶颈而做出的策略建议。可行性分析报告是将已经受批的项目建议书、详细的设计资料和其他数据资料作为编制研究依据。

第四，内容繁简和深度不同。两个阶段的基本内容大体相似。但项目建议书要求较简单，属于定性性质。可行性分析报告则是在这个基础上进行细化补充，使其内容更加完善，论证更加充足。

第五，投资估算精度要求不同。根据国内外已完成的类似工程进行推算得出项目建议书的投资估算，误差准许控制在 20% 以上。但是可行性分析报告必须对项目所需的各项费用进行精确的计算，并且误差要求不能超过 10%。

2.3.2 可行性分析

可行性分析是通过对项目的主要内容和基础条件，如网络拓扑结构、网络设备品牌型号、通信线路类型、大楼机房分布、功能性能要求、总体预算等，从技术、经济、工程等方面进行调查研究和分析比较，并对项目建成以后可能取得的财务、经济效益及社会环境影响进行预测，从而提出该项目是否值得投资和如何进行建设的咨询意见，为项目决策提供依据的一种综合型的系统分析方法。可行性分析应具有可预见性、公正性、可靠性、科学性的特点。

可行性研究是要求以全面、系统的分析为主要方法，以经济效益为核心，围绕影响项目的各种因素，运用大量的数据资料论证拟建项目是否可行，对整个可行性研究提出综合分析评价，指出优缺点和建议。为了结论的需要，往往还需要加上一些附件，如试验数据、论证材料、计算图表、附图等，以增强可行性报告的说服力。

系统集成项目可行性分析的重点是从本企业拥有的技术和资金力量方面进行分析是否能胜任该项目；从该项目的建设规模、工程造价、使用产品和各项成本方面分析投标该项目是否能带来盈利，给出本项目的可行性分析报告。

其主要包括系统集成市场分析，如行业发展现状、行业市场规模分析与预测等；项目建设条件，如工程项目选址、地理位置、交通条件及基础设施等；项目建设实施经营的组织机构与人力资源配置；项目建设详细进度计划；项目建设产品方案；项目建设使用的主要材料和辅助材料；对工程建设所需投入资金进行详细估算、财务分析、各项成本分析；项目风险因素及对策，如对市场风险、技术风险、财务风险、法律风险等风险因素进行评价并制订相应解决对策，为项目全过程的风险管理提供有效依据。

撰写系统集成项目可行性分析报告有以下几点注意事项：

设计方案：设计系统集成项目的研究方案，明确需要研究的对象，可行性分析报告的主要任务就是在设计好的研究方案上对其进行论证。

内容真实：可行性分析报告上所运用的资料、数据必须都要经过多次核实，确保报告中不能有任何偏差或者失误，其涉及的内容以及数据必须具有真实可靠性。

预测准确：可行性研究是项目还没开始实施前的研究，是对项目未来发展的情况、可能遇到的问题以及结果的估计，因此其具有预测性。报告需切合实际，运用科学的预测方法，充分地利用有效资料，对其进行深入调查研究以及预测未来前景。

论证严密：围绕项目的各种影响因素，运用系统、科学的分析方法进行全面、系统的分析，多方衡量，既要宏观分析，也要微观分析。

结论明确：可行性报告的研究来源于客观实际，又关系着项目的具体实施，结论必须明确，不得含糊，论证不容疏漏。

2.3.3　招投标流程

2.3.3.1　招标模式

当建设单位（甲方）内部通过项目建议书与可行性分析报告后，项目将进入一个关键的里程碑，即招投标阶段。这个阶段是项目计划与实施之间一个重要的节点，是系统集成公司（乙方）是否能够承接该甲方项目的决定性节点。对于网络工程师中的售前职能或者岗位分支来说，了解并掌握招标模式非常重要，其决定着这个项目该如何投标，投标书该如何撰写这些细节问题。

在我国，常见的招标模式有以下这几个分类：

➢ **公开招投标**

公开招标是政府采购的主要采购方式，是指采购人按照法定程序，通过发布招标公告，邀请所有潜在的不特定的供应商参加投标，采购人通过某种事先确定的标准，从所有投标供应商中择优评选出中标供应商，并与之签订政府采购合同的一种采购方式。

特点：

公开招标方式体现了市场机制公开信息、规范程序、公平竞争、客观评价、公正选择以及优胜劣汰的本质要求。

公开招标因为投标人较多、竞争充分，且不容易串标、围标，有利于招标人从广泛的竞争者中选择合适的中标人并获得最佳的竞争效益。

依法必须进行招标的项目采用公开招标，应当按照法律规定在国家发展改革委和其他有关部门指定媒介发布资格预审公告或招标公告，符合招标项目规定资格条件的潜在投标人不受所在地区、行业限制，均可申请参加投标。

> 邀请招标

邀请招标也称选择性招标，是由采购人根据供应商或承包商的资信和业绩，选择一定数目的法人或其他组织（不能少于3家），向其发出投标邀请书，邀请他们参加投标竞争，从中选定中标供应商的一种采购方式。

适用范围：

有下列情形之一的，经批准可以进行邀请招标：

一是涉及国家安全、国家秘密或者抢险救灾，适宜招标但不宜公开招标的；

二是项目技术复杂或有特殊要求，或者受自然地域环境限制，只有少量潜在投标人可供选择的；

三是采用公开招标方式的费用占项目合同金额的比例过大的。

国家重点建设项目的邀请招标，应当经国家国务院发展计划部门批准；地方重点建设项目的邀请招标，应当经各省、自治区、直辖市人民政府批准。

国有企事业单位需要审批的工程建设项目的邀请招标，应当经单位内部项目审批部门审批，并上报上级管理部门审核。

> 竞争性谈判

竞争性谈判是指采购人或代理机构通过与多家供应商（不能少于3家）进行谈判，最后从中确定中标供应商的一种采购方式。

适用范围：

①依法制定的集中采购目录以内，且未达到公开招标数额标准的货物、服务。

②依法制定的集中采购目录以外、采购限额标准以上，且未达到公开招标数额标准的货物、服务。

③达到公开招标数额标准、经批准采用非公开招标方式的货物、服务。

④按照招标投标法及其实施条例必须进行招标的工程建设项目以外的政府采购工程。

> 单一来源采购

单一来源采购也称直接采购，是指采购人向唯一供应商进行采购的方式。其适用于达到了限购标准和公开招标数额标准，但所购商品的来源渠道单一，或属专利、首次制造、合同追加、原有采购项目的后续扩充和发生了不可预见的紧急情况而不能从其他供应商处采购等情况。该采购方式的最主要特点是没有竞争性。

> 集中采购

集中采购是指采购中将集中采购目录内的货物、工程、服务集中进行采购，集中采购包括集中采购、机构采购和部门集中采购，目录内属于通用的采购项目，应当委托集中采购机构代理采购，属于本部门、本系统有特殊要求的项目，应当实行部门集中采购。

2.3.3.2 招标文件

招标文件阐明需要采购货物或工程的性质，通报招标程序将依据的规则和程序，告知订立合同的条件。招标文件既是投标商编制投标文件的依据，又是采购人与中标商签定合同的基础。因此，招标文件在整个采购过程中起着至关重要的作用。招标人应十分重视编制招标文件的工作，并本着公平互利的原则，务必使招标文件严密、周到、细致、内容正确。编制招标文件是一项十分重要而又非常烦琐的工作，应有有关专家参加，必要时还要聘请咨询专家参加。

招标文件的目的是通知潜在的投标人有关所要采购的货物和服务、合同的条款和条件及交货的时间安排。起草的招标文件应该保证所有的投标人具有同等的公平竞争机会。根据单一项目招标文件的范围和内容，文件中一般应包含：项目的概括信息；保证技术规格客观性的设计文件；投标的样本表格；合同的一般和特殊条款；技术规格和数量清单，在一些特殊情况下，还应附有性能规格、投标保证金保函、预付款保函和履约保函的标准样本。

招标文件是招标人委托招标公司向投标人发出的邀请文件，其中的内容说明了投标人进行招标的具体要求、招投标的规则说明，比如竞标时间和地点、招标人的联系方式等，其中还包括项目中出现的设备、服务的具体参数说明，这些参数都是经过专家评审过后的结果，是项目招投标活动的主要依据，对双方均具有法律约束力。

招标文件表明订立合同的条件、招标程序将依据的规则流程、阐明需要采购货物或工程的性质。招标文件在整个采购过程中有着至关重要的作用，它既是投标方编制投标文件的依据，又是采购人与中标方签订合同的基础，见表2-2。招标文件应本着公平互利的原则，制作文件需严密、周到、细致、内容正确。起草的招标文件应该保证所有的投标人具有同等的公平竞争机会。招标文件通知了投标人合同的条款和条件以及交货的时间安排、有关要采购的货物和服务。

表2-2 招标文件内容框架

章节	项目	内容
第一部分	招标邀请函	招标编号 招标内容一览表 招标人资格要求 招标文件购买时间 开标时间 评标方法 招标活动咨询方法 招标文件更新咨询
第二部分	投标人须知	项目名称 投标人基本资格条件 投标有效期 投标地点 投标保证金 项目最高限价

续表

章节	项目	内容
第三部分	商务部分要求	实施时间、地点、验收方式 报价要求 质量保证及售后服务 付款方式 知识产权 培训
第四部分	技术部分要求	采购设备表 硬件要求 招标项目需求 技术服务要求 售后服务要求 交货期、地点、付款方式
第五部分	评标方法与标准	技术部分评分标准 商务部分评分标准 投标报价评分标准 政策加分标准
第六部分	投标文件相关格式	采购合同模板 投标文件格式要求 投标分项报价表模板 货物说明一览表模板 投标人资格证明文件模板 法定代表人授权书模板 法人营业执照、税务登记证模板

编制招标文件时，需要特别注意以下几个方面：
- 为构成竞争性招标的基础，必须详细地一一说明所采购的货物、设备或工程的内容。
- 制定的技术规格和合同条款不应造成对有资格投标的任何供应商或承包商的歧视。
- 评标的标准应公开和合理，对偏离招标文件另行提出新的技术规格的标书的评审标准，更应切合实际，力求公平。
- 需符合本国政府的有关规定，对有不一致之处，要进行妥善处理。

2.3.3.3　投标文件

指具备承担招标项目能力的投标人，按照招标文件的要求编制的文件。在投标文件中应当对招标文件提出的实质性要求和条件做出响应，这里所指的实质性要求和条件，一般是指招标文件中有关招标项目的价格、招标项目的计划、招标项目的技术规范方面的要求和条件、合同的主要条款（包括一般条款和特殊条款）。投标文件需要在这些方面做出回答，或称响应，响应的方式是投标人按照招标文件进行填报，不得遗漏或回避招标文件中的问题。交易的双方只能就交易的内容也就是围绕招标项目来编制招标文件、投标文件。

《招标投标法》还对投标文件的送达、签收、保存的程序做出规定，有明确的规则。对于投标文件的补充、修改、撤回也有具体规定，明确了投标人的权利义务，这些都是适应公平竞争需要而确立的共同规则。从对这些事项的有关规定来看，招标投标需要规范化，应当在规范中体现保护竞争的宗旨。

投标文件是投标人应招标文件的条件和要求编制的响应性文件。在投标文件中，应当对招标文件提出的有关招标项目的价格、计划、技术规范方面的要求和条件做出响应。投标人不得遗漏或回避招标文件中的问题，要按照招标文件进行填报。交易的双方必须围绕招标项目来编制招标文件、投标文件。

投标文件一般包含了商务、价格以及技术这三个部分，见表2-3。

表2-3 投标文件内容框架

章节	项目	内容
第一部分	投标书	对整份投标书进行概述，提出重点部分例如投标公司名称、投标代表人、总体报价以及投标文件大致内容
第二部分	开标一览表	按招标方的规范进行开标的概述
第三部分	投标分项报价表	对投标项目具体各项货物进行报价
第四部分	货物说明一览表	对具体货物进行说明
第五部分	供货范围一览表	对具体货物进行供货规格的说明
第六部分	技术部分	关于项目的组织安排 总体设计与各模块设计 施工工期计划 项目验收方案 施工安全保证 施工质量控制措施 人员安排计划 售后服务体系
第七部分	技术商务评分标准对照情况点对点应答表	根据招标书中的商务部分评分标准与技术部分评分标准进行应答，从而获得分数
第八部分	投标人的资格证明文件	投标方各类资格文件的陈述
第九部分	投标保证金凭证和相关信息	投标方投标需要交纳保证金

商务部分主要包括招标函、开标一览表、设备清单、企业资质信誉、企业业绩和综合能力等内容。其中，开标一览表是对投标方的公司名称、法人代表、投标项目名称、投标总价

等以表格形式进行概括性说明。设备清单是提供根据项目具体要求所需设备的型号和价格；企业资质信誉是提供投标公司所具备的资质级别、质量认证级别、营业执照、项目团队成员专业资格认证等各类资质文件，对应项目所需要和招标书要求格式；企业业绩和综合能力主要介绍公司概况、经营情况，近年来完成的一些项目、获得的社会荣誉。

技术部分是针对投标项目的需求设计所撰写出的对应技术方案。其主要内容包括工程的描述、设计和施工方案、质量保证体系及措施、售后服务体系等。其中项目施工方案是投标技术部分的重点，它包括项目建设目标、总体设计、项目设计依据标准、综合布线方案、网络设计方案和网络安全方案等内容，以及项目实施的计划和管理措施等；质量保证体系及措施是指投标方在项目实施过程中遵循的质量标准、采用质量保证的措施等；售后服务体系是指项目实施阶段结束后，投标方为需求方提供的技术培训、技术咨询、售后技术维护等售后服务支持。

2.3.3.4 资质评估

企业在进行招投标时，需要对投标公司进行资质评估，对其能力水平和信誉进行评判。目前信息系统集成资质等级评定分为三级：一级资质、二级资质与三级资质，各个等级有明确的要求与规定。主要可分为以下六个方面的评定：

> 综合条件

企业是在中华人民共和国境内注册的企业法人，变革发展历程清晰、产权关系明确。企业需以系统集成及服务为主业，并且各个等级对于企业近三年的系统集成收入总额占营业收入总额的比例有不同要求，对于企业注册资本和实收资本有明确要求。

> 财务状况

各个等级对企业近三年的系统集成收入总额有明确要求，企业需要在中华人民共和国境内合规合法的会计师事务所审计，财务数据真实可信。

> 信誉

- 企业有良好的资信，近三年无触犯国家法律法规的行为。
- 企业有良好的知识产权保护意识，近三年完成的系统集成项目中无销售或提供非正版软件的行为。
- 企业有良好的履约能力，近三年没有因企业原因造成验收未通过的项目或应由企业承担责任的用户重大投诉。
- 企业近三年无不正当竞争行为。
- 企业遵守信息系统集成资质管理相关规定，在资质申报和资质证书使用过程中诚实守信，近三年无不良行为业绩。

> 管理能力

- 已建立质量管理体系，通过国家认可的第三方认证机构认证，并能有效运行。
- 已建立完备的客户服务体系，能及时、有效地为客户提供服务。
- 企业的主要负责人从事信息技术领域企业管理的经历不少于3年；主要技术负责人应具有计算机信息系统集成项目管理人员资质或电子信息类专业硕士及以上学位或电子信息

类中级及以上技术职称，并且从事系统集成技术工作的经历不少于 3 年；财务负责人应具有财务系列初级及以上职称。

➢ **技术实力**

- 在主要业务领域具有较强的技术实力。
- 各个等级对于企业经过第三方评测鉴定或用户使用认可的自主开发的软件产品数量有明确要求，并且部分软件产品在近三年已完成的项目中得到了应用。
- 有专门从事软件或系统集成技术开发的研发人员，已建立基本的软件开发与测试体。

➢ **人才实力**

- 对从事软件开发与系统集成技术工作的人员有对应要求。
- 对经过登记的信息系统集成项目管理人员人数，以及其中高级项目经理人数有明确要求。
- 企业已建立完备的人力资源管理体系并能有效实施。

2.3.4 设备选型

由于在招标方的招标书中会对项目提出明确需求，在招标文件中有独立章节明确说明本项目需要的设备性能参数，但是一般不会指定设备品牌，这样就留给投标方选型的余地。由于各个厂家的设备参数不尽相同，因此招标文件中还会提供一张《设备参数偏离表》，以此来对投标方提供的设备性能参数进行综合分数评定，最终影响投标的结果。

在设备选型时，根据项目需求和市场供应情况，符合当前市场上的技术发展水平，具备一定可扩展性、可维修性、可提升性等要求，进行调查和分析比较，以确定最有性价比的选型方案。

主要是在参照整体网络设计要求的基础上，根据网络实际带宽性能需求、端口类型和端口密度选型。如果是旧网改造项目，应尽可能保留并延长用户对原有网络设备的投资，减少在资金投入方面的浪费。

为使资金的投入产出达到最大值，能以较低的成本、较少的人员投入来维持系统运转，网络正常运行后，会有许多关键业务持续提供服务，因此要求系统具有较高的可靠性。例如作为骨干网络节点，核心交换机、汇聚交换机和接入交换机必须能够提供完全无阻塞的高速交换性能，以保证业务运行顺畅。

2.3.4.1 设备选型的原则

设备选型是指购置设备时，根据生产工艺要求和市场供应情况，按照技术上先进、经济上合理、生产上适用的原则，以及可行性、维修性、操作性和能源供应等要求，进行调查和分析比较，以确定设备的优化方案。

➢ **厂商的选择**

所有网络设备尽可能选取同一厂家的产品，这样在设备可互连性、协议互操作性、技术支持和价格等方面都更有优势。从这个角度来看，产品线齐全、技术认证队伍力量雄厚、产品市场占有率高的厂商是网络设备品牌的首选。其产品经过更多用户的检验，产品成熟度高，而且这些厂商出货频繁，生产量大，质保体系完备。作为系统集成服务商，不应依赖于任何一家的产品，应能够根据需求和费用公正地评价各种产品，选择最优的。在制订网络方案之前，应根据用户承受能力来确定网络设备的品牌。

> ➤ 先进性

选用设备应代表当代计算机技术的最高水平，能够以更先进的技术获得更高的性能。同时，系统必须是发展自一个成熟的体系，是同类市场上公认的领先产品，并且该体系有着良好的未来发展，能够随时适应技术发展和业务发展变化的需求。

> ➤ 扩展性考虑

在网络的层次结构中，主干设备选择应预留一定的能力，以便将来扩展，而低端设备则够用即可，因为低端设备更新较快，且易于扩展。由于企业网络结构复杂，需要交换机能够接续全系列接口，例如光口和电口、百兆、千兆和万兆端口，以及多模光纤接口和长距离的单模光纤接口等。其交换结构也应能根据网络的扩容灵活地扩大容量。其软件应具有独立知识产权，应保证其后续研发和升级，以保证对未来新业务的支持。

> ➤ 可靠性

由于升级的往往是核心和骨干网络，其重要性不言而喻，一旦瘫痪，则影响巨大。衡量可靠性通常可以用 MTBF。可以通过冗余技术来提高系统整体的可靠性，如冗余备份电源、冗余备份网卡、ECC（错误检查纠正）内存、ECC 保护系统总线、RAID 磁盘阵列技术、自动服务器恢复等。

> ➤ 可管理性

一个大型网络可管理程度的高低直接影响着运行成本和业务质量。因此，所有的节点都应是可网管的，而且需要有一个强有力且简洁的网络管理系统，能够对网络的业务流量、运行状况等进行全方位的监控和管理。系统应具有良好的、统一的管理平台，能够使用户很方便地进行系统日常软、硬件维护。

> ➤ 安全性

随着网络的普及和发展，各种各样的攻击也在威胁着网络的安全。不仅仅是接入交换机，骨干层次的交换机也应考虑到安全防范的问题，例如访问控制、带宽控制等，从而有效控制不良业务对整个骨干网络的侵害。

> ➤ QoS 控制能力

随着网络上多媒体业务流（如语音、视频等）越来越多，人们对核心交换节点提出了更高的要求，不仅要能进行一般的线速交换，还要能根据不同的业务流的特点，对它们的优先级和带宽进行有效的控制，从而保证重要业务和时间敏感业务的顺畅。

> ➤ 标准性和开放性

由于网络往往是一个具有多种厂商设备的环境，因此，所选择的设备必须能够支持业界通用的开放标准和协议，以便能够和其他厂商的设备有效地互通。在结构上真正实现开放，基于国际开放式标准，坚持统一规范的原则，从而为未来的发展奠定基础，保证用户现有各种计算机软、硬件资源的可用性和连续性。只有开放的技术才能更好地实现可扩展性和兼容性。

➢ 经济性

在选择网络设备时，也应考虑性能价格比，即以最低的价格获得能够满足企业业务需要的最优性能的设备，从而降低企业的成本，充分保护用户的现有设备和技术人员的知识结构，在现有系统平滑升级的同时，进一步充分使用现有的安全设备。

2.3.4.2 局域网交换机的选型

➢ 局域网交换机介绍

交换机是集线器的升级换代产品，其作用也是将传输介质的线缆汇聚在一起，以实现大量计算机的连接。但有很大不同的是集线器是工作在 OSI 模型的物理层，集线器只能将电信号进行增强，随之而来的就是冲突域的扩大，而交换机工作在 OSI 模型的数据链路层，局域网交换机根据其内部的 MAC 地址表将冲突域分隔开，实现多路访问网络中的独立数据通道，也就是说交换机是可以解析数据帧头部的。

局域网交换机的功能主要为以下两个方面：

①提供可扩展的网络接口：交换机在网络中最主要的功能就是设备之间的互联，例如终端设备、路由器、防火墙、视频设备、无线设备的连接。为能够让大量的设备接入，交换机的接口数量是可以大量扩展的，小型交换机的数量有 8~48 口，而大型交换机可以支持数百个的接口数量。

②扩展网络的范围：交换机与计算机或者其他网络设备依靠传输介质连接一起，而不同介质的传输距离是有限的，通过借助交换机进行中继，可以使得网络传输距离大大增加。

➢ 交换机的类型

根据不同的标准，可以对交换机进行不同的分类。不同种类的交换机其功能特点和应用范围也有所不同，应当根据具体的网络环境和实际需求进行选择。

①根据管理模式，可以分为可网管交换机与不可网管交换机。

可网管交换机拥有独立的操作系统，可以进行配置与管理。一台可网管的交换机都配有 Console 口方便进行网络监控、流量分析等工作，目前交换机的制造已经相当成熟，可网管交换机的性价比已经相当高，企业在采购交换机一般都会选择可网管交换机。而不可网管的交换机也基本只会出现在家庭中使用，有许多家用路由器也融入了交换机的功能，不可网管的交换机正在淡出人们的视野。

②根据硬件结构，可以分为固定端口交换机和模块化交换机。

固定端口交换机的端口数量是固定的，一般有 8 端口、16 端口、24 端口以及 48 端口等。固定端口交换机通常作为接入层交换机，为终端用户提供网络接入，或作为汇聚层交换机，实现与接入层交换机之间的连接。图 2-12 所示为华为 S5731 系列固定端口交换机。

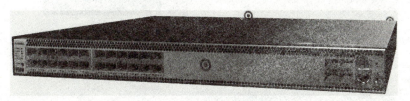

图 2-12　华为 S5731 交换机

模块化交换机也称为箱式交换机，拥有强大的灵活性和可扩展性。用户可任意选择不同数量、不同速率、不同功能和不同接口类型的模块，以适应千变万化的网络需求。图2-13所示为华为S7712系列的模块化交换机。模块化交换机大都具有很高的性能（如背板带宽、转发速率和传输速率等）、很强的容错能力，支持交换模块的冗余备份，并且往往拥有可插拔的双电源，以保证交换机的电力供应。模块化交换机通常被用于核心交换机或骨干交换机，以适应复杂的网络环境和网络需求。

图2-13　华为S7712交换机

③根据用途，可以分为接入层交换机、汇聚层交换机、核心层交换机。

接入交换机的主要用于终端设备的大量接入，一般采用固定端口的二层交换机，并且具备有一个或者两个1000Base-T或GBIC、SFP接口作为上连接口，连入汇聚层或者核心层，如图2-14所示。其主要的功能如下几点：

- 提供用户的接入。
- 通过冗余提供高可用性。
- 支持语音、无线和数据的融合。
- 提供安全服务来帮助网络接入的控制。
- 提供QoS服务，包括流量分类和队列。
- 支持IP组播流量。

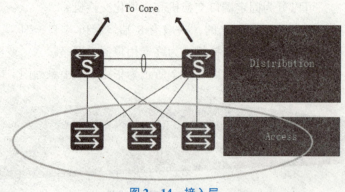

图2-14　接入层

汇聚层交换机主要用于将接入层设备进行汇聚，例如一栋楼宇或者一个功能区域的接入层交换机，如图 2-15 所示。其主要功能如下：
- 汇聚接入节点和上行链路。
- 提供冗余连接和冗余设备来实现高可用性。
- 提供路由服务，例如路由汇总、重发布和默认网关。
- 实施策略，包括过滤、安全和 QoS 等机制。
- 分割工作组并隔离故障域。

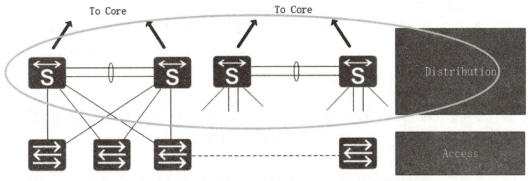

图 2-15 汇聚层

核心层交换机主要用于进行核心交换，将汇聚层或者接入层的设备进行汇聚，核心区域还负责连接各个功能区域，例如在核心区域上连接服务器与外联区等，如图 2-16 所示。其主要功能如下：
- 核心层是高速的骨干和汇聚点。
- 通过冗余和快速收敛来提供可靠性。
- 独立的骨干层有助于网络未来的扩展性。

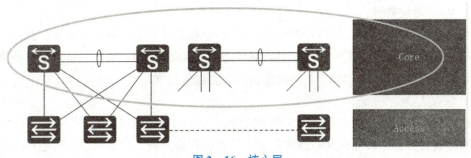

图 2-16 核心层

④根据速率，可以分为百兆交换机、千兆交换机、万兆交换机。

依据交换机所提供的传输速率为标准，可以将交换机划分为百兆以太网交换机、千兆以太网交换机和万兆以太网交换机等。

⑤根据速率一致性，可以分为对称交换机、非对称交换机。

以交换机端口速率的一致性为标准，可将交换机分为对称交换机和非对称交换机两类。在对称交换机中，所有端口的传输速率均相同，全部为 100 Mb/s 或者全部为 1 Gb/s。

其中，100 Mb/s 对称交换机用于小型网络或者充当接入层交换机，1 Gb/s 对称交换机则主要充当大中型网络中的汇聚层或核心层交换机。

非对称交换机是指拥有不同速率端口的交换机，提供不同带宽端口之间的交换连接。其通常拥有 2~4 个高速率端口（1 Gb/s 或 10 Gb/s）以及 12~48 个低速率端口（100 Mb/s 或 1 Gb/s）。高速率端口用于实现与汇聚层交换机、核心层交换机、接入层交换机和服务器的连接，搭建高速骨干网络。低速率端口则用于直接连接客户端或其他低速率设备。

> **交换机的性能指标**

（1）转发速率

转发速率是交换机的一个非常重要的参数。转发速率通常以 "MPPS"（Million Packet Per Second，每秒百万包数）来表示，即每秒能够处理的数据包的数量。转发速率体现了交换引擎的转发功能，该值越大，交换机的性能越强劲。

（2）端口吞吐量

端口吞吐量反映交换机端口的分组转发能力，通常可以通过两个相同速率的端口进行测试，吞吐量是指在没有帧丢失的情况下，设备能够接受的最大速率。

（3）背板带宽

背板带宽是交换机接口处理器或接口卡和数据总线间所能吞吐的最大数据量。背板带宽体现了交换机总的数据交换能力，单位为 Gb/s，也叫交换带宽。一台交换机的背板带宽越高，所能处理数据的能力就越强，但同时设计成本也会越高。

（4）端口种类

交换机按其所提供的端口种类不同，主要包括三种类型的产品，它们分别是纯百兆端口交换机、百兆和千兆端口混合交换机、纯千兆端口交换机。每一种产品所应用的网络环境各不相同，核心骨干网络上最好选择千兆产品，上连骨干网络一般选择百兆/千兆混合交换机，边缘接入一般选择纯百兆交换机。

（5）MAC 地址数量

每台交换机都维护着一张 MAC 地址表，记录 MAC 地址与端口的对应关系，交换机就是根据 MAC 地址将访问请求直接转发到对应端口上的。存储的 MAC 地址数量越多，数据转发的速度和效率也就越高，抗 MAC 地址溢出供给能力也就越强。

（6）缓存大小

交换机的缓存用于暂时存储等待转发的数据。如果缓存容量较小，当并发访问量较大时，数据将被丢弃，从而导致网络通信失败。只有缓存容量较大，才可以在组播和广播流量很大的情况下，提供更佳的整体性能，同时保证最大可能的吞吐量。目前，几乎所有的廉价交换机都采用共享内存结构，由所有端口共享交换机内存，均衡网络负载并防止数据包丢失。

> **主流交换机产品**

目前，在中国交换机市场上的品牌种类繁多，不同厂家的交换机还包含各自的产品线，每个产品线的功能各不相同，在产品选择上，根据项目需要进行合理选择。专注于企业级交换机的厂商有华为、H3C、思科等。

(1) 华为交换机

在交换机领域,华为历经多年的耕耘和发展,积累了大量业界领先的知识产权和专利,可提供从核心到接入十多个系列上百款交换机产品。

目前,华为交换机已广泛应用于政府、电信运营商、金融、教育和医疗等行业,服务于巴西总统府、荷兰哈勒默梅尔市政府、中国银行、清华大学、北大第一医院、中国石油集团、美团云、亚太卫星、英国 SCC、俄罗斯央行、意大利 MPS 银行、美国麻省理工学院和南非警察总署等客户。

其主要交换机产品包括 S1700、S2700、S3700、S5700、S6700、S7700、S9700、S12700 以及数据中心中使用的 Cloud Engine 1800V、Cloud Engine 5800V、Cloud Engine 6800V、Cloud Engine 7800V、Cloud Engine 8800V、Cloud Engine 12800V 等多个系列。

(2) H3C 交换机

在以太网领域,H3C 经历多年的耕耘和发展,积累了大量业界领先的知识产权和专利,可提供业界从核心到接入 10 多个系列上百款交换机产品。所有产品全部运行 H3C 自主知识产权的 Comware 软件,对外提供统一的操作命令接口,最大化地简化产品的配置。

为了进一步降低 IT 维护的工作量,使用户能够更聚焦于 IT 战略和部署实施,H3C 不断创新,针对园区应用提出了虚拟园区网解决方案,把一套物理网络资源虚拟出多套逻辑网络,对不同的用户/业务能够使用到的资源,配置不同的安全、管理策略。针对数据中心应用,H3C 从数据中心一体化、虚拟化和自动化三个方面入手,融合安全、网络虚拟化和自动化管理方案,提供基于以太网的统一交换架构数据中心解决方案。这些创新的解决方案提高了网络整体资源的利用率,大幅节省用户的投资。

其主要交换机产品包括 H3C E126、H3C S1000、H3C S1200、H3C S1500、H3C S2100、H3C S3100、H3C S3600、H3C S5000、H3C S5100、H3C S5500、H3C S5600、H3C S5800、H3C S7500、H3C S7600、H3C S9500、H3C S12500 等多个系列。

(3) 思科交换机

Cisco 的交换机产品以"Catalyst"为商标,包含 1900、2900、3500、4000、5000、5500、6000、8500 等十多个系列。

一类是固定配置交换机,包括 3500 及以下的大部分型号,比如 1924 是 24 口 10M 以太交换机,带两个 100M 上行端口。除了有限的软件升级之外,这些交换机不能扩展。

另一类是模块化交换机,主要指 4000 及以上的机型,网络设计者可以根据网络需求,选择不同数目和型号的接口板、电源模块及相应的软件。

2.3.4.3 路由器的选型

1. 路由器介绍

路由器是一种连接多个网络或网段的网络设备,它能将不同网络或网段之间的数据信息进行"翻译",使不同的网络或网段能够相互"读"懂对方的数据,从而构成一个更大的网络。

路由器有两大主要功能,即数据通道功能和控制功能。数据通道功能包括转发决定、背板转发以及输出链路调度等,一般由特定的硬件来完成;控制功能一般用软件来实现,包括与相邻路由器之间的信息交换、系统配置、系统管理等。

路由器是 OSI 七层网络模型中的第三层设备,当路由器收到任何一个来自网络中的数据包(包括广播包在内)后,首先要将该数据包第二层(数据链路层)的信息去掉(称为"拆包"),并查看第三层信息。然后根据路由表确定数据包的路由,再检查安全访问控制列表;若被通过,则再进行第二层信息的封装(称为"打包"),最后将该数据包转发。如果在路由表中查不到对应 MAC 地址的网络,则路由器将向源地址的站点返回一个信息,并把这个数据包丢掉。

2. 路由器的类型

➢ **按性能档次划分**

按性能档次不同,可以将路由器分为高、中和低档路由器,不过不同厂家的划分方法并不完全一致。通常将背板交换能力大于 40 Gb/s 的路由器称为高档路由器,背板交换能力在 25~40 Gb/s 的路由器称为中档路由器,低于 25 Gb/s 的是低档路由器。当然,这只是一种宏观上的划分标准,实际上路由器档次的划分不应只按背板带宽进行,而应根据各种指标综合进行考虑。

➢ **按结构划分**

从结构上划分,路由器可分为模块化和非模块化两种结构。模块化结构可以灵活地配置路由器,以适应企业不断增加的业务需求,非模块化的就只能提供固定的端口。通常中高端路由器为模块化结构,低端路由器为非模块化结构。

➢ **从功能上划分**

从功能上划分,可将路由器分为核心层(骨干级)路由器、分发层(企业级)路由器和访问层(接入级)路由器。

(1)骨干级路由器

骨干级路由器是实现企业级网络互连的关键设备,其数据吞吐量较大,在企业网络系统中起着非常重要的作用。对骨干级路由器的基本性能要求是高速度和高可靠性。为了获得高可靠性,网络系统普遍采用诸如热备份、双电源、双数据通路等传统冗余技术,从而使得骨干路由器的可靠性一般不成问题。骨干级路由器的主要"瓶颈"在于如何快速地通过路由表查找某条路由信息,通常是将一些访问频率较高的目的端口放到 Cache 中,从而达到提高路由查找效率的目的。

(2)企业级路由器

企业或校园级路由器连接许多终端系统,连接对象较多,但系统相对简单,且数据流量较小,对这类路由器的要求是以尽量方便的方法实现尽可能多的端点互连,同时还要求能够支持不同的服务质量。使用路由器连接的网络系统因能够将机器分成多个广播域,所以可以方便地控制一个网络的大小。此外,路由器还可以支持一定的服务等级(服务的优先级别)。由于路由器的每个端口造价相对较高,在使用之前还要求用户进行大量的配置工作,因此,企业级路由器的成败就在于是否可提供一定数量的低价端口、是否容易配置、是否支持 QoS、是否支持广播和组播等多项功能。

（3）接入级路由器

接入级路由器主要应用于连接家庭或 ISP 内的小型企业客户群体。接入路由器要求能够支持多种异构的高速端口，并能在各个端口上运行多种协议。

➢ **按所处网络位置划分**

如果按路由器所处的网络位置划分，可以将路由器划分为"边界路由器"和"中间节点路由器"两类。边界路由器处于网络边界的边缘或末端，用于不同网络之间路由器的连接，这也是目前大多数路由器的类型，如互联网接入路由器和 VPN 路由器都属于边界路由器。边界路由器所支持的网络协议和路由协议比较广，背板带宽非常高，具有较高的吞吐能力，以满足各种不同类型网络（包括局域网和广域网）的互联。而中间节点路由器则处于局域网的内部，通常用于连接不同的局域网，起到一个数据转发的桥梁作用。中间节点路由器更注重 MAC 地址的记忆能力，需要较大的缓存。因为所连接的网络基本上是局域网，所以所支持的网络协议比较单一，背板带宽也较小，这些都是为了获得较高的性价比，适应一般企业的基本需求。

➢ **从性能上划分**

从性能上分，路由器可分为线速路由器以及非线速路由器。所谓线速路由器，就是完全可以按传输介质带宽进行通畅传输，基本上没有间断和延时。通常线速路由器是高端路由器，具有非常高的端口带宽和数据转发能力，能以媒体速率转发数据包；中低端路由器一般均为非线速路由器，但是一些新的宽带接入路由器也具备线速转发能力。

3. 路由器的性能指标

➢ **吞吐量**

吞吐量是核心路由器的数据包转发能力。吞吐量与路由器的端口数量、端口速率、数据包长度、数据包类型、路由计算模式（分布或集中）以及测试方法有关，一般泛指处理器处理数据包的能力，高速路由器的数据包转发能力至少能够达到 20 Mp/s 以上。吞吐量包括整机吞吐量和端口吞吐量两个方面，整机吞吐量通常小于核心路由器所有端口吞吐量之和。

➢ **路由表能力**

路由器通常依靠所建立及维护的路由表来决定包的转发。路由表能力是指路由表内所容纳路由表项数量的极限。由于在 Internet 上执行 BGP 协议的核心路由器通常拥有数十万条路由表项，所以该项目也是路由器能力的重要体现。一般而言，高速核心路由器应该能够支持至少 25 万条路由，平均每个目的地址至少提供 2 条路径，系统必须支持至少 25 个 BGP 对等以及至少 50 个 IGP 邻居。

➢ **背板能力**

背板指的是输入与输出端口间的物理通路，背板能力通常是指路由器背板容量或者总线带宽能力，这个性能对于保证整个网络之间的连接速度是非常重要的。如果所连接的两个网络速率都较快，而由于路由器的带宽限制，这将直接影响整个网络之间的通信速度。所以，一般来说，如果是连接两个较大的网络，且网络流量较大，此时，就应格外注意路由器的背板容量，但如果是在小型企业网之间，这个参数就不太重要了，因为一般来说路由器在这方面都能满足小型企业网之间的通信带宽要求。

背板能力主要体现在路由器的吞吐量上,传统路由器通常采用共享背板,但是作为高性能路由器,不可避免地会遇到拥塞问题,其次也很难设计出高速的共享总线,所以现有高速核心路由器一般采用可交换式背板的设计。

> 丢包率

丢包率是指核心路由器在稳定的持续负荷下,由于资源缺少而不能转发的数据包在应该转发的数据包中所占的比例。丢包率通常用作衡量路由器在超负荷工作时核心路由器的性能。丢包率与数据包长度以及包发送频率相关,在一些环境下,可以加上路由抖动或大量路由后进行测试模拟。

> 时延

时延是指数据包第一个比特进入路由器到最后一个比特从核心路由器输出的时间间隔。时延与数据包的长度以及链路速率都有关系,通常是在路由器端口吞吐量范围内进行测试。时延对网络性能影响较大,作为高速路由器,在最差的情况下,要求对 1 518 字节及以下的 IP 包时延必须小于 1 ms。

> 时延抖动

时延抖动是指时延变化。数据业务对时延抖动不敏感,所以该指标通常不作为衡量高速核心路由器的重要指标。当网络上需要传输语音、视频等数据量较大的业务时,该指标才有测试的必要性。

> 背靠背帧数

背靠背帧数是指以最小帧间隔发送最多数据包不引起丢包时的数据包数量。该指标用于测试核心路由器的缓存能力。具有线速全双工转发能力的核心路由器,该指标值无限大。

> 服务质量能力

服务质量能力包括队列管理控制机制和端口硬件队列数两项指标。其中:

队列管理控制机制是指路由器拥塞管理机制及其队列调度算法。常见的方法有 RED、WRED、WRR、DRR、WFQ、WF2Q 等。

端口硬件队列数指的是路由器所支持的优先级是由端口硬件队列来保证的,而每个队列中的优先级又是由队列调度算法进行控制的。

> 网络管理能力

网络管理是指网络管理员通过网络管理程序对网络上资源进行集中化管理的操作,包括配置管理、计账管理、性能管理、差错管理和安全管理。设备所支持的网管程度体现设备的可管理性与可维护性,通常使用 SNMPv2 协议进行管理。网管力度指示路由器管理的精细程度,如管理到端口、到网段、到 IP 地址、到 MAC 地址等,管理力度可能会影响路由器的转发能力。

> 可靠性和可用性

路由器的可靠性和可用性主要是通过路由器本身的设备冗余程度、组件热插拔、无故障工作时间以及内部时钟精度等四项指标来提供保证的。

①设备冗余程度:设备冗余可以包括接口冗余、插卡冗余、电源冗余、系统板冗余、时钟板冗余等。

②组件热插拔：组件热插拔是路由器 24 小时不间断工作的保障。

③无故障工作时间：即路由器不间断可靠工作的时间长短，该指标可以通过主要器件的无故障工作时间计算或者大量相同设备的工作情况计算。

④内部时钟精度：拥有 ATM 端口做电路仿真或者 POS 口的路由器互连通常需要同步，在使用内部时钟时，其精度会影响误码率。

4. 主流的路由器产品

目前，在中国路由器市场上的品牌种类繁多，不同厂家的路由器还包含各自的产品线，每个产品线的功能各不相同，在产品选择上需要根据项目需要进行合理选择。专注于企业级路由器的厂商有华为、H3C、思科等。

➢ **华为路由器**

经过近 20 年的研发积累以及全球市场的广泛应用，在全球路由器领域，华为可以提供业界领先的 IP 网络解决方案以及全系列的路由器产品。

NetEngine 系列高端路由器，基于业界领先的自研核心芯片、先进的 SDN 架构以及成熟的 VRP 软件平台，可支撑广域网络持续演进。以其大容量、高可靠、易运维、绿色节能等特点，为行业和企业客户提供完善的广域网络解决方案。

AR 系列敏捷网关，是华为的创新产品，基于 SDN/NFV 技术架构，可灵活集成计算、存储资源，实现了 IT 和 CT 资源的完美融合，支持 Linux/Android/KVM 等开放平台，具备分布式边缘计算能力，实现部署敏捷、业务敏捷和运维敏捷。

AR G3 系列企业路由器，融合路由、交换、语音、安全、无线等业务于一体，并支持 OSP（Open Service Platform）开放平台，满足企业对高性能、高可靠、多业务融合的诉求。

AR G3 商业系列企业路由器，是华为推出的新一代面向商业市场的网络产品，融合路由、交换、语音、安全、无线等业务，入门级系列到旗舰级、万兆级系列可覆盖中小企业分支和大型企业总部的应用场景。

➢ **H3C 路由器**

从 1996 年推出中国第一款窄带路由器到今天，持续十多年的市场考验和研发投入，H3C 已经成为全球路由器领域产品系列最全、解决方案最完善的领先者之一。据最新统计，H3C 中低端路由器累计销售已过百万台，高端路由器累计销售达三万余台。

高端产品是一个厂商综合实力和核心竞争力的体现。H3C 公司秉承"电信级"可靠性的传统，重要部件（主控板、交换网板、风扇、电源等）都进行冗余备份，可靠性做到了 99.999%。完全自主知识产权的通用 Comware 操作平台采用分布式的组件化灵活架构，有效地将 MPLS、QoS、流量工程、组播 VPN、可管理等诸多技术完美融合，结合创新的全分布式 NP/多核架构体系，使得 H3C SR 系列路由器实现了业务灵活性和高性能硬件转发的有机结合，是 H3C "博大精深"多业务网络平台的有力支撑。

中低端 MSR 系列路由器，是业界第一台开放式多业务路由器。其拥有 N – BUS 总线技术和 OAA 开放架构，业务灵活扩展，使网络兼具高性能与稳健性，深度融合路由/交换/安全/语音/无线业务，实现 All in One 的趋势要求，让用户深度体验网络智慧之美。

➢ 思科路由器

思科公司是全球领先的网络解决方案供应商，依靠自身的技术和对网络经济模式的深刻理解，思科成为网络应用的成功实践者之一。如今思科系统公司已成为公认的全球网络互联解决方案的领先厂商，其提供的解决方案是世界各地成千上万的公司、大学、企业和政府部门建立互联网的基础，用户遍及电信、金融、服务、零售等行业以及政府部门和教育机构等。

思科的第 2 代集成多业务路由器（ISR G2）提供优异的服务集成和灵活性。这些平台的模块化架构具有可扩展性，可满足用户不断增长的业务需求并随业务需求而发展。新平台构建为支持分支机构发展的下一阶段，为分支机构提供富媒体协作和虚拟化，同时最大限度地节省运营成本。全新第 2 代集成多业务路由器支持新高容量数字信号处理器（DSP），以备将来增强视频功能，同时，具有可用性进一步改进的高功率服务模块、多核 CPU、带增强以太网供电（POE）的千兆以太网交换产品，以及能同时提高整体系统性能的新能源监视和控制功能，面向未来做好了充分准备。

项目实施

任务：根据招标书进行设备选型

【任务描述】

房地产行业是项目经理老张所在团队的主要服务对象。随着房地产产业的急速发展壮大，某地产公司对于其网络升级改造的需求也越发迫切。近期，该公司在政府招标网站上公示了招标需求，概要如下：

需采购 2 台路由器与 1 台交换机，以满足网络扩容方面的要求。要求设备必须满足以下参数，具体见表 2-4。

表 2-4 招标参数表

设备名称	参数	数量
路由器	配置三层千兆接口数量≥4 转发性能≥3 Mp/s 内存≥1 GB，Flash≥256 MB 支持静态路由、RIPv1/v2、OSPF、BGP4 等路由协议	2
交换机	固化 10/100/1000M 以太网端口≥24 个，固化 10G/1G SFP + 光接口≥4 个 交换容量≥400 GB 包转发率≥100 Mp/s 支持 RIP、OSPF、BGP、RIPng、OSPFv3、BGP4	1

该招标要求较为简单。项目经理老张刚给小陈做了相关的培训，为了考验小陈是否已经学会，老张决定将这个任务交给小陈作为考验。

【材料准备】
可连接互联网的计算机一台。
Chrome 浏览器。

【任务实施】
步骤1：使用浏览器登录网络设备厂商官网（以华为为例）。在浏览器中输入 huawei.com/cn。选择商用产品及方案，在弹出界面中选择企业网络，如图2-17所示。

图 2-17　打开华为官网

步骤2：在新页面中选择"产品"，即可跳转到产品页面，可查看到园区交换机及路由器，如图2-18所示。

(a)　　　　　　　　　　　　　　　(b)

图 2-18　华为硬件产品
(a) 园区交换机；(b) 路由器

步骤 3：分析交换机采购需求，可得出推论如下：
- 支持路由协议可推导出是三层交换机。
- 包转发率及交换容量的具体大小可推导出是接入层交换机。
- 其他需满足端口数量及类型的要求即可。

步骤 4：单击进入"园区交换机"界面，在新页面中选择"接入交换机"，如图 2 – 19 所示。

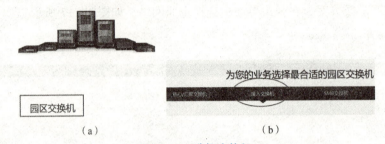

（a）　　　　　　　　　　　　（b）

图 2 – 19　选择交换机
（a）选择"园区交换机"；（b）选择"接入交换机"

步骤 5：单击"S5735 – S 系列交换机"，进入该交换机的具体技术规格信息，如图 2 – 20 所示。重点关注"包转发率""交换容量""固定端口""IP 路由"等参数是否满足要求。经过比对，S5735 – S32ST4X 型号能够匹配用户的招标需求，因此可以选择这款交换机。同时，也需通过公司商务对接华为公司市场人员，以取得在这款产品上的报价及优惠。

参数	CloudEngine S5735-S24T4X	CloudEngine S5735-S24P4X	CloudEngine S5735-S32ST4X
包转发率	108/126Mpps	108/126Mpps	120/138Mpps
交换容量	336Gbps/3.36Tbps	336Gbps/3.36Tbps	432Gbps/4.32Tbps
固定端口	24个10/100/1000BASE-T以太网端口，4个万兆SFP+	24个10/100/1000BASE-T以太网端口，4个万兆SFP+	24个千兆SFP，8个10/100/1000BASE-T以太网端口，4个万兆SFP+
PoE能力	不支持	支持	不支持
MAC特性	遵循IEEE 802.1d标准 支持MAC地址自动学习和老化 支持静态、动态、黑洞MAC表项 支持源MAC地址过滤		
VLAN特性	支持4K个VLAN 支持Guest VLAN、Voice VLAN 支持GVRP协议 支持MUX VLAN功能 支持基于MAC/协议/IP子网/策略/端口的VLAN 支持1:1和N:1 VLAN Mapping功能		
IP路由	静态路由、RIPv1/2、RIPng、OSPF、OSPFv3、ECMP、ISIS、ISISv6、BGP、BGP4+		

图 2 – 20　S5735 系列交换机技术规格

步骤6：选择完交换机后，再分析路由器采购需求，可得出推论如下：
- 转发性能的具体大小可推导出是分支互联路由器。
- 其他需满足端口数量及类型的要求即可。

步骤7：单击进入"路由器"界面，在新页面中选择"分支互联路由器"，如图2－21所示。

（a）　　　　　　　　　　　　　　　（b）

图2－21　选择路由器

（a）选择"路由器"；（b）选择"分支互联路由器"

步骤8：单击"AR6100路由器"，进入该路由器的具体技术规格信息，如图2－22所示。重点关注"转发性能""固定LAN接口""内存""Flash"等参数是否满足要求。经过比对，AR6120型号能够匹配用户的招标需求，因此可以选择这款路由器。同时，也需要通过公司商务对接华为公司市场人员，以取得在这款产品上的报价及优惠。

规格名称	NetEngine AR6120	NetEngine AR6121 NetEngine AR6121E
处理器	ARM64 4核	ARM64 4核
转发性能	9Mpps-40Mpps	
整机交换容量	20Gbps-80Gbps	
固定WAN接口	1*GE Combo+1*GE电+1*10GE光（兼容GE光）	1*10GE光（兼容GE光）+2*GE Combo
固定LAN接口	8*GE电（可切换为WAN口）	8*GE电+1*GE Combo（可切换为WAN口）
SIC插槽	2	2
WSIC插槽（缺省/最大）	0/1	0/1
5G	支持5G-SIC业务板卡	
串行辅助/控制台端口	1* RJ45 Console串口	1* RJ45 Console串口
USB接口	1*USB3.0(兼容USB2.0) +1*USB2.0	1*USB3.0(兼容USB2.0) +1*USB2.0
内存	2GB	NetEngine AR6121：2G NetEngine AR6121E：4G
Flash	1GB/512M **	1GB

图2－22　AR6120系列路由器技术规格

【任务总结】

小陈通过查询华为官网上的设备技术规格参数,与招标参数进行比对,从而得出该款产品是否能够匹配用户需求的结论。通过这次演练,小陈逐渐意识到了熟悉各个厂商的产品是一项非常重要的能力,能够在招投标工作中达到事半功倍的效果。同时,作为售前工程师,光有技术是远远不够的,还需了解市场及商务。例如,选择的产品是否既能够满足用户的需求,同时又恰好是厂商主推的产品,从而让公司能够更好地匹配厂商的市场动作,是一名合格的售前工程师需要不断努力学习的方向。

项目总结

经过这个章节的学习,我们初步了解了不同行业的企业网络类型、网络系统集成项目的分类与设计目标。对网络系统集成有了总体性的认知,了解了项目管理的知识,包括项目角色、生命周期、实施流程、进度管理等。我们也初步涉猎了项目售前,了解了项目建议书、可行性分析及招投标的流程细节等,还进行了设备选型方面的实操。这些理论与实操技能将使我们站在一个高地上对整个系统集成项目有更加宽广的理解,也奠定了我们下一步逐渐深入实操的基础。接下来,我们将参考行业龙头企业的项目实施标准,开始具体地深入网络技术细节。

世间所有美好的事,都值得我们花点时间慢慢来,让我们继续一起学习网络知识,共同进步,找到未来人生职业生涯的锚点,开启全新的篇章。

思考与练习

1. 网络系统集成项目的分类包括(   )。
   A. 全新组网   B. 升级改造   C. 故障排查   D. 日常巡检
2. 企业网络设计原则不包括(   )。
   A. 统一性   B. 高可用性   C. 及时性   D. 易管理性
3. 客户技术代表不是项目中的角色。(   )
   A. 对   B. 错
4. 项目生命周期的各个阶段包括(   )。
   A. 启动   B. 计划   C. 执行   D. 收尾   E. 维护
5. 常见的网络设备厂商包括(   )。
   A. 华为   B. 华三   C. 思科   D. 锐捷
6. 邀请招标是最常见的招标模式。(   )
   A. 对   B. 错
7. 交换机的技术规则主要包括(   )。
   A. 设备型号   B. 包转发率   C. 交换容量   D. 路由功能等特性
8. 路由器的技术规格主要包括(   )。
   A. 转发性能   B. 接口数量   C. 内存   D. Flash

9. 投标文件内容框架中主要包含（　　）。
A. 报价　　　　　B. 商务部分　　　C. 技术部分　　　D. 公司资格证明
10. 新人在项目中一般担任的岗位是（　　）。
A. 项目经理　　　B. 售后工程师　　C. 技术经理　　　D. 客户代表

标准答案：

1. AB　2. C　3. B　4. ABCDE　5. ABCD
6. B　7. ABCD　8. ABCD　9. ABCD　10. B

项目 3

规范实施网络工程

【项目背景】

当我们学习了通用技能后,在实施工程项目时,往往会遇到规范性的问题。所谓的规范,就是线缆该如何捆扎、设备互联使用哪几个接口、设备如何命名等具体问题。在百度百科中,规范指的是指按照既定标准、规范的要求进行操作,使某一行为或活动达到或超越规定的标准。这样的标准,体现了系统集成公司对技术和管理的等级要求。一般来说,规模越大、资质越高的公司,其项目实施的规范化程度也较高。大到项目文档、工程师着装等,小到具体的线缆连接、螺丝紧固等都有明确的要求。我们之所以学习规范,就是在基础理论和实操技能之上,叠加行业企业经验,更好地做到课岗衔接。我们将在实操过程中采用行业龙头企业的网络工程实施规范,从而让自己成为一个准职业人。

实习生小陈来到公司已经有一段时间了。项目经理老张决定带小陈参与一些实际的工程项目,积累项目经验,好早日出师独立完成一些任务。老张所在的公司属于行业龙头企业,在售前、售后(工程实施)、项目管理方面都积累了多年的经验,沉淀了不少规范文档。这些文档为职场新的网络工程师快速上手,采用公司规范化文档,保持并提升对客户的服务水平提供了有力的支撑。

在本项目中,我们将同小陈一起跟着项目经理老张一起学习如何采用公司的标准化文档来完成一些简单的任务。我们将一起完成设备开箱上架加电、制作双绞线、进行设备初始化配置等任务。希望通过我们的共同努力,实现从学生到职场人的华丽转变。

【知识结构】

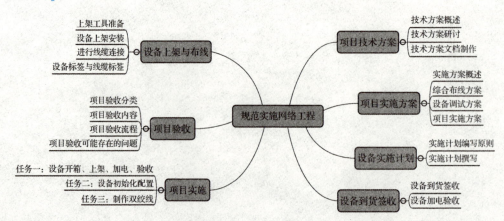

项目 3　规范实施网络工程

【项目目标】

知识目标：
- 了解项目技术方案的概念及制作规范
- 了解项目实施方案的概念及规范细节
- 了解项目实施计划的概念及规范细节
- 掌握设备到货签收的流程及标准
- 掌握设备上架及布线的流程及标准
- 掌握项目验收的流程及标准

技能目标：
- 能够按照规范进行设备开箱上架加电验收
- 能够根据规范实施设备初始化配置
- 能够根据规范制作双绞线

【项目分析与准备】

3.1　项目技术方案

3.1.1　技术方案概述

在项目进入计划阶段后，首先需要完成项目的整体技术方案。技术方案应满足用户对整个网络性能和功能上的所有要求，当然，也应基于中标产品或服务的基本框架。技术方案是对整个网络的整体设计，是制订实施方案的基石。一个项目能否顺利完成，跟技术方案制订的准确与否是息息相关的。技术方案不能脱离实际，不能远高于预期，也不能远低于预期，应与实际相结合，既能有利于实施，也与用户的需求相结合。特别考验技术方案设计人员的能力和经验水平。

技术方案是整个网络系统集成项目的核心，具有现场可指导性。在网络系统集成项目中，通常由技术经理及技术团队根据用户的最终需求，制订出符合该用户需求的技术方案。一般情况下，该技术方案根据实际需求应包含以下内容：

①网络系统拓扑设计。
②网络数通路由、交换设计。
③网络安全设计（可选）。
④服务器资源层设计（可选）。
⑤广域网出口设计。

3.1.2　设计方案研讨

在项目确定之后，接下来就要制订该项目的技术解决方案。

技术方案一般是由技术经理或者整个技术团队制订的。项目技术团队针对确立的最终项目需求，研讨如何规划此次项目的技术方案。技术方案的制订离不开用户的认可。技术方案一旦偏离用户的预期或不匹配用户端的建设规范，将有极大的可能导致项目返工。因此，技术方案的制订不能够闭门造车，技术方案设计之初，应与用户详细沟通，获知该用户单位对整体项目的建设预期，结合实际情况，进行详细论证并设计技术方案。技术方案初步完成后，应发给用户，供用户评估是否能够满足该用户单位的要求，确保正确无误后，再制订项目实施方案。

在制订设计方案时，需从以下几个方面的内容加以论证：
①客户的最终需求是什么？
②网络拓扑如何设计？
③网络的区域如何划分？
④IP 地址如何规划？
⑤路由如何设计？
⑥二层如何实现快速交换？
⑦广域网如何设计？
⑧网络管理如何实现？
⑨网络优化如何实施？

需求分析中的"需求"就是客户提出的要求，而"分析"则是乙方根据客户的需求给出相对应的解决方案。通过需求分析，确定出网络拓扑结构、网络相关技术等。项目经理需要根据售前工程师整理的项目需求，与客户探讨出更加明确具体的项目需求。一般情况下，最终需求的确认需经过几轮反复的探讨，直到项目经理与用户最终明确该项目所涉及的各个方面的需求为止。

3.1.3 技术方案文档制作

在技术团队确定好项目技术方案后，接下来就要向用户进行展示。只有经过用户一致同意后，才能确定项目的最终技术方案。通常，我们会使用 PPT 软件来制作演示文档。制作的 PPT，原则上要具有专业性、合理性以及美观性等特点。制作 PPT 的软件可以采用微软 Office 中的 PowerPoint，也可以采用国产软件 WPS。

一般来说，技术方案 PPT 内容主要包括以下几个方面：

（1）项目背景

一段话概述整个项目建设的前因后果，并高度概括项目建设的总体预期。

（2）项目建设及需求分析

技术方案中的重点内容。详细描述项目建设的所有需求点，并针对每个需求点进行展开分析。

（3）网络拓扑设计

根据需求分析做出的网络拓扑设计。网络拓扑设计需在中标设备的基础上满足甲方（用户单位）对于连接、可用性、功能及性能上的要求。实施方案中将采用最终确定的网络拓扑设计。

(4) 网络 IP/VLAN 规划

假如甲方单位有 IP/VLAN 规划规范的话，依据甲方规范制订；假如甲方没有配套规范的话，则需由乙方（网络系统集成公司）提出规划建议，由甲方确定采用后实施。乙方制订的 IP 及 VLAN 规划需满足以下几点要求：

◇ 满足网络终端连接数的要求。

◇ 结合分区分层的结构设计，合理利用子网划分，满足各分区 IP 地址数需求。

◇ IP 地址段划分合理，各分区分层方便进行子网汇总。

◇ IP 地址规划应考虑未来的发展，有一定的地址预留空间。

◇ VLAN 的设计应统一命名并有明确的命名意义。

通过前面对项目技术方案的研讨，即可将其整合成一份《技术方案》文档。通常，技术方案的编写都是采用微软公司 Office 中的 Word 或者国产软件 WPS 来制作。一份完整的技术方案，在编写时需具有一定的逻辑性，并能完整讲述清楚该项目如何设计、使用哪些技术点等内容。

技术方案需包含文档封面、文档修订记录、目录及正文。在文档正文部分，一般在第一章均要介绍本次项目的背景内容以及项目目标，使读者能够快速了解本次项目的具体内容及该技术方案是否有针对性。接下来的章节，是介绍本次项目的具体技术设计方案。内容的编写要求具有逻辑性，也可附上相应的图片加以说明。整份文档要求整洁、美观，因此，在编写时，要注意文档的排版是否整齐，要能显示出文档作者的专业性，如图 3－1 所示。

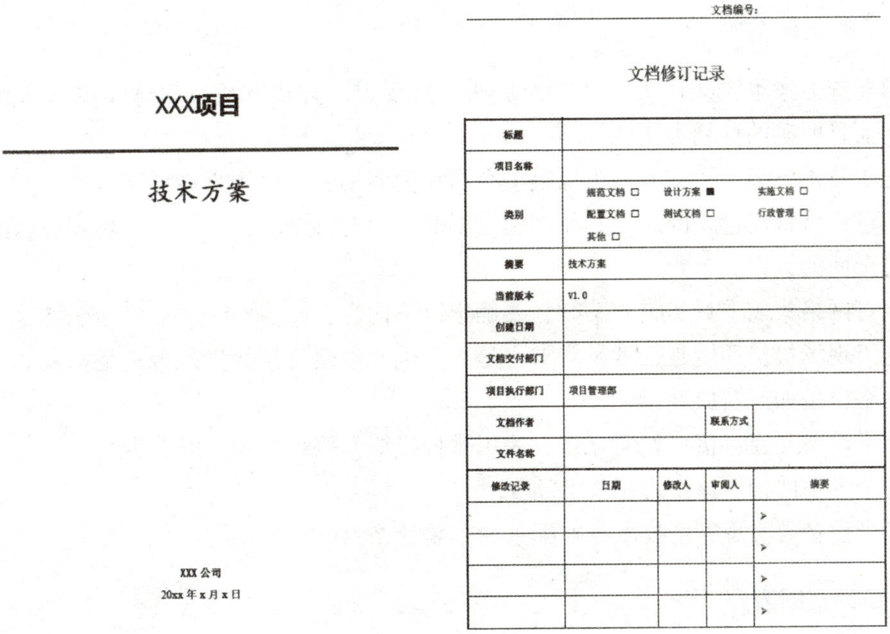

XXX项目

技术方案

XXX 公司

20xx 年 x 月 x 日

文档编号：

文档修订记录

标题	
项目名称	
类别	规范文档 □　设计方案 ■　实施文档 □ 配置文档 □　测试文档 □　行政管理 □ 其他 □
摘要	技术方案
当前版本	V1.0
创建日期	
文档交付部门	
项目执行部门	项目管理部
文档作者	联系方式
文件名称	

修改记录	日期	修改人	审阅人	摘要
				➢
				➢
				➢
				➢

(a)　　　　(b)

图 3－1　技术方案

(a) 技术方案封面；(b) 技术方案文档修订记录

```
                              文档编号:
                   目  录
1   团队设计 ......................................................... 3
    1.1   公司介绍 ................................................... 3
    1.2   人员介绍 ................................................... 3
2   项目概况 ......................................................... 3
    2.1   项目背景 ................................................... 3
    2.2   项目需求 ................................................... 3
3   需求分析 ......................................................... 4
4   整体规划 ......................................................... 5
    4.1   网络结构设计 ............................................... 5
    4.2   IP 地址规划 ................................................ 5
    4.3   VLAN 规划 .................................................. 5
    4.4   设备命名 ................................................... 5
    4.5   端口互联规划 ............................................... 6
    4.6   机柜规划图 ................................................. 6
5   网络设计 ......................................................... 8
    5.1   路由设计 ................................................... 8
    5.2   交换设计 ................................................... 8
    5.3   广域网设计 ................................................. 8
    5.4   安全/云计算/无线/语音设计(可选) ........................... 8
```

(c)

图 3-1 技术方案(续)

(c)技术方案目录大纲

3.2 项目实施方案

3.2.1 实施方案概述

项目实施方案也叫项目执行方案,是从项目要求、方式方法及实施步骤等方面做出全面、具体而且明确的计划类文档。

相比于技术方案,实施方案更像是一个操作说明书,可以用来指示项目施工时,现场工程师如何进行项目建设。因此,制作实施方案时,要对整个项目、施工现场环境、命令配置等方面有全面的认识。

在制订网络集成项目实施方案时,要确定以下内容:

①施工现场机房环境是否满足需求:是否上电?空余机柜数量是否满足?

②网络设备如何摆放?

③网络设备互连:接口如何互连?使用哪种线缆?每种线缆长度多少?

④各个设备的接口该使用哪些 IP 地址?

⑤各个设备要实现哪些技术点?配置命令是什么?

3.2.2 综合布线方案

综合布线是一种模块化的、灵活性极高的建筑物内或建筑群之间的信息传输通道。通过它可使语音设备、数据设备、交换设备及各种控制设备与信息管理系统连接起来,同时,也使这些设备与外部通信网络相连的综合布线。它还包括建筑物外部网络或电信线路的连接点与应用系统设备之间的所有线缆及相关的连接部件。综合布线由不同系列和规格的部件组成,其中包括传输介质、相关连接硬件(如配线架、连接器、插座、插头、适配器)以及电气保护设备等。这些部件可用来构建各种子系统,它们都有各自的具体用途,不仅易于实施,而且能随需求的变化而平稳升级。

综合布线的发展与建筑物自动化系统密切相关。传统布线如电话、计算机局域网都是各自独立的。各系统分别由不同的厂商设计和安装,传统布线采用不同的线缆和不同的终端插座,并且连接这些不同布线的插头、插座及配线架均无法互相兼容。办公布局及环境改变的情况是经常发生的,需要调整办公设备,或者说随着新技术的发展,需要更换设备时,就必须更换布线。这样因增加新电缆而留下不用的旧电缆,久而久之,导致建筑物内出现一堆堆杂乱的线缆,造成很大的安全隐患,维护不便,改造也十分困难。随着全球社会信息化与经济国际化的深入发展,人们对信息共享的需求日趋迫切,需要一个适合信息时代的布线方案。

新建的网络工程项目是一个使系统从无到有的过程,因此,在进行设备命令配置之前,必须先把设备都安装完毕,并且上电。一般有以下几个步骤:

①机柜安装。
②设备上架及上电。
③布线及整线。
④线缆及设备标签制作与粘贴。

3.2.2.1 机房勘查

在项目开始前,需要前往实施现场勘查环境,查看机房条件是否符合施工要求。常见的企业级网络中心机房如图3-2所示。

图3-2 企业级中心机房

勘查过程需要判断例如空调温度、机柜可使用空间等环境是否具备实施条件。
- 机房地址:设备最终进场位置的信息。
- 所经门高/宽:因为大型设备的外包装比较巨大,进入机房需要一定的空间,因此,在进入之前需要勘查所经过的门是否可以满足进场需求。
- 电梯承重:确定机房所在楼宇电梯的承重能力,确保能够运输设备。

- 卸货平台：是否有足够的场地进行卸货。
- 承重地板安装：称重地板是否符合规定。
- 承重支架：检查支架是否能够承受设备重量。
- 空调系统运行状态：检查机房空调运行状态是否正常。
- 机房温度/湿度：检查机房温度与湿度是否符合规定，一般机房的温度要求恒温 (23 ± 1) ℃，湿度为 40%~60%。
- 消防系统运行状态：机房要求使用七氟丙烷（FM200）气体灭火系统，安装时各种管道及阀门必须按照国际标准执行。安装结束后，必须经相关消防部门验收合格。
- 安防系统运行状态：机房是一家企业的重要设施，因此需要对安防系统进行检测，确定是否达到要求。
- 机柜型号/数量：统计机柜的型号与数量。
- 机柜可用空间检查：检查机柜内的剩余空间是否满足安防设备的要求。
- 设备导轨/托盘安装可用性检查：检查机柜内是否已经安装安防设备的托盘或导轨。
- 机柜尺寸（长×宽×高）：检测机柜的实际尺寸。
- 机柜前后空间距离：检测机柜前后空间是否满足设备的安放长度。
- 机柜前固定架到柜门距离（>10 cm）：因为设备需要进行连线，线缆的接头与设备接口之间需要占用一定空间，此空间确保最终机柜门是否能够正常关闭。
- 电源接头及距离：查看设备电源与电源接头之间的距离是否足够。
- 电源输出功率：查看电源输出功率是否满足设备的运行要求。
- 两路以上的 UPS 电源：查看电源是否有冗余电源。
- 接地线位置及距离：查看接地线是否符合要求。
- 配线架位置及接口：查看配线架与设备接口之间的距离是否满足要求。
- 广域网线缆：因为涉及广域网连接，因此需要确认运营商的广域网线缆是否布放到位。

根据以上现场勘查内容，填写表 3-1。

表 3-1 机房现场勘查表

现场查勘表				
勘查人员：			勘查时间：	
序号	分类	项目	勘查情况	是否通过
1	机房基础建设	机房地址		
2		所经门高/宽		
3		电梯承重		
4		卸货平台		
5		承重地板安装		
6		承重支架		

续表

现场查勘表				
勘查人员：				勘查时间：
序号	分类	项目	勘查情况	是否通过
7	机房基础建设	空调系统运行状态		
8		机房温度/湿度		
9		消防系统运行状态		
10		安防系统运行状态		
11	机柜及供电	机柜型号/数量		
12		机柜可用空间检查		
13		设备导轨/托盘安装可用性检查		
14		机柜尺寸（长×宽×高）		
15		机柜前后空间距离		
16		机柜前固定架到柜门距离（>10 cm）		
17		电源接头及距离		
18		电源输出功率		
19		两路以上的 UPS 电源		
20		接地线位置及距离		
21		配线架位置及接口		
22		广域网运营商线缆准备		

3.2.2.2 设备上架规划

机柜布置图用来确定项目中各设备的上架位置。在网络中，设备或者机柜的高度都是用 U 来表示，一般中心机房的机柜高度是 42U，网点、弱电间采用较小的机柜，一般为 6U、12U 或 24U。

通常情况下，设备的摆放方式可以从上往下，也可以从下往上。我们建议机柜的最低端应留出（3~5）U 的高度，也防止设备受潮。同时，设备也不应摆放在太高的位置，否则，安装或者拆卸设备时，都是极不方便的。

设备的放置也得考虑设备的扩展性问题，将易扩展的设备放置在当前设备的最顶上（如果设备是从下往上摆放）或者当前设备的最底下（如果设备是从上往下摆放），这样就可实现将同一类型的设备放置在一起，以此减少线缆的长度及增加布线的美观度。

可以登录厂商的官网查找特定型号设备的规格大小，在设备具体参数信息界面中包含有该信息。例如常见的一些设备规格大小见表 3-2。

表 3-2 常见设备规格大小

设备型号	设备规格
H3C 10508	14RU
H3C 7506E	4RU
ASR 1006	7RU
ASR 1004	4RU
ASR 1002-HX	2RU
ASA 5555-X	1RU

当项目中所使用的设备规格大小确定后,结合所采购的机柜的高度,就可以具体地设计每台设备在所摆放的机柜中的具体位置。在项目实施之前的设计阶段,这样的设计是充分且必要的,避免到了实施的时候,去用户现场临时设计。临时设计思考不充分会导致实施返工,从而影响项目进度。机柜布置图如图 3-3 所示。

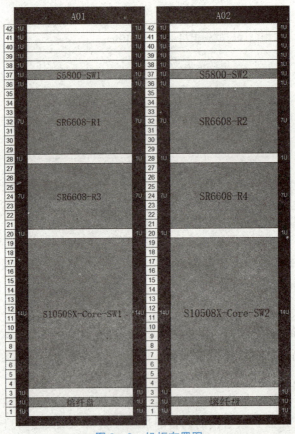

图 3-3 机柜布置图

3.2.2.3 综合布线规划

在确定了设备的摆放位置后,还需确定设备的接口互联方式,以及接口 IP 地址规划表。

在项目中,应尽量减少同类型设计文档的数量。这样可以避免当某一数据需要变更时,其余文档都需要相应进行变更,以此减少设计文档中参数出错的发生概率。同时,也为了让后期施工人员更方便施工,可将接口互联方式和接口 IP 地址规划合在一起制作成设备互联及 IP 地址规划表。根据技术方案制订的 IP 地址规划总表示例见表 3-3。

表 3-3 IP 地址规划总表

地址类型	业务类型	子网	掩码	网关
用户终端地址	生产业务	10.10.1.0/24	255.255.255.0	10.10.1.254
	办公业务	10.10.2.0/24	255.255.255.0	10.10.2.254
服务器地址	业务1类	10.10.128.0/24	255.255.255.0	10.10.128.254
	业务2类	10.10.129.0/24	255.255.255.0	10.10.129.254
	管理类	10.10.130.0/24	255.255.255.0	10.10.130.254
	网管安管类	10.10.131.0/24	255.255.255.0	10.10.131.254
	公共服务器	10.10.132.0/24	255.255.255.0	10.10.132.254
设备互联地址	设备互联	10.10.160.0/24	255.255.255.0	
设备管理地址	设备管理	10.10.168.0/24	255.255.255.0	

因此,根据以上的 IP 规划总表,设备互联采用 30 位掩码,网关使用最后一个 IP 地址,制作出设备互联及 IP 地址规划表,见表 3-4。

表 3-4 设备互联及 IP 地址规划表

本端设备名称	本端接口	IP	互联 VLAN	对端设备
FZ-Core-SW01	G0/1	10.10.160.0/30	N/A	FZ-CAM-DIS-SW01
	G0/2	10.10.160.4/30	N/A	FZ-SVR-SW01
	G0/3	10.10.160.8/30	N/A	FZ-SVR-SW02
	G0/4	10.10.160.12/30	N/A	FZ-UL-R01
	G0/5	10.10.160.16/30	N/A	FZ-UL-R02
	G0/6	10.10.160.20/30	N/A	FZ-PUB-FW01
	G0/7	10.10.160.24/30	N/A	FZ-EXT-FW02
	G0/8	10.10.160.28/30	N/A	FZ-MAN-R02
	G0/9	10.10.160.32/30	N/A	FZ-MAN-R01
	G0/10	10.10.160.36/30	N/A	FZ-DL-R02
	G0/11	10.10.160.40/30	N/A	FZ-DL-R01
	G0/23	10.10.160.44/30	100 (trunk)	FZ-Core-SW02
	G0/24			
	G0/24			

在进行网络设备连线时，需要了解常见的网络线缆类型，主要包含光纤、双绞线、同轴电缆、V.35 广域网线缆等。其中，双绞线根据支持带宽的不同，又可分为：
- 四类线（最高支持 100M 传输）。
- 五类线（支持 100M 传输）。
- 超五类线（距离近时最高支持 1 000M 传输）。
- 六类线（支持 1 000M 传输）。

光纤线缆又可分为单模光纤和多模光纤。单模光纤的纤芯与光波长相同，只能传送单一波长的激光；衰耗小，传输距离可达数十千米；成本高。多模光纤的纤芯较粗，能够传输多种不同波长不同角度的光；衰耗大，传输距离通常在千米以内；成本低。

一般来说，设备连接采用的线缆类型见表 3-5。

表 3-5 设备线缆连接类型

设备类型	线缆类型
计算机等终端	超五类及以上规格网线
服务器	超五类及以上规格网线或多模光纤
网络设备局域网内互联	超五类及以上规格网线或多模光纤
网络设备广域网线路	汇聚端：单模光纤 分支端：超五类及以上规格网线
无线 AP	超五类及以上规格网线

在测算网络线缆长度时，各连接线缆的长度应充分考虑布线时直角走线的原则，并且每条线应头尾有 25 cm 的预留。常见的影响线缆长度的因素包括：

①机柜的大小，例如 2 000 mm × 600 mm × 800 mm（长宽深）。

②机柜到线槽的距离，例如 300 mm。

③两机柜是否并柜。

在制订每条链路的长度时，一定要计算仔细，并最好预留。在现场可用同等长度的线缆先进行模拟比对，准确无误后，再最终确定每段线缆的长度。

3.2.2.4 标签制作与粘贴规划

为了方便日后网管人员对于设备每个接口连接线缆的确认，通常需要在线缆上粘贴标签进行辨认。一般用于网络连接线的标签会标明本端设备名和接口、对端设备名和接口等信息。为了方便辨认每个网络设备的具体位置及其功能，一般会将写上设备名的标签粘贴在设备上。

标准化的标签不能使用手写的形式，可用标签打印机进行标签打印。标签打印机根据设备自动化的不同，可分为手打式标签打印机和自动式标签打印机两种。手打式标签打印机无法进行批量打印，只能依靠手工一个个进行标签打印；自动式标签打印机可以通过预制模板进行标签的批量打印。

假如项目中线缆数量比较多,可以使用自动式的标签打印机进行标签打印。使用 9 mm 的标准标签带进行标签制作,如图 3-4 所示。

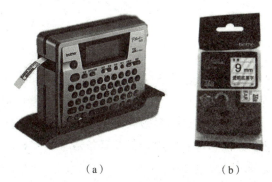

(a)　　　　　　　　(b)

图 3-4　标签打印机及色带
(a) 自动式标签打印机;(b) 9 mm 标签带

其中,设备名的标签打印可直接使用每个设备的设备名进行标识。网络连接线的标签打印可参照表 3-6 所列模板。

表 3-6　标签打印模板

本端	对端
NS:本端设备名-接口	ND:本端设备名-接口

示例:FZ-Core-SW01 的 F0/0 与 FZ-Core-SW02 的 G0/0 互联。

- 在 FZ-Core-SW01 的 G0/1 接口上的标签为(标签中空白位置为粘贴在线缆上的位置,采用对折粘贴的方式):

NS:FZ-Core-SW01-G0/1	NS:FZ-Core-SW01-G0/1
ND:FZ-Core-SW02-G0/1	ND:FZ-Core-SW02-G0/1

- 在对端 FZ-Core-SW02 的 G0/1 接口上的标签为:

NS:FZ-Core-SW02-G0/1	NS:FZ-Core-SW02-G0/1
ND:FZ-Core-SW01-G0/1	ND:FZ-Core-SW01-G0/1

3.2.3　设备调试方案

在确定好设备物理层面的方案后,接着要根据技术方案编写出供实施工程师现场调试的设备调试方案。一般来说,在制作调试方案时,需搭建模拟环境或者使用模拟器来进行模拟配置,最终确定全网的配置命令与配置方法。

3.2.3.1　设备初始化配置方案

在进行设备命令配置时,需要事先对每台新增设备进行初始化配置。设备的初始化一般包括以下几个内容：
①设备名配置。
②特权模式密码配置。
③远程登录配置。
④Console 口密码配置。
⑤系统默认功能开或关等。

一般来说，项目组都会要求实施人员对所有设备配置统一的临时密码，以方便进行管理。设置了临时密码后，才能够进行远程 TELNET、SSH 等管理。当网络建设实施完毕交付用户后，再由用户来进行更改。虽然是临时密码，但考虑到网络信息安全的要求，一般也需将密码配置为大小写字母、数字和符号的组合，并且位数不少于 6 位，从而提高整个密码的强度。避免没有必要的安全风险。例如 123456 是一组非常危险的密码，而 Fvtc#@15！是一组强度非常高的密码。

除了设计设备初始化配置模板，还有一项很重要的设计，就是设备名称的设计。在企业实施规范中，可根据设备在网络拓扑中的位置及功能进行名称的设计。

常见的设备命名规则：地区 + 网络所属区域 + 设备类型 + 编号。

- Access：接入区
- DIS：汇聚层
- Core：核心区
- UL：上联区
- DL：下联区
- MAN：同城区
- SVR：服务器区
- EXT：外联网区
- PUB：公共服务区
- CAM：客户接入区

例如，按此规则制订的设备名称见表 3 – 7。

表 3 – 7　设备名称

名称	设备名称	密码
上联区路由器 01	FZ – UL – R01	gold1Tec23h
公共外联区路由器 01	FZ – EXT – R01	gold1Tec23h
服务器区交换机 02	FZ – SVR – SW02	gold1Tec23h
客户接入区汇聚交换机 01	FZ – CAM – DIS – SW01	gold1Tec23h

通过在模拟环境的测试，可制作出以下设备配置示例。

例如，FZ – UL – R01 的初始化配置命令：

```
FZ – UL – R01    <Huawei>system – view
                [Huawei]sysname S5750 – 1
                [S5750 – 1]telnet server enable            //开启设备 telnet 功能

                [S5750 – 1] aaa                            //进入 aaa 视图
                [S5750 – 1 – aaa]local – user admin password cipher Huawei
                //配置用户 admin 以及密码 Huawei
                local – user admin service – type terminal    //设置用户允许的服务
                [S5750 – 1 – aaa]local – user guest password cipher Huawei
                //配置用户 guest 以及密码 Huawei
                [S5750 – 1 – aaa]local – user guest service – type telnet
                //修改用户 guest 用户的服务类型为 telnet

                [S5750 – 1]user – interface vty 0 4          //进入配置视图
                [S5750 – 1 – ui – console0]authentication – mode aaa
                //配置认证模式为用户模式
                [S5750 – 1 – ui – console0]user privilege level 15   //配置权限等级为 15
```

应针对配置内容制作出标准，以供实施工程师在调试时作为标准。如：

①设备命名符合标准。

②设备的 console 口和 telnet 登录正常。

③设备的登录密钥为 goldtech123。

3.2.3.2　设备互联接口及 IP 地址配置方案

在制订好设备初始化配置方案后，接着要指定设备互联接口及 IP 地址配置方案。在这一阶段，主要是根据设备的互联及 IP 地址规划情况，对设备的三层接口 IP 地址及二层接口的模式及 VLAN 等进行配置。并且应对每个互联的接口配置相对应的描述信息，格式可参照 connect_to_对端设备名。

在项目实施中，在使用的接口下配置相对应的描述信息，能够提高后期运维人员运维效率。在端口进行变更或者排错时，能够减少巡线或者查找资料的麻烦。一般来说，端口描述信息可包含对端设备名或者对端端口号等信息。

在项目中需要在所有设备上配置相对应的 IP 地址。IP 地址规划表需具体到每台设备每个接口的具体 IP 地址。IP 地址规划表是每个实施工程师的必备表格，其重要性毋庸置疑，是整个项目技术实施的基石。因此，IP 地址规划表的正确性要求很高，必须保证表格内容完全正确无误，否则将极大地影响项目实施的效率。而新人工程师在很多时候会被要求配合完成 IP 地址分配表的制作任务，为了将来不至于影响项目实施的效率，在制作 IP 地址分配表时务必打起精神。

设备互联及 IP 地址情况见表 3 – 8。

表 3-8　设备互联地址表

本端设备名称	本端接口	IP	互联 VLAN	对端设备
FZ-Core-SW01	G0/1	10.10.160.0/30	N/A	FZ-CAM-DIS-SW01
	G0/2	10.10.160.4/30	N/A	FZ-SVR-SW01
	G0/3	10.10.160.8/30	N/A	FZ-SVR-SW02
	G0/4	10.10.160.12/30	N/A	FZ-UL-R01
	G0/5	10.10.160.16/30	N/A	FZ-UL-R02
	G0/6	10.10.160.20/30	N/A	FZ-PUB-FW01
	G0/7	10.10.160.24/30	N/A	FZ-EXT-FW02
	G0/8	10.10.160.28/30	N/A	FZ-MAN-R02
	G0/9	10.10.160.32/30	N/A	FZ-MAN-R01
	G0/10	10.10.160.36/30	N/A	FZ-DL-R02
	G0/11	10.10.160.40/30	N/A	FZ-DL-R01
	G0/23 G0/24	10.10.160.44/30	100（trunk）	FZ-Core-SW02

根据技术方案的设计，其 VLAN 规划表见表 3-9。

表 3-9　VLAN 规划表

网络平面	VLAN	详细用途	VLAN	VLAN 命名
业务平面	2-99	生产业务	10	Shengchan
		办公业务	20	Bangong
		服务器业务1类	31	Yewu01
		服务器业务2类	32	Yewu02
		服务器管理类	33	Guanli
		服务器网管安管类	34	Wangguan

3.2.3.3　路由交换逻辑配置方案

在设备调试方案中，路由交换逻辑配置部分占比较大。这部分内容既包括了局域网交换部分实施的内容，也包括了广域网区域、互联网出口区域的路由部分实施的内容以及所有设备的网络管理配置的内容。这些具体的路由交换设计逻辑组成了整个项目的核心技术部分。根据项目设计的统一性原则，在整个网络的所有部分中，都必须沿用该设计。对于新手来说,这些内容是实打实的干货,在初级阶段可能无法很好地理解这个部分的内容,没有关系,在本项目中,我们只需要了解到在设备调试方案中这个部分的内容是必须包含的,并且是非常重要的就可以了。在学习完后续的几个项目后,我们也将初步具备依据这部分设计实施的能力,甚至自己能够设计这部分内容,真正地从新人转变成具备独立任务实施能力的专业工程师。

在这里简单举个例子,让大家有个初步的概念。

局域网的交换部分设计:根据技术方案,只有客户端接入区需要用到生成树以避免环路,在生成树的设计上,是使用MSTP多实例生成树。因此,可配置实例10和实例20分别绑定VLAN 10和VLAN 20。其中,FZ – CAM – DIS – SW01为实例10的主根桥、实例20的备份根桥;FZ – CAM – DIS – SW02为实例20的主根桥、实例10的备份根桥。

通过在模拟环境中的测试,可制作出以下的设备配置示例。

例如,FZ – CAM – DIS – SW01的交换部分配置命令:

FZ – CAM – DIS – SW01	`[LSW1]stp mode mstp` //配置STP模式 `[LSW1]stp region-configuration` //进入MST域视图 `[LSW1-mst-region]region-name hw` //配置MST域名 `[LSW1-mst-region]instance 1 vlan 10 20` //创建MST实例1,并把VLAN 10、VLAN 20加入实例1 `[LSW1-mst-region]instance 2 vlan 30 99` `[LSW1-mst-region]active region-configuration` //保存MST域配置 `[LSW1]stp instance 1 priority 4096` //配置实例1的优先级 `[LSW1]stp instance 2 priority 8192` //配置实例2的优先级

相应地,也得写出设备交换部分配置的完成标准。如:

①在FZ – CAM – DIS – SW01上查看生成树状态,显示该设备为实例10的主根桥。

②在FZ – CAM – DIS – SW02上查看生成树状态,显示该设备为实例20的主根桥。

③在FZ – CAM – DIS – SW01上查看VRRP状态,显示该设备为VRRP组10的主网关,是VRRP组20的备份网关。

④在FZ – CAM – DIS – SW02上查看VRRP状态,显示该设备为VRRP组20的主网关,是VRRP组10的备份网关。

3.2.4 项目实施方案

在制订完综合布线方案及设备调试方案后,可以将这几个部分凝练总结成项目实施方案。项目实施方案是整个项目实施的基线,代表这作为乙方(实施方)将采用何种工艺何种标准来完成项目的建设。因此实施方案非常重要,需要用心去撰写。并且实施方案不能闭门造车,按照行业龙头企业的执行标准来说,实施方案必须先经过公司内部评审后,才能发给用户进行评审。公司及用户都评审通过后,在项目团队内部颁布并严格按照实施方案中的内容来执行。项目实施方案的框架主要包括:封面;文档修订记录;目录;正文。正文的主要内容包括：项目概述；任务分工；具体实施工作；总结。图 3－5 所示是典型的实施方案的模板。

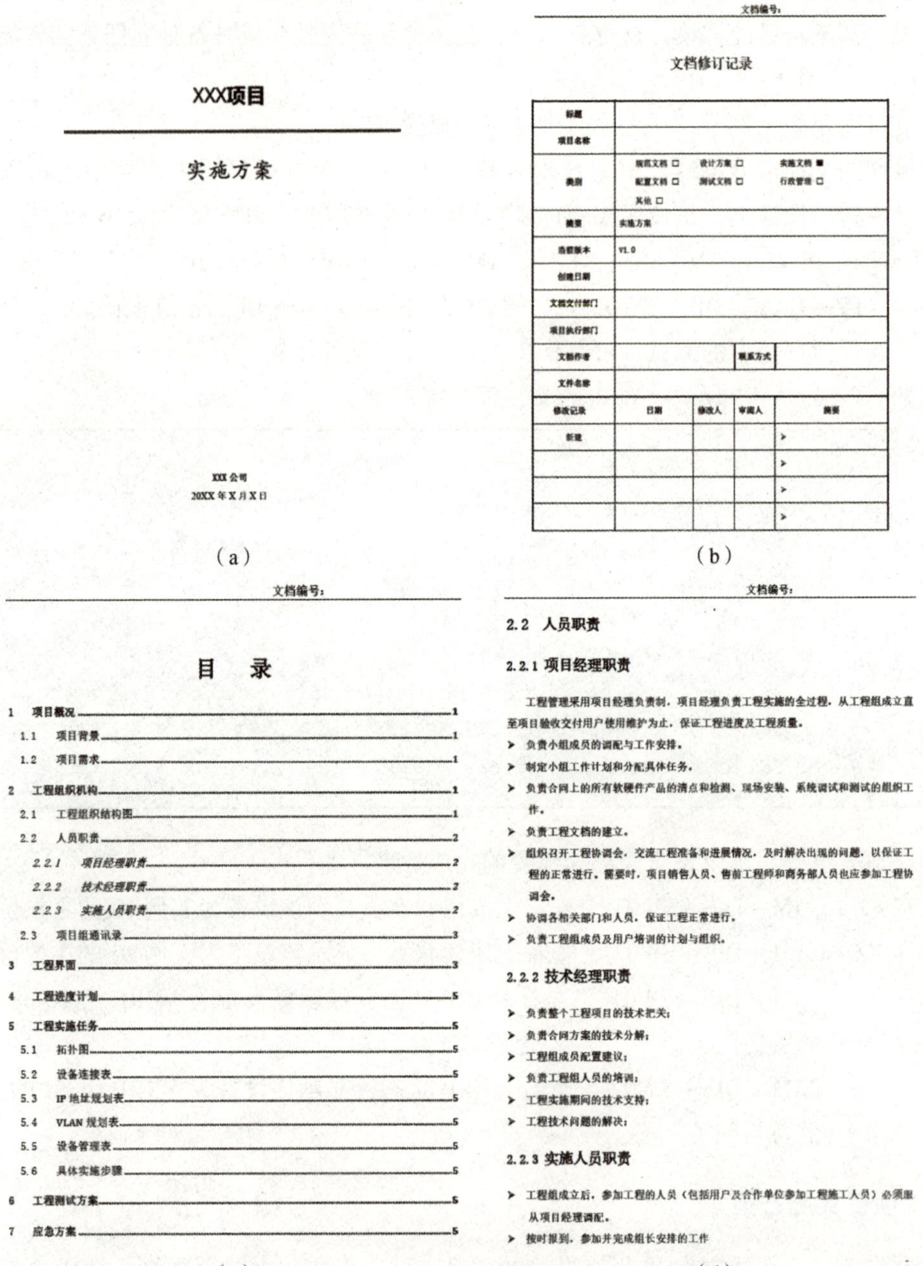

XXX项目

实施方案

XXX 公司
20XX 年 X 月 X 日

（a）

文档编号：

文档修订记录

标题				
项目名称				
类别	规范文档 □ 设计方案 □ 实施文档 ■ 配置文档 □ 测试文档 □ 行政管理 □ 其他 □			
摘要	实施方案			
当前版本	V1.0			
创建日期				
文档交付部门				
项目执行部门				
文档作者			联系方式	
文件名称				
修改记录	日期	修改人	审阅人	摘要
新建				➢
				➢
				➢
				➢

（b）

文档编号：

目　录

（c）

文档编号：

2.2　人员职责

2.2.1 项目经理职责

工程管理采用项目经理负责制，项目经理负责工程实施的全过程，从工程组成立直至项目验收交付用户使用维护为止，保证工程进度及工程质量。

➢ 负责小组成员的调配与工作安排。
➢ 制定小组工作计划和分配具体任务。
➢ 负责合同上的所有软硬件产品的清点和检测、现场安装、系统调试和测试的组织工作。
➢ 负责工程文档的建立。
➢ 组织召开工程协调会，交流工程准备和进展情况，及时解决出现的问题，以保证工程的正常进行。需要时，项目销售人员、售前工程师和商务部人员也应参加工程协调会。
➢ 协调各相关部门和人员，保证工程正常进行。
➢ 负责工程组成员及用户培训的计划与组织。

2.2.2 技术经理职责

➢ 负责整个工程项目的技术把关；
➢ 负责合同方案的技术分解；
➢ 工程组成员配置建议；
➢ 负责工程组人员的培训；
➢ 工程实施期间的技术支持；
➢ 工程技术问题的解决；

2.2.3 实施人员职责

➢ 工程组成立后，参加工程的人员（包括用户及合作单位参加工程施工人员）必须服从项目经理调配。
➢ 按时报到，参加并完成组长安排的工作

（d）

图 3－5　项目实施方案
（a）封面；（b）修订记录；（c）目录；（d）正文

3.3 项目实施计划

3.3.1 实施计划编写原则

在客户确认并通过技术方案后,就可以制订项目的实施计划了。

项目实施计划就是对项目从开始到竣工这整个时期各个环节的工作进行统一规划、综合平衡,科学安排和确定合理的建设顺序与时间、建设的试运行与验收时间,确定甲乙双方的职责与义务。

简单来说,实施计划就是确定项目什么时候开始、什么时候结束、施工人员要完成哪些内容、用户要提供哪些帮助等内容。

对于网络系统集成项目,实施计划要从设备到货的时间开始,到客户所要求的时间期限内结束。因此,实施计划的合理与否直接关系到项目是否按时竣工。网络集成项目的实施时间计划一般分为:

①设备上架与综合布线。
②设备配置调试。
③设备配置测试。
④系统试运行。
⑤项目验收。

以上这些阶段中,前三个阶段属于项目建设阶段,系统试运行阶段一般为建设阶段结束后,以三个月作为试运行时间。系统试运行结束后,即可按照合同对项目进行验收。

3.3.2 实施计划撰写

在所有类型的项目中,一个合理的实施计划是项目成功的关键。特别是一些时间要求非常紧张的项目,必须制订严格并且可行的项目实施计划。在制订建设时间时,应准确把握整个项目每个流程,并能够对完成每个流程的大致时间有合理的估算。只有这样,才能使项目顺利完成。在项目建设中,每一个项目文档都不是草草几笔就能了事的。网络系统集成项目的文档应具有规范性、条理性、美观性及可阅读性等特点。因此,在编写实施计划这一项目文档时,除了项目的实施计划之外,还应包含以下几个内容:

①项目概况。
②工程实施任务。
③工程界面。
④工程组织机构。
⑤工程进度计划等。

项目实施计划理清了几个重点关键因素。在工程实施任务中,罗列了项目中所有的子任务。在工程界面中,对甲乙双方的责任及工作边界进行了划分,避免项目中发生扯皮的情况。在工程组织架构中,明确了各个项目角色的职责,为项目中人员调动、任务管理与分配等管理行为的执行奠定了权力依据。工程进度计划详细制订了项目中所有子任务的前后顺序、时间安排及里程碑事件。通过整个项目计划，无论是甲方还是乙方，都能够对项目完成的时间有初步的预期，对项目角色及其权利有所了解，对甲方双方的责任及工作范围有所确认，对项目中划分出的每个子任务有清晰的认识，这些共识是保障项目能够顺利完工的关键因素。

3.4 设备到货签收

3.4.1 设备到货签收

设备到货签收环节是在乙方与甲方签订合同之后，乙方出货给甲方，甲方需要对货物进行清点和查收，确认货物在运输过程中是否损坏或者遗漏。若货品有损坏或者遗漏，乙方需要根据合同的规定进行重新发货。

在到货签收的现场，需要有甲方和乙方的代表出面，共同清点和查收货物，在没有开始到货签收环节之前，所有货物需要进行统一的保管封存，不得拆封。

项目的到货签收环节应按照《设备到货签收报告》进行填写，与客户共同清点并签字。报告一式两份，客户处留一份，如图3-6所示。

设备到货验收报告

项目名称：_____

兹于___年_月_日收到 XXX 公司关于 XXX 项目的设备___箱，清单如下：

序号	产品名称	配置描述	数量	序列号
1				
2				
3				
4				
5				
6				

经合同双方代表共同现场清点，设备数量无误，外包装完好，无任何损坏。本签收报告一式两份

接收单位：_____　　供货单位：_____
代表签字：_____　　代表签字：_____
日　期：___年__月__日　　日　期：___年__月__日

图3-6 设备到货签收报告

3.4.2 设备加电验收

设备加电验收是对设备进行开机测试，一般需要设备在业务未上线前进行空转运行，从而测试设备是否能够稳定运行，在加电测试时，不仅要求设备能够开机，而且需要进入设备的控制界面查看设备的各项参数是否显示正确，例如CPU使用率与内存占用率。报告一式三份，客户处留一份，如图3-7所示。

设备加电验收报告

项目名称：_____

兹于___年__月__日收到 XXX 公司关于 XXX 项目的设备___箱，清单如下：

序号	产品名称	配置描述	数量	序列号
1				
2				
3				
4				
5				
6				

经合同双方代表共同现场开箱加电，设备运行正常，验收合格。本验收报告一式叁份，用户方壹份，XX 公司方贰份。

接收单位：_____　　供货单位：_____
代表签字：_____　　代表签字：_____
日　　期：____年___月___日　　日　　期：____年___月___日

图 3-7　设备加电验收报告

3.5　设备上架与布线

新建的网络工程项目是一个使系统从无到有的过程，因此，在进行设备命令配置之前，必须先把设备都安装完毕，并且上电。一般有以下几个步骤：

①机柜安装。
②设备上架及上电。
③布线及整线。
④线缆及设备标签制作及粘贴。
⑤设备上架规划。

3.5.1　上架工具准备

电动螺丝起子（一套）、电源接线板（一套）、六角螺丝起子、六角螺丝及螺母、网络设备耳朵及十字螺丝、十字螺丝刀，如图 3-8 所示。

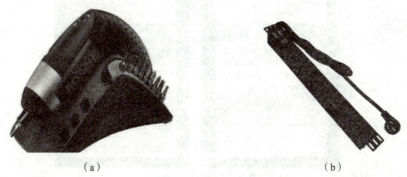

图 3-8　上架工具
(a) 电动螺丝起子；(b) 电源接线板

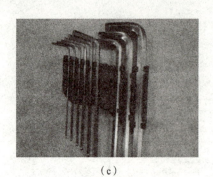

　　　　（c）　　　　　　　　　　　　（d）

图 3-8　上架工具（续）

(c) 六角螺丝起子；(d) 机柜卡扣

3.5.2　设备上架安装

在综合布线方案中，对设备上架的位置进行了规划。在设备上架安装时，需严格按照规划进行安装。机柜布置图如图 3-9 所示。

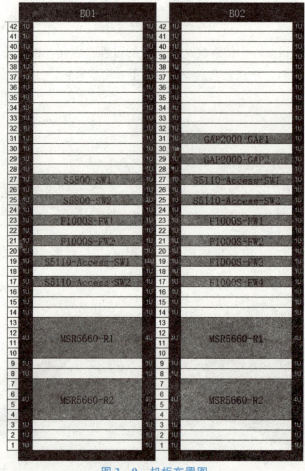

图 3-9　机柜布置图

在机柜上安装设备时,机柜需四个安装孔用于安装一台设备。将卡扣螺母放置于机柜相应位置,并将安装孔位对应每个圆孔,最后用螺钉旋紧即可。具体步骤如下:

①先将设备耳朵用十字螺丝刀及十字螺丝装到网络设备中。

②然后将螺母嵌于螺丝孔中。

③一手托住设备,另一只手先将螺丝轻微旋紧,等四个螺丝都旋上去之后,再用电动螺丝起子将螺丝旋紧。

操作手法如图3-10所示。

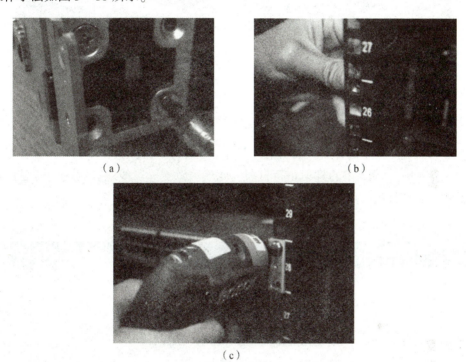

图3-10 上架操作手法

(a)安装设备耳朵;(b)安装机柜卡扣;(c)旋紧螺丝

3.5.3 进行线缆连接

在设备调试方案中制订了IP地址规划表,该表包含了各台设备的互联接口及连接线缆方式。使用相对应的六类双绞线实现设备互联。机柜间的设备互联线缆应走机柜顶端的线槽。布线规则明细如下:

①避免网线与电源线铺设在同一线槽内。

②线缆应根根直顺,不得打结、缠绕。

③网线应尽量避免噪声源(白炽灯、音箱、电动机等电力设备)。

④双绞线每条长度小于100 m。

⑤双绞线端接处电缆的外保护层需压入接头中而不能在接头外。

⑥线缆弯曲度不小于线缆直径的10倍,尽量保证线缆垂直。

具体走线可参考图3-11。

 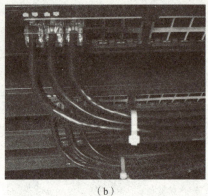

(a) (b)

图 3-11 设备互联走线

(a) 线槽走线图；(b) 设备布线

3.5.4 设备标签与线缆标签

按照项目实施方案中的计划，需要对准备好的线缆进行打标签。根据事先准备好的标签打印表（表 3-10），用标签打印机进行打印。此处注意，一段线缆有两端，两端各需要一个标签，因此打印标签需要成对制作，内容中源与目的需要相对应。

表 3-10 设备标签表

本端设备名称	本端接口	本端接口标签	对端接口标签	对端接口	对端设备
FZ – Core – SW01	G0/1	NS：FZ – Core – SW01 – G0/1 ND：FZ – CAM – DIS – SW01 – G0/24	NS：FZ – CAM – DIS – SW01 – G0/24 ND：FZ – Core – SW01 – G0/1	G0/24	FZ – CAM – DIS – SW01
	G0/2	NS：FZ – Core – SW01 – G0/2 ND：FZ – SVR – SW01 – G0/23	NS：FZ – Core – SW01 – G0/2 ND：FZ – SVR – SW01 – G0/23	G0/23	FZ – SVR – SW01
	G0/3	NS：FZ – Core – SW01 – G0/3 ND：FZ – SVR – SW02 – G0/23	NS：FZ – SVR – SW02 – G0/23 ND：FZ – Core – SW01 – G0/3	G0/23	FZ – SVR – SW02
	G0/4	NS：FZ – Core – SW01 – G0/4 ND：FZ – UL – R01 – G0/0	NS：FZ – UL – R01 – G0/0 ND：FZ – Core – SW01 – G0/4	G0/0	FZ – UL – R01

3.6 项目验收

3.6.1 项目验收分类

对网络工程验收是施工方向用户方移交的正式手续,也是用户对工程的认可。在项目生命周期中,属于最后一个阶段。当项目成果验收后,将进入后期运维阶段。尽管许多单位把验收与鉴定结合在一起进行,但验收与鉴定还是有区别的,主要表现如下:

验收是用户对网络工程施工工作的认可,检查工程施工是否符合设计要求和有关施工规范。用户要确认工程是否达到了原来的设计目标,质量是否符合要求,有没有不符合原设计的有关施工规范的地方。

鉴定是对工程施工的水平程度做评价。鉴定评价来自专家、教授组成的鉴定小组,用户只能向鉴定小组客观地反映使用情况,鉴定小组组织人员对新系统进行全面的考察。鉴定组写出鉴定书提交相关主管部门备案。

验收是分三部分进行的,第一部分是物理验收,主要是检查乙方在实施时是否符合工程规范,包括设备安装是否规范、线缆布放是否规范、所有设备是否接地等;第二部分是性能验收,主要通过测试手段来测试乙方实施的网络在性能方面是否达到设计要求,比如带宽、丢包率、协议状态切换等;第三部分是文档验收,检查乙方是否按协议或合同规定的要求交付所需要的文档,主要包括设计文档、实施文档、各种图纸表格、配置文件等。

由于验收可能处于不同工程阶段、不同工程环境,因此根据不同情况分类如下:

①按照时间阶段区分:工程初验(阶段过程验收)及终验。
②按照验收顺序划分:设备点验及竣工验收。
③按照工程性质区分:隐蔽工程验收和明示工程验收。
④按照性能区分:工程功能验收及工程质量(性能)验收。

3.6.2 项目验收内容

3.6.2.1 工程质量检查

验收工作的第一步为工程质量检查,包括对硬件安装质量、软件配置质量及文档质量进行检查。在检查之前,需有已经双方确认的检查标准,并根据标准结合检查的情况输出工程质量检查结果。

> **工程质量检查信息**

主要填写工程的相关信息,方便用户备案,见表 3-11。

表 3-11 工程质量检查信息表

工程名称	
施工单位	
客户地址	

续表

工程名称	
客户联系人/电话	
检查时间	
检查人员	

> **硬件安装质量检查标准**

(1) 设备接地要求

在具备接地条件的环境中,设备必须接地。保护地线上严禁接续,严禁加装开关或熔断器。接地线严禁从户外架空引入,必须全程埋地或室内走线。接地线不宜与信号线平行走线或相互缠绕;保护地线的长度不应超过 30 m,并且尽量短,当超过 30 m 时,应要求使用方就近重新设置地排。

(2) 线缆布放要求

通信连接电缆应尽量在室内走线,可以有效降低设备的感应雷击损坏率。不应户外架空或飞檐走线。线缆安装要求分类走线,避免不同类别的线缆相互捆扎。户外线缆应埋地铺设。如果无法实现户外电缆全部埋地铺设,架空电缆应在入室前 15 m 穿金属管,金属管两端接地。若使用屏蔽电缆,确保屏蔽层在设备接口处与设备金属外壳良好接触。无任何防护的室外线缆连接至设备,必须在相应端口加装信号防雷器。强弱电必须分开。

(3) 设备安装要求

设备安装禁止堆叠,要保证良好的通风散热;设备安装在机柜中时,必须安装支撑件,尽量采用机柜或设备自带的滑道、托盘、导轨作为支撑件,不能只使用前挂耳将设备固定在机柜上。不规范的做法如图 3-12 所示。

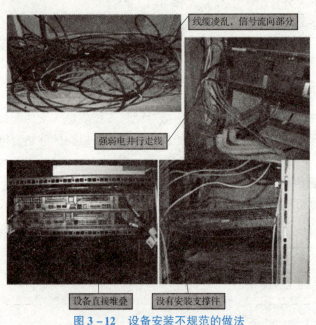

图 3-12 设备安装不规范的做法

硬件安装质量检查表见表 3-12。

表 3-12 硬件安装质量检查表

分类	序号	检查内容	检查方法	满分
机柜	1	机架（机箱）安装位置正确，固定可靠，单板插拔顺畅，室外安装的设备应进行防水处理。如果有工程设计文件的，要符合文件中的抗震要求。特殊原因要签订工程备忘录。机架垂直偏差度小于 3 mm	查看、测量	3
信号电缆布放	2	网线、尾纤等信号线走线符合工程设计文件，便于维护扩容。不应有破损、断裂；插头干净无损坏，插接正确可靠，芯线卡接牢固。绑扎正确，间距均匀，松紧适度。布放应横平竖直，理顺、不交叉，转弯处留适当余量（出机柜 1 m 内允许交叉）	查看	4
	3	尾纤机柜外布放时，不应有其他电缆或物品挤压，且应加套管或槽道保护	查看	3
电源和接地	4	电源线、地线应采用整段铜芯材料，中间不能有接头，外皮无损伤。连接正确可靠，接触良好。线径符合工程设计文件，满足设备配电要求	查看	4
	5	电源线、地线与信号线分开布放。走线应平直，绑扎整齐，转弯处留合适余量	查看	5
设备安装环境	6	机房的电源参数及安装环境满足设备长期安全运行需要。电源系统（直流、交流）保护地线正确、可靠接地，机房宜采用联合接地方式	客户确认	4
	7	客户方 PGND 电缆、一次电源的 GND 电缆，以工程设计文件或满足设备运行和扩容要求为准。客户提供的配线设备可靠接地，客户外线电缆屏蔽层可靠接地。室外走线电缆应避免架空布放入室，否则应做防雷处理。入室前应采取必要的避水措施	查看	3
	8	机柜、电缆、电源等标识正确、清晰、整齐；标签位置整齐、朝向一致，一般建议标签粘贴在距插头 2 cm 处	查看	2
	9	设备上电硬件检查测试正常（单板型号、电源电压、电源是否有短路等）	查看、测量	1
	10	机柜内无杂物，安装剩余的备用物合理堆放。未使用的插头进行保护处理，加保护帽等。配发扩容的信号电缆，宜绑扎或插接固定到待扩容机柜内部预留位置，便于今后扩容维护，避免丢失等其他问题	查看	1

> **软件配置质量检查标准**

软件配置质量关系到用户网络是否能够安全、平稳地运行，因此也是项目验收的重点关注内容，软件配置质量检查表见表3–13。

表3–13 软件配置质量检查标准表

类别	序号	检查内容	分值
版本基本设备配置	1	软件版本：主机软件版本是厂商正式发布的版本或授权使用的版本	5
	2	软件版本：BOOT ROM 软件版本是厂商正式发布的版本或授权使用的版本	5
	3	日志信息：正常工作情况下，路由器、交换机和防火墙日志功能打开，所有 Debug 信息应该关闭	15
	4	设备主机名需按照技术方案中的设备命名规则进行配置	1
	5	配置文件：配置文件有备份并在客户处有保存	1
系统安全管理	6	系统视图：必须设置 super password	1.5
	7	密码/口令：各种密码/口令按照技术规范设置，使用密文格式，符合安全要求	15
	8	Telnet 登录控制：Telnet 口令和系统口令的设置参照技术规范，尽量不要一样。有条件的需采用 SSH 进行远程管理	1
	9	网管参数：网管根据需要正确配置，配置的参数与网管计算机一致	1
	10	trunk 端口配置：在交换机的 trunk 端口上不应该允许所有的 VLAN 通过，而需要精确指定 VLAN	1
	11	VLAN 配置：设置 VLAN 逻辑接口时，逻辑接口按顺序使用，索引要有规律。合理划分 VLAN，尽量减小广播域	1
	12	FE/GE 端口配置：设置多个子接口时，从 1 开始按顺序使用	1
	13	接口描述：所有激活接口都使用 description 命令进行规范描述，建议按照客户规范进行描述；如果客户没有相应规范，按照下列规则进行描述，接口描述规则：To 对端设备名 带宽，例如：description To MK_NE16A 155M	1
	14	其他接口配置：所有其他接口配置数据必须符合实际情况，不能出现不正确、不完整、不规范及多余的数据	1
IP 地址、路由协议配置	15	IP 地址分配：IP 地址分配应有原则、有规律、易扩容。地址分配有结构、有层次，客户网段、网管网段、设备对接网段等要分开规划	1
	16	IP 地址分配：客户网段应按接入设备分段分配	1
	17	IP 地址分配：对于网络设备间互联的接口 IP 地址，子网掩码为 30 位	1
	18	IP 地址分配：Loopback 接口的地址子网掩码为 32 位	1

续表

类别	序号	检查内容	分值
IP地址、路由协议配置	19	IP 地址分配：同类地址分配应连续，符合 VLSM/CIDR 原则，便于路由合并和以后扩容	1
	20	OSPF 配置：Router ID 要事先规划分配好，建议使用 Loopback 接口的 IP 地址，并使用 Router ID 命令配置	1
	21	OSPF 配置：接口 COST 的计算方法要统一，无规划时保持默认值，以便支持路由负荷分担	1
	22	OSPF 配置：禁止不加限制地引入 BGP 路由	1
	23	静态路由协议：尽量通过 CIDR 合并路由表项	1
	24	静态路由协议：不要创建无用路由和重复路由，容易影响性能、浪费路由表空间	1
	25	BGP 配置：建 EBGP 邻居时，要用双方互联的串口地址建；建 IBGP 邻居时，要用双方的 Loopback 地址建。当一个 AS 内要建许多 IBGP 邻居时，要尽量用 ROUTER REFLECT ER 技术	1
设备运行情况	26	Telnet 和串口登录：Telnet 和串口两种方式能正常登录	25
	27	接口状态：正在使用的接口应为 UP，未用接口应为 DOWN	1
	28	统计数据：查看使用的各个 PORT、PVC 收发统计数据是否正常	1
	29	日志内容：无系统稳定性方面的问题记录	1
	30	路由协议：动态路由协议运行正常，邻居关系建立正常	1
	31	链路连通性：如在广域网接口上 ping 对端直连地址，可以 ping 通 8 100 字节的大数据包	1
	32	主备倒换：路由器、交换机、防火墙在主备倒换之后工作正常（在不影响业务的时候执行，如条件不具备，可不进行检查）	1
	33	设备状态查看：如果显示故障单板，不应继续插在槽位上，避免引起其他问题	1

> **文档质量检查标准**

文档质量检查主要是检查实施方在工程实施所用的文档是否规范、完整，以及机房服务挂牌等，见表 3-14。

表 3-14 文档质量与规范检查表

序号	检查项目	分值
1	工程文档的完整性、正确性、及时性	5
2	工程管理、工程周报、组织实施能力、机房服务挂牌	5

➢ **工程质量检查汇总**

通过分别对硬件安装质量、软件配置质量、文档质量进行检查评分后，最终汇总输出工程质量评估分数，作为对整个项目服务的质量量化结果，见表3-15。

表3-15 工程质量检查结果汇总

得分项	满分	检查得分
硬件安装质量	40	
软件配置质量	40	
文档质量	20	
合计（工程质量检查分数）	100	

3.6.2.2 网络性能测试

当工程质量检查完毕后，后续将进入网络性能测试环节。在这个环节中，将重点进行网络连通性测试、网络访问控制测试、网络管理测试等。

➢ **网络连通性测试**

根据设计及实施规范中制订的内容，在网络的分支节点及总部节点上进行网络连通性测试。常规的测试内容包括 ping 连通性测试、互联网连通性测试、网络节点间带宽测试等。这是考察预交付网络是否满足需求的重要内容，见表3-16。

表3-16 网络连通性测试表

测试项目	北京总部至深圳、上海办事处的连通性测试
测试目的	测试北京至深圳、上海办事处的网络连通性
测试环境	（网络拓扑图：北京总部通过SDH连接深圳办事处和上海办事处，并连接Internet）

续表

总部终端 IP 地址：192.168.0.130 总部 OA 服务器			
深圳办事处终端 IP 地址：192.168.2.2/24；上海办事处终端 IP 地址：192.168.3.28/24			
（一）网络系统连通性测试			
测试方式：从办事处终端 PC 上执行 ping 测试 （要求：连续 ping 1 000 个 1 400 字节的包，示例：ping – n 1000 – 1 1400 192.168.0.130）			
北京总部—深圳办事处			
序号	测试内容	验收结果	备注
1	办事处 PC→总部 OA 服务器	不丢包□ 丢 个包□ 不通□	
北京总部—上海办事处			
序号	测试内容	验收结果	备注
1	办事处 PC→总部 OA 服务器	不丢包□ 丢 个包□ 不通□	
2	上海办事处一条 WAN 线路故障时	不丢包□ 丢 个包□ 不通□	
（二）网络业务正常性测试			
测试方式：在办事处能否正常登入 OA 服务器、上外网及访问 WWW 服务器			
序号	测试内容	验收结果	备注
1	访问 OA/WWW 服务器、访问外网	成功□ 失败□	
2	访问 OA/WWW 服务器、访问外网	成功□ 失败□	
验收总评：			
甲方签章： 年　月　日			乙方签章： 年　月　日

> 网络访问控制测试

在一些行业中，例如金融行业，往往对业务网段的访问加以控制，以满足网络及信息安全方面的需求。在网络访问控制测试中，将重点针对此类需求进行测试。在设计中允许放行的流量在测试过程中将顺利通过，不允许放行的流量在测试过程中将受到限制。测试内容包括内网互访测试、外网访问测试、安全测试等，见表 3 – 17。

表 3 – 17　网络访问控制测试表

测试项目	总部各部门的访问控制
测试目的	测试总部各部门之间是否达到设计要求的访问控制

续表

| 测试环境 | 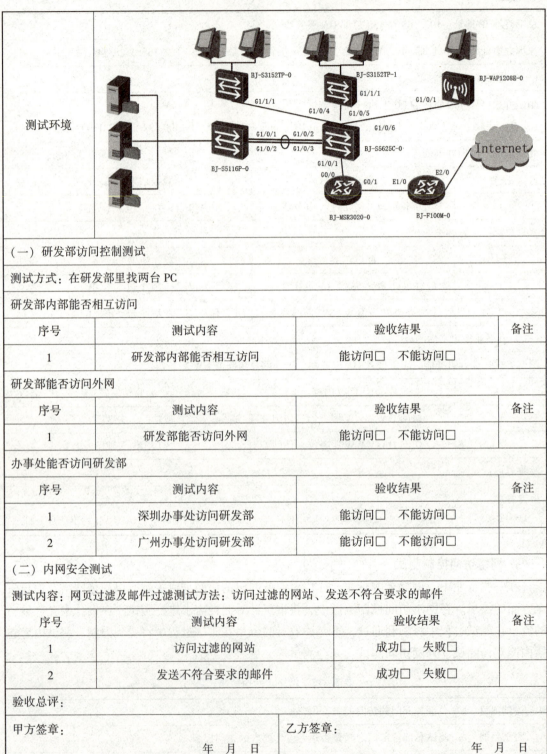 |

(一) 研发部访问控制测试

测试方式：在研发部里找两台 PC

研发部内部能否相互访问

序号	测试内容	验收结果	备注
1	研发部内部能否相互访问	能访问□　不能访问□	

研发部能否访问外网

序号	测试内容	验收结果	备注
1	研发部能否访问外网	能访问□　不能访问□	

办事处能否访问研发部

序号	测试内容	验收结果	备注
1	深圳办事处访问研发部	能访问□　不能访问□	
2	广州办事处访问研发部	能访问□　不能访问□	

(二) 内网安全测试

测试内容：网页过滤及邮件过滤测试方法：访问过滤的网站、发送不符合要求的邮件

序号	测试内容	验收结果	备注
1	访问过滤的网站	成功□　失败□	
2	发送不符合要求的邮件	成功□　失败□	

验收总评：

甲方签章：　　　　　　　　　　　　　　　乙方签章：

　　　　　　年　月　日　　　　　　　　　　　　　　年　月　日

> 网络管理平台测试

在中大型网络中,部署网管系统是提高网络管理效率的重要保障。在项目验收环节中,如果在设计需求中加入了网络管理的需求,那么就需要对网络管理平台是否能够对所有网络设备进行管理,实施测试。测试内容包括拓扑发现、设备添加、告警测试等。

3.6.3 项目验收流程

在整个项目完工后,由工程施工方乙方向甲方提交验收测试申请,甲乙双方项目协调成立验收小组,协商制订验收测试程序;按此验收测试程序逐项测试,假如在验收测试中有某项测试未通过,则由工程实施方处理并解决此问题,然后再对此项进行测试,直至通过为止。比如在验收测试中,发现某台设备连接线缆布放不规范,则限令工程实施方乙方整改,整改完成后再进行验收,直至合格通过为止。总体验收流程如图 3-13 所示。

图 3-13 总体验收流程

在所有验收项目全部验收通过后,甲乙双方签订验收通过证书,开始进行项目实施中涉及的文档移交工作,乙方将在项目中涉及的所有文档移交给甲方,涉及甲方商业秘密的内容,还需签订保密协议。所有文档资料移交完毕之后,双方签订最终验收证书,至此,整个项目完成。

> 系统试运行

信息系统工程验收前应进行试运行,试运行应达到设计要求并为业主单位认可。系统调试开通后,应至少试运行 15~30 天,并做好试运行记录。业主单位依据试运行记录,提出系统试运行报告。

> 技术培训

依据合同有关条款对有关人员进行培训。培训提供有关设备、系统操作和日常维护的说明、方法等技术资料。培训内容应征得业主单位同意。

> 初验合格

由业主单位组织系统集成单位根据设计任务书或工程施工合同提出的设计使用要求进行初验,组织初验单位写出初验报告。参加初验的人员应签名。

信息系统工程(项目)在正式验收前,系统集成单位应向验收小组(验收委员会)报送下列验收文件资料,见表 3-18。

表 3-18 验收文件材料清单

序号	文档名称
1	设计任务书(工程立项批准文件)
2	项目验收申请报告
3	工程招标书/工程投标书(系统集成商施工相关资质证书材料)

续表

序号	文档名称
4	工程施工中标通知书
5	工程施工合同（含工程预算表）
6	项目规划设计方案
7	项目实施方案
8	项目有关的测试报告
9	项目试运行报告
10	工程质量检查报告
11	项目经费决算表
12	验收专家组要求提供的其他材料

> **工程终验**

项目通过初验后，乙方可提出项目终验申请。由业主单位组织相关人员进行终验，终验验收标准以工程质量检查和网络性能测试为基准。终验结论分为"通过验收""整改后再验收"和"不通过验收"三种。终验结论如果为"整改后再验收"或"不通过验收"，则需根据验收过程中发现的问题进行整改。整改结束后再次提出终验申请，直至验收通过。

3.6.4 项目验收可能存在的问题

网络系统集成项目从制订工程计划、组织设备工程、进行工程施工，直到工程结束验收完毕，是一套完整的管理过程，每个环节都环环相扣，紧密衔接，只有每个环节都做好了，才能最终取得一个好的结果。但在目前的工程管理过程中，工程验收成为工程实施及管理中的薄弱环节，主要存在以下问题：

1. 对工程验收缺乏足够重视

工程验收环节是检验整个工程结果成效的重要步骤，也是工程实施工程中最后的检验步骤。工程合同到底履行到什么程度，是否达到既定要求，只有在此环节才能得到更好的验证。因此，履约验收是工程实施最后的守护者。然而，在工程管理过程中，系统集成公司只重视设备工程环节，而对履约验收环节很不重视，使工程验收流于形式。

2. 验收人员敷衍了事

由于对工程验收的不够重视，造成部分工作人员粗心马虎，直接导致验收结果缺少准确性。例如，对于一些大型设备的验收，验收小组往往因为缺乏必要的相关知识，验收人员在验收时往往仅对产品外观、规格型号等进行考核，对最重要的产品质量、技术参数忽略不计，严重影响了验收结果的准确性。

3. 验收方案科学性差

验收是对整个工程结果的检验，要真正发挥履约验收的作用，还必须有一套科学、合理的验收方案。但是，现在某些工程实施项目的验收方案往往过于简单，欠缺科学性，不能完全满足验收的需要。

4. 工程验收环节缺失

有的工程项目根本没有验收环节，或者有验收要求而并未实施，这主要体现在服务类项目的工程中。

项目实施

任务一：设备开箱、上架、加电、验收

【任务描述】

今天，项目经理老张准备带实习生小陈去用户现场实施设备开箱、上架、加电、验收等工作。老张已经提前跟客户约好了上门的时间，并吩咐小陈提前准备好必要的工具及相关的文档。这是小陈第一次去用户现场，内心虽然有些忐忑，但是也暗自给自己鼓劲，一定要做好这个工作。

【材料准备】

①设备到货验收报告单。

②设备加电验收报告单。

③开箱及上架工具箱，内含如图 3-14 所示工具。

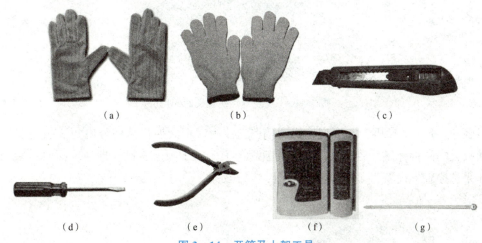

图 3-14 开箱及上架工具

(a) 防静电手套；(b) 劳保手套；(c) 裁纸刀；(d) 螺丝刀；
(e) 斜口钳；(f) 网线测试仪；(g) 扎带

【任务实施】

步骤1：打电话跟客户预约上门的时间，以及确定现场实施环境是否满足上架加电的要求。例如是否有空机柜，是否配备有电源等。

步骤2：用户确定时间后，需要在公司内部预约好送货的司机及车辆，并通知项目经理等相关人员。

步骤3：送货到用户现场后，与用户共同对设备外包装箱进行检查，检查外包装箱是否

有破损，是否开过箱，是否为原厂包装等。

步骤4：查看纸箱上的标签，了解箱内交换机型号及相关注意事项，如图3-15所示。

图3-15 设备标签

步骤5：用裁纸刀沿胶带封贴处划开胶带，打开纸箱，取出箱中的安装附件包和快速入门包装袋，如图3-16所示。

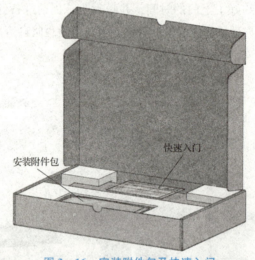

图3-16 安装附件包及快速入门

步骤6：拿出交换机，取下交换机两端的泡沫板。把交换机从防静电包装袋中取出，查看交换机上的防拆标签是否完好，如果防拆标签有破损的痕迹，则立即向经销商反馈。防拆标签如果被撕毁，设备将不能保修，如图3-17所示。

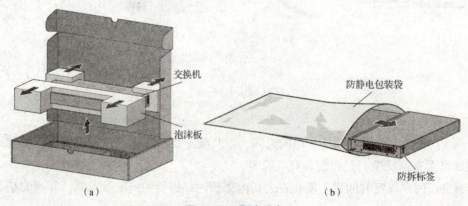

图3-17 取出设备
(a) 取下泡沫板；(b) 从防静电袋中取出

步骤7：根据不同的机柜规格选择对应的设备挂耳并安装，如图3-18所示。

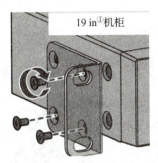

图3-18 安装挂耳

步骤8：安装浮动螺母到机柜的方孔条。根据规划好的安装位置，确定浮动螺母在方孔条上的安装位置。用一字螺丝刀在机柜前方孔条上安装4个浮动螺母，左、右各2个，挂耳上的固定孔对应着方孔条上间隔1个孔位的2个安装孔。保证左、右对应的浮动螺母在一个水平面上，如图3-19所示。

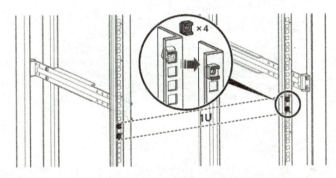

图3-19 安装浮动螺母

步骤9：安装交换机到机柜。搬运交换机进机柜，双手托住交换机使两侧的挂耳安装孔与机柜方孔条上的浮动螺母对齐。单手托住交换机，另一只手使用十字螺丝刀将挂耳通过M6螺钉（交换机两侧各安装2个）固定到机柜方孔条上，如图3-20所示。

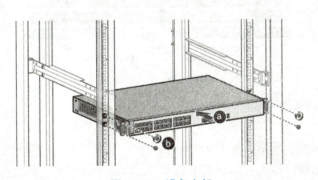

图3-20 设备上架

---

① 1 in = 2.54 cm。

步骤10：将交流电源线缆插头插入交换机或交流电源模块的电源接口中，如图3-21所示。

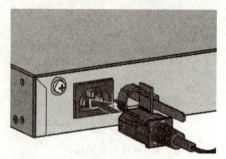

图3-21 插入电源

步骤11：连接网线到交换机接口。找到与网线编号对应的接口，将网线的接头插入交换机的接口中。确保所有的网线全部正确地连接到交换机，如图3-22所示。

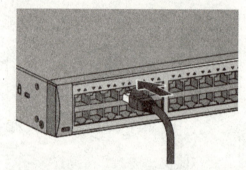

图3-22 连接网线

步骤12：绑扎网线。将连接好的网线理顺不交叉，用绑扎扣绑扎，多余的绑扎扣用斜口钳剪掉，如图3-23所示。

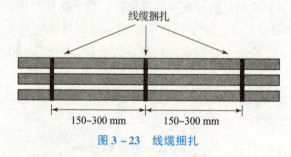

图3-23 线缆捆扎

步骤13：签署到货及加电验收单，如图3-24所示。

【任务总结】

小陈进行设备送货、开箱、上架，忙碌了一天，掌握了设备上架加电的方法。这些工作虽然不完全是技术工作，很大一部分是体力劳动，全天辛苦下来小陈觉得身心疲惫，但是内心却充满了喜悦。这种喜悦来自对每一项工序细节完美的追求，对保质保量完成客户需求的满足感。项目经理老张对小陈说，客户之所以会对公司这么认可，主要的原因就是每一位公司的员工对细节不断追求完美。小陈听了，深以为然。

图3-24 设备到货及加电验收单

(a) 设备到货验收报告；(b) 设备加电验收报告

任务二：设备初始化配置

【任务描述】

设备上架加电后，需要对设备进行初始化配置。作为一名网络工程师，掌握对全新设备的初始化配置是一项必备的工作技能。对于全新设备来说，出厂时一般是没有配置IP地址供远程管理的。因此，项目经理老张要求实习生小陈通过必要的线缆连接和终端软件配置，从而登录到设备管理界面进行设备初始化的相关配置，做好项目的开局工作。

【材料准备】

①笔记本电脑一台。

②console线（控制线）、USB转串口线及网线各一条，如图3-25所示。

(a) (b) (c)

图3-25 设备调试线缆

(a) console线；(b) USB转串口线；(c) 网线

③华为S5750交换机一台。

【任务实施】

步骤1：安装USB转串口线驱动，如图3-26所示。

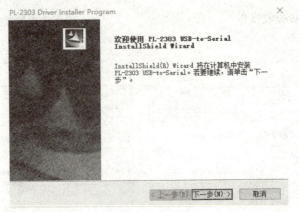

图 3-26　安装驱动

步骤 2：将 console 线插入计算机中，右击"此电脑"，单击"管理"。在出现的界面中单击"设备管理器"，在右侧"端口"信息中即可看到此 USB 转串口线的连接端口为 COM3，如图 3-27 所示。

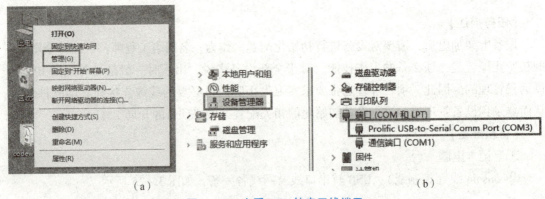

(a)　　　　　　　　　　　　　　　　(b)

图 3-27　查看 USB 转串口线端口

(a) 进入计算机管理界面；(b) 查看端口

步骤 3：将 console 线和 USB 转串口线连接，如图 3-28 所示。

图 3-28　连接 console 线与 USB 转串口线

步骤 4：将 console 线的 RJ45 接口连接到设备的 console 口。

步骤 5：打开 SecureCRT 终端软件，单击左上角的 "Quick Connect"（快速连接）按钮，在出现的页面中进行参数设置。协议选择"Serial",端口选择刚才在"设备管理器"中查看到的 COM3,速率为"9600",数据位为"8",奇偶位为"无",停止位为"1",同时确保流控的所有选项都为"未选择"状态。单击"Connect"(连接)按钮即可进入设备配置界面,如图 3-29 所示。

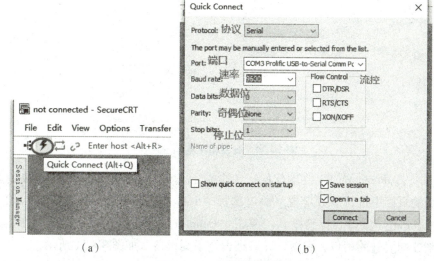

图 3-29 连接参数配置

(a)快速连接;(b)连接参数

步骤6:修改设备名称。

```
<Huawei>system-view           //进入系统视图
[Huawei]sysname S5750-1       //修改设备名称为 S5750-1
[S5750-1]
```

步骤7:配置设备管理地址。

```
[S5750-1]interface vlan 1                              //进入 vlanif 100
[S5750-1-Vlanif1] ip address 192.168.1.254 24          //配置管理地址为192.168.1.254
```

步骤8:创建账户用于本地登录和远程登录。

```
[S5750-1] aaa                                                    //进入 aaa 视图
[S5750-1-aaa]local-user admin password cipher huawei
//配置用户 admin 以及密码 Huawei
[S5750-1-aaa]local-user admin service-type telnet         //设置用户允许 telnet
[S5750-1-aaa]local-user admin privilege level 15          //设置 admin 用户权限为最高 15 级
```

步骤9:配置远程 telnet 服务。

```
[S5750-1]telnet server enable                            //开启设备 telnet 功能
[S5750-1]user-interface vty 0 4                          //进入 user-interface 配置视图
[S5750-1-ui-vty0-4]authentication-mode aaa               //配置认证模式为用户模式
```

步骤10:将测试计算机通过网线与交换机任一端口相连,并配置手工静态 IP 地址为

192.168.1.100，如图 3-30 所示。

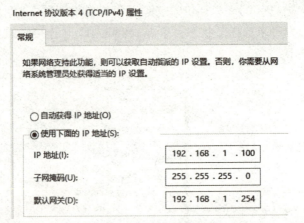

图 3-30　计算机配置 IP 地址

步骤 11：打开 SecureCRT 终端软件，单击左上角的"Quick Connect"（快速连接）按钮，在出现的页面中进行参数设置。协议选择"Telnet"，Hostname（主机名）填入交换机的管理地址，Port（端口）保持默认。单击"Connect"（连接）按钮即可。在出现的页面中，输入刚才配置好的用户名和密码即可远程登录到设备，如图 3-31 所示。

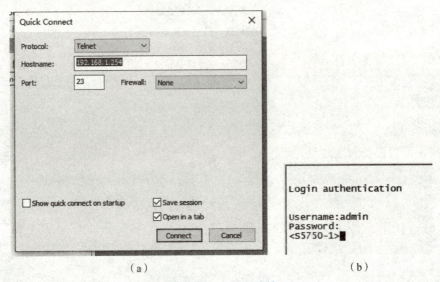

(a)　　　　　　　　　　　　　(b)

图 3-31　Telnet 连接

(a) Telnet 参数设置；(b) 设备 Telnet 登录界面

【实验总结】

通过这次任务，小陈学会了使用 SecureCRT 软件通过 console 线连接到设备上进行配置，并且掌握了设备初始化的相关配置，包括对设备进行命名、管理地址配置、配置管理密码提高安全性和远程登录服务等。通过这些演练，小陈也逐渐体会到作为一名合格的网络工程师，工作细致认真负责是基本的职业素养。在今后，他将不断地提高自己这方面的认识，努力做好相关的工作。

任务三：制作双绞线

【任务描述】

由于项目实施的需要，项目经理老张要求小陈根据568B的双绞线制作规范制作网线10条，每条网线根据设备之间的距离结合机柜上走线的要求计算好长度。网线制作效果要求要规范并且美观。

【材料准备】

①网线：一箱。

②水晶头：若干个。

③测线仪：一个。

④网线钳：一把。

【任务实施】

步骤1：截取网线。用网线钳（或者其他的剪线工具）垂直裁剪一段符合要求长度的双绞线（建议先适当剪长些），如图3-32所示。

图3-32 剪取网线

步骤2：剥离外层的绝缘皮套。将截取好的网线一端插入网线钳的剥线刀口槽中，按下压线钳，用另一只手拉住网线慢慢旋转一圈（无须担心会损坏网线里面芯线的包皮，因为剥线的两刀片之间留有一定距离，这个距离通常就是里面4对芯线的直径大小），然后松开网线钳，把切断开的网线保护塑料包皮拔下来，露出4对网线芯线和1条白色的芯线，每对互相缠绕的2根芯线由1条染有某种颜色的芯线加上1条相应颜色和白色相间的芯线组成，如图3-33所示。

步骤3：按照T568B的线序开始理线。拆开四对双绞线：将端口的以及剥去外皮的双绞

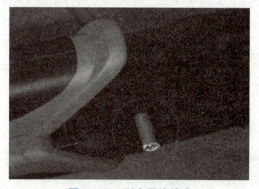

图3-33 剥去网线外皮

线按照对应的颜色拆开成 8 条单绞线时,必须按照绞绕顺序慢慢拆开,同时保持比较大的曲率半径,如图 3-34 所示。注意:双绞线的接头处拆开线段的长度不应超过 20 mm,压接好水晶头后,拆开线芯的长度必须小于 13 mm,过长会引起较大的阶段串扰。把 4 条单绞线一字并排排列,然后再按照橙白、橙、绿白、蓝、蓝白、绿、棕白、棕的线序(TS68B 线序)理顺排列,大约保留 13 mm,将端头一次减掉,需要保持线端平齐,如图 3-35 所示。注意:这里的导线之间不应该有交叉。

图 3-34　剥去网线外皮后

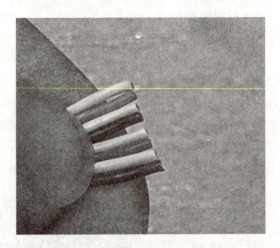

图 3-35　将 8 根铜芯整理平整

步骤 4:插入水晶头。拿起水晶头(塑料扣的一面斜向下,开口向右),右手将剪齐的 8 条芯线紧密排列,捏住这 8 条芯线,仔细检查线序,保证线序正常,线端平齐,对准水晶头开口插入水晶头中,必须使各条单绞线都顶到水晶头的底部,不能弯曲。因为水晶头是透明的,可以从水晶头外面清楚地观看到每条芯线所插入的位置,再次检查是否有单绞线没有顶到底或者中途中线序乱序的现象,如图 3-36 所示。

步骤 5:压接水晶头。确认所有单绞线都插到水晶头底部和线序没有错误后,即可将插入网线的水晶头放入网线钳压线槽中。此时要注意,压线槽结构与水晶头结构一样,一定要正确放入才能正确压制水晶头。确认水晶头放好后,即可使劲压下网线钳手柄,使水晶头的插针都能插入网线芯线之中,与之

图 3-36　将 8 根铜芯插入水晶头中

接触良好。然后再用手轻轻拉一下网线与水晶头,看是否压紧,最好稍稍调一下水晶头在网线钳压线槽中的位置,再压一次,如图 3-37 所示。按同样的方法制作双绞线的另一端水晶头。这样整条直通双绞网线就制作好了。

步骤 6:测试网线。最后把网线的两头分别插到双绞线测试仪上,打开测试仪开关,测试指示灯亮起来。如果制作正确的话,两排的指示灯都是同步亮的;如果有指示灯没同步亮,说明该网线连接有问题,应重新制作,如图 3-38 所示。

项目3 规范实施网络工程

图3-37 压线钳压线

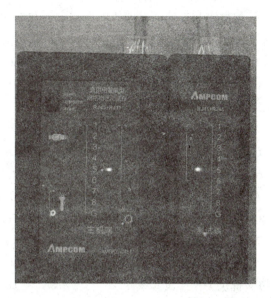

图3-38 测线仪测试正常

项目总结

经过这个项目的学习,我们初步了解了项目实施的全方位细节,对项目所涉及的文档及工艺规范有了总体性的认识,了解了项目技术方案、实施方案、实施计划的各个模块及标准化规范,掌握了依据企业工程标准实施设备到货加电签收、设备上架与布线、设备初始化配置的流程标准及网线钳、测线仪等工程设备的使用规范。这些理论和实操技能使我们对项目文档的重要性和工艺流程的标准化有更加深刻的认识。小陈作为职场新人,也逐步掌握了网络实施工程师的基本素养和能力。但这还远远不够,如果只停留于此,小陈所能承担的任务也仅仅是设备安装、连线等体力活,而无法承担更加精细化、需要更多逻辑思维能力支撑的设备调试的相关任务。因此,接下来的项目中,我们将同小陈共同学习路由交换逻辑的相关理论和实操技能,开始更加具体深入到网络技术的细节之中。

世间所有美好的事,都值得我们花点时间慢慢来,让我们继续一起学习路由交换知识,共同进步,找到未来人生职业生涯的锚点,开启全新的篇章。

思考与练习

1. 规范的技术方案内容应包括(   )。
   A. 文档封面   B. 文档修订记录
   C. 目录   D. 正文

2. 机房机柜的高度为(   )。
   A. 10U   B. 12U   C. 30U   D. 42U

3. 设备上架过程中不可能用到的工具是(   )。
   A. 螺丝刀   B. 卡扣   C. 扎带   D. 设备耳朵

4. 根据售前工程师整理的项目需求，与客户探讨出更加明确、具体的项目需求的人员是（   ）。

　　A. 实习生　　　　　　　　　　B. 公司领导
　　C. 项目经理　　　　　　　　　D. 网络工程师

5. 网络设备管理使用的协议是（   ）。

　　A. TELNET　　　　　　　　　　B. IGMP
　　C. IP　　　　　　　　　　　　D. RIP

6. 常见的网络设备连接线缆包括（   ）。

　　A. 双绞线　　　　　　　　　　B. 光纤
　　C. 同轴电缆　　　　　　　　　D. V35 线缆

7. 设备到货时，需要用户进行（   ）。

　　A. 设备到货签收　　　　　　　B. 设备加电验收
　　C. 提供上架工具　　　　　　　D. 无须准备

8. 双绞线的制作规范包括（   ）。

　　A. 568A　　　　　　　　　　　B. 568B
　　C. 589A　　　　　　　　　　　D. 589B

9. 对新设备进行初始化配置时，需要的软硬件有（   ）。

　　A. 串口线　　　　　　　　　　B. USB 转串口
　　C. SecureCRT 终端软件　　　　D. 计算机

10. 确定项目什么时候开始、什么时候结束、施工人员要完成哪些内容、用户要提供哪些帮助等内容的文档是（   ）。

　　A. 实施方案　　　　　　　　　B. 实施计划
　　C. 设备到货签收单　　　　　　D. 技术方案

标准答案：

1. ABCD　2. D　3. C　4. C　5. A
6. AB　7. AB　8. AB　9. ABCD　10. B

项目 4

设计实施企业交换网络

【项目背景】

　　时间过得真快，从小陈实习入职到现在已经过去了三个多月的时间了。回想过去的自己，小陈觉得自己现在就像海绵，有非常多的欠缺的知识需要学习和巩固。前三个月，跟着项目经理老张，小陈对基础网络的概念、网络工程师的基本素养、网络系统集成的概念以及工程实施规范有了一定的了解，并具备了一些实施的经验。随着这部分经历的不断丰富，小陈也逐步意识到自己过去在学校所学的知识不够牢固，对一些网络的基本概念理解得不是非常清晰，在项目实施过程中闹了不少笑话。正好这段时间公司项目的事情不多，小陈决定多花一些时间巩固之前所学的网络基础知识，暗暗下定决心，将来一定要让所有人刮目相看。

　　小陈把这个想法跟老张做了沟通。老张非常同意小陈的这个想法。的确，作为一名新人，如果技术基础能够扎实，那么在项目中就能够少犯错误，特别是粗浅的错误。既然小陈有这样的想法，作为他的师傅，老张决定自己多花时间帮帮他，帮助他在路由、交换、网络安全等方面复习并巩固相关知识和技能，争取获得比较大的提高。

　　在本项目中，我们将跟着小陈一道，向老张学习关于企业网交换的知识，包括局域网的基本概念、虚拟局域网技术、生成树协议、DHCP 协议等，并围绕这些理论知识，掌握交换机基础配置、VLAN、中继、VLAN 间路由、生成树、DHCP 等配置，从而为将来的局域网项目实施打下坚实的理论和实践基础。

【知识结构】

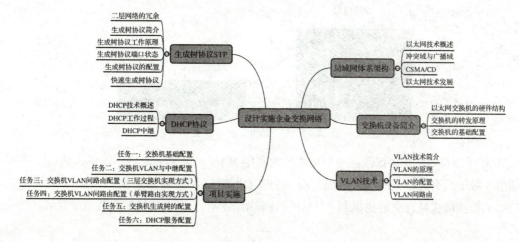

【项目目标】

知识目标：
- 了解网络类型的分类
- 了解冲突域、广播域与 CSMA/CD 的概念
- 了解交换机硬件结构和转发原理
- 掌握交换机的基础配置
- 掌握 VLAN 的概念与配置
- 掌握生成树的概念与工作原理
- 掌握 DHCP 的概念与工作原理

技能目标：
- 能够按照规范进行交换机初始化配置
- 能够根据规范实施 VLAN 及中继配置
- 能够根据规范实施 VLAN 间路由
- 能够根据规范实施生成树配置、优化与管理
- 能够根据规范实施 DHCP 功能配置与管理

【项目分析与准备】

4.1 局域网体系架构

4.1.1 以太网技术概述

在 OSI 参考模型中，IEEE 802.3 协议簇定义的协议内容涉及物理层和数据链路层。其中，数据链路层又被划分为两个子层，分别为逻辑链路控制子层（LLC）和介质访问控制子层（MAC）。图 4-1 所示为 IEEE 802 标准中的局域网体系结构，包括物理层、介质访问控制层和逻辑链路控制层。

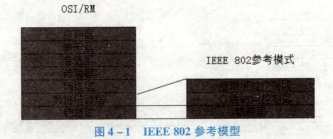

图 4-1　IEEE 802 参考模型

MAC 子层是 802.3 协议簇的一个标志，它利用 MAC 地址来标识物理设备，从而实现唯一的通信。对于所有的以太网设备来说，每一个以太网接口都具有全球唯一的 MAC 地址。MAC 子层的主要功能包括冲突避免机制、MAC 寻址和错误检测、以太网帧的封装与解封装。

MAC 地址烧录在硬件中，是全球唯一性的标识，又称为硬件地址或物理地址。MAC 地址一共 48 位（6 字节）。与 IP 地址采用点分十进制的方式不同，MAC 地址通常采用十六进制，具体如下：

MM:MM:MM:SS:SS:SS 或 MM – MM – MM – SS – SS – SS

MAC 地址的前 24 位是网络设备厂家的标识，称为组织标识符（Organizationally Unique Identifier，OUI）；后 24 位是厂家生产设备的序列标识。MAC 地址结构如图 4-2 所示。在出厂时，MAC 地址被厂家烧录在设备的可擦写芯片中，每个设备的 MAC 地址在全世界是唯一的。MAC 地址与 IP 地址配合，被用来标识一台终端或一台网络设备的接口。

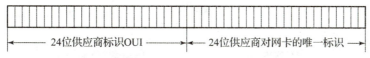

图 4-2 MAC 地址结构

LLC 子层是数据链路层的上层部分，主要功能是为网络层提供统一的服务接口。LLC 子层提供三种类型的服务：面向连接的服务（需确认）；无连接的服务（需确认）；无连接的服务（无须确认）。这三种类型的服务为网络层与传输层在各种传输介质条件下的数据传输提供了灵活的应对方式。

IEEE 802 委员会制定了一系列的局域网组网标准，形成了 IEEE 802 协议簇。这些标准主要是：

①IEEE 802.1：定义了局域网体系结构；网际互连，网络管理及寻址；网络管理。

②IEEE 802.2：定义了逻辑链路控制子层（LLC）功能与服务。

③IEEE 802.3：定义了 CSMA/CD 总线介质访问控制子层与物理层规范。

④IEEE 802.4：定义了令牌总线（Token Passing Bus）介质访问控制子层与物理层规范。

⑤IEEE 802.5：定义了令牌环（Token Ring）介质访问控制子层与物理层规范。

⑥IEEE 802.6：定义了城域网（Metropolitan Area Network，MAN）介质访问控制子层与物理层规范。

⑦IEEE 802.10：定义了可互操作的局域网安全性规范。

⑧IEEE 802.11：定义了无线局域网（Local Area Network，LAN）技术。

⑨IEEE 802.12：定义了 100 Mb/s 传输速率的 100VG – Any LAN 标准。

⑩IEEE 802.15：定义了无线个域网的多个标准。

经过技术不断迭代与发展，有些协议标准已成为主流标准，例如 802.11 协议簇已成为无线局域网的主要标准。而像 802.4、802.5 标准，由于令牌环网已经完全被以太网所取代，因此 802.4、802.5 标准已不再使用，802.3 标准则成为目前有线局域网中主流标准。

4.1.2 冲突域与广播域

冲突域是以太网上的一个术语，指的是当网络上的一台设备发送数据报文时，该物理网络上的其他设备都必须等待它发送完成。当两台设备在同一个物理网段上同时发送数据报文时，就会发生冲突的现象，数字信号将在链路上发生相互干扰，从而导致设备必须重传数据。冲突会对网络的性能造成极大的影响。

在常见的网络设备中,交换机的每个端口都是一个单独的冲突域。同样,路由器的每个端口也是一个单独的冲突域。而已经淘汰的集线器,则所有的端口都在同一个冲突域中。集线器的性能随着连接终端的数量增多而降低,因此集线器被交换机取代了。

广播域指的是在一个特定的网络范围内的所有设备,都将侦听到该网络中发送的所有广播。默认情况下,交换机的所有端口都在同一个广播域内,而路由器的每一个端口都是一个单独的广播域,如图4-3所示。

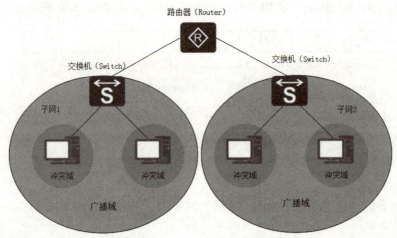

图4-3 广播域与冲突域

4.1.3 CSMA/CD

网络冲突会造成性能下降,因此,以太网使用CSMA/CD(带冲突检测的载波侦听及多路访问)协议来避免两台设备同时在网络介质上传输数据造成的冲突。那么CSMA/CD协议是如何工作的呢?首先,当一台主机计划通过网络传输数据时,它必须先检测线路上是否有信号。如果没有其他主机在传输数据,那么这台主机就可以立即开始传输,并且持续地检测线路,确保没有其他主机开始传输。如果该主机在线路上检测到其他主机的传输,它将发送一个拥塞信号,使得线路上的其他主机不再发送数据。当其他主机检测到这个拥塞信号后,都将等待一个随机时间再尝试传输。这个随机时间由后退算法产生,连续15次尝试都失败后,尝试传输的主机将超时。

就当今网络来说,由于每台终端基本都单独连接一个交换机的端口,而每个交换机的端口都是一个单独的冲突域,在这样的场景下,基本无需CSMA/CD协议。但是一旦交换机的其中一个端口连接了多台终端,那么就肯定需要有CSMA/CD协议来避免冲突的产生。

4.1.4 以太网技术发展

从以太网技术发明以来,随着通信需求及应用的急速发展,对带宽的要求也越来越大。以太网技术在这波浪潮中不断迭代,先后发明了标准以太网、快速以太网、吉比特以太网和万兆以太网技术。

标准以太网技术发明于 1973 年，由美国数字设备公司（DEC）、英特尔（Intel）、施乐（Xerox）三家公司共同发布以太网规范。标准以太网的最大速率为 10 Mb/s，采用 10Base – T 标准，实现了每台电脑用单根非屏蔽双绞线连接到集线器上，易于安装、排错及网络重构，降低了整体网络建设及运营成本。它采用了 CSMA/CD 协议来避免两台设备同时在网络介质上传输数据造成的冲突。

90 年代中期，以太网技术又获得了显著的提升，快速以太网技术应运而生。快速以太网技术的最大速率为 100 Mb/s，相比标准以太网技术的带宽提高了 10 倍。其主要的传输介质标准有 100Base – TX（双绞线 RJ45 接口）和 100Base – FX（光纤接口）。100Base – TX 由于采用双绞线作为传输介质，其应用最为广泛。

1998 年，IEEE 802.3 委员会首次推出了吉比特以太网。相比快速以太网，吉比特以太网技术又将带宽提高了 10 倍，达到了 1 000 Mb/s，并且能够跟之前的以太网标准保持兼容。其传输介质技术标准包括 1000Base – LX（支持多模和单模）、1000Base – SX（仅支持多模）、1000Base – CX（采用的是 150 Ω 平衡屏蔽双绞线（STP））、1000Base – T（双绞线）等。当前，吉比特以太网是企业局域网的主流接入技术。

10 Gb 以太网又称为万兆以太网，在 2002 年审议通过，它规范了以 10 Gb/s 的速率来传输的以太网，因为速率是吉比特以太网的 10 倍，因此得名。万兆以太网技术同样属于以太网协议簇，能与其他以太网协议相兼容，无须进行任何修改就能够与标准以太网、快速以太网、吉比特以太网融合组网。在当下，万兆以太网技术一般适用于企业内部核心交换机与核心交换机、核心交换机与服务器之间的连接。桌面万兆接入尚未普及。

以太网技术自从首次提出迄今已 30 多年，在这 30 多年里，基于网络的应用蓬勃发展，网络技术已经深入到人们的工作、生活等各个方面。在科技浪潮之下，以太网技术很好地适应了时代对它的要求，带宽大、组网运维简单、价格低廉、与 IP 协议的良好配合，使得以太网技术成为局域网体系架构中不可取代的重要组成部分。

4.2　交换机设备简介

4.2.1　以太网交换机的硬件结构

图 4 – 4 所示是华为官网上的交换机 3D 模型，型号为 S5731 – H24T4XC。

图 4 – 4　华为 S5731 – H24T4XC 交换机

前置面板主要包含有以下接口类型：

①RJ45 以太网接口：在工程项目中也称为电口。此型号具备 24 个 10/100/1000Base – T 以

太网接口。也就是这 24 个接口同时支持 10 Mb/s、100 Mb/s、1 000 Mb/s 这三种不同的速率。

②SPF 接口：在工程项目中也称为光口。此型号具备 4 个 10GE SFP + 以太网接口，支持 GE/10GE 速率自适应。一般在只具备少量光口的交换机设备中，由于光口能够提供更高的传输速率，因此光口主要用于交换机之间或者交换机与服务器之间的连接。SPF 接口需购买专门的光模块才可使用。光模块根据需求的不同，有单模/多模、长距/短距的不同，如图 4-5 所示。

图 4-5 华为光模块

③console 口：console 接口用于连接控制台，实现现场配置功能。此接口需要有专门的 console 线缆进行连接，并通过终端软件进行配置。

④ETH 管理接口：在工程项目中也称为带外管理接口。用于和配置终端或网管工作站的网口连接，实现现场或远程配置功能。带外管理接口通常不与用户生产网络相连接，而是单独组网，因此，无论生产网络如何变更，都不会影响到带外管理网络，从而确保随时都可以远程登录到设备上。

⑤USB 接口：USB 接口配合 U 盘使用，可用于开局、传输配置文件、升级文件等。

4.2.2 交换机的转发原理

MAC 地址表是交换机中最重要的一张表。交换机使用 MAC 地址表来决定网络通信该经过哪些端口到达目的节点。交换机使用 MAC 地址表来做出转发决策。当数据报文发送到交换机时，交换机无视除了 MAC 地址以外的其他信息，包括 IP 信息等，如图 4-6 所示。

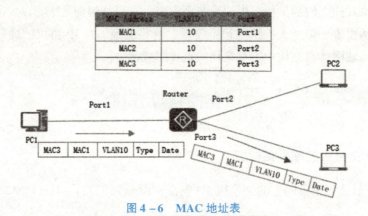

图 4-6 MAC 地址表

交换机工作在数据链路层，因此只关注数据帧。对每个帧做出的转发决策都会查询 MAC 地址表。当交换机刚开始加电时，它的 MAC 地址表是空的。数据转发开始后，它的 MAC 地址表逐渐丰富起来。

交换机对每个以太网帧执行下列流程：

(一) 学习—检查源 MAC 地址

当数据帧传入交换机时，如果该源 MAC 不存在于 MAC 地址表中，交换机会将该 MAC 地址和传入的端口记入 MAC 地址表中。如果该源 MAC 已经存在于 MAC 地址表中，交换机会刷新该条目的刷新计时器。刷新计时器默认时长为 5 min。

这里有一个特殊情况，如果源 MAC 已经存在于 MAC 地址表中，但传入端口与记录不符，则交换机会认为是一个新的条目，使用该源 MAC 和新的传入端口来替换旧的条目。

（二）转发—检查目的 MAC 地址

数据报文根据它的目的范围，可分为单播、组播和广播报文。

当交换机接收到传入的单播报文时，根据 MAC 地址表进行检查。如果目的 MAC 地址存在于 MAC 地址表中，则根据条目记录中的指定端口传出，可称为已知单播。如果 MAC 地址表中不包含目的 MAC 地址，则交换机会将该单播报文从除了接收端口以外的其他所有端口发送出去。我们可称为未知单播。

当交换机接收到传入的广播报文时，则直接将该广播报文从除了接收端口以外的其他所有端口发送出去；当交换机接收到传入的组播报文时，如果该目的 MAC 存在于 MAC 地址表中，则根据条目记录中的指定端口组传出。由于 IMGP Snooping 技术的应用，交换机可配置为丢弃未知的组播报文。

4.2.3 交换机的基础配置

> **交换机启动过程**

在交换机开机后，它将执行以下动作：

首先，交换机将进行加电自检（POST），检查 CPU、内存、Flash 等硬件是否工作正常。当自检通过后，交换机将引导运行 Bootload 软件，硬件初始化后，由 Bootload 软件加载系统软件及交换机的配置文件。正常加载后，将进入系统的命令行界面。

> **配置交换机管理**

要为交换机配置远程管理功能，就必须先为交换机配置 IP 地址。交换机 IP 地址的配置与路由器不同，路由器是直接配置在接口之上的，交换机却是配置在交换机虚拟接口（SVI）上。SVI 接口与 VLAN 紧密关联，可以为每个 VLAN 创建一个 SVI 接口。当然，目前你可能对这些概念都比较陌生，没有关系，后面都将逐步涉及。

首先必须使用 console 线连接交换机的控制接口，在计算机上打开终端软件，对交换机进行配置。这部分内容在项目 1 中有详细的描述，这里不做展开。

通过终端软件开启交换机配置界面后，开始对交换机配置 IP 地址。拓扑如图 4-7 所示。

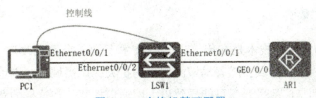

图 4-7 交换机基础配置

默认情况下，交换机的所有端口都在 VLAN1 下，默认 SVI 也在 VLAN1 下。为安全起见，建议采用除了 VLAN1 以外的 VLAN 作为管理 VLAN。常见的为交换机配置管理地址、默认网关及 Telnet 远程访问等基础配置。

```
< Huawei > sys
[S1]sysname S1

[S1]vlan 999
[S1-vlan999]
[S1-vlan999]interface vlan 999
[S1-Vlanif999]ip add 192.168.20.254 24

[S1]interface e0/0/2
[S1-Ethernet0/0/2]port link-type access
[S1-Ethernet0/0/2]port default vlan 999

[S1]ip route-static 0.0.0.0 0.0.0.0 192.168.21.1

[S1]telnet server enable
[S1]aaa
[S1-aaa]local-user admin password cipher huawei privilege level 15
[S1-aaa]local-user admin service-type telnet terminal
[S1]user-interface vty 0 4
[S1-ui-vty0-4]authentication-mode aaa
```

通过以上配置，该交换机配置了管理地址 192.168.20.254，将网关指定为了 192.168.21.1，并且开启了 Telnet 服务，配置了用户 admin，使得可以通过 admin 来对该交换机进行管理。

当实施了以上配置后，还需要进行管理接口状态的验证，确保接口是正常状态。通过命令 display interface brief 进行验证，如下所示。

```
[S1]display interface brief
Vlanif1           down down      --     --      0      0
Vlanif999         up   up        --     --      0      0
```

最后要记得在系统视图下使用命令 save 来保存当前的配置。

4.3 VLAN 技术

4.3.1 VLAN 技术简介

VLAN（虚拟局域网）技术是在传统以太网技术上的一个重大改进。在传统以太网中，所有的接口都是同一个广播域，随着局域网规模的扩大，广播域的范围也越来越大，通信的效率随之降低。特别是广播风暴，可能导致以太网通信拥塞。在这样的背景下，虚拟局域网（VLAN）技术应运而生。它能够将以太网划分逻辑的子网络，从而缩小广播域，显著提高通信的效率。

在过去，隔离广播域的唯一方法就是使用路由器。通过路由器的三层路由转发，从而连接不同的子网。每个子网是一个单独的广播域。但是这种方式的成本较高，因为相比交换机来说，路由器的单个接口的价格更高。

现在，可以使用 VLAN 技术来将一个物理的局域网划分成多个广播域。在交换机配置了 VLAN 后，相同 VLAN 内的主机可以相互通信，不同 VLAN 内的主机无法通信。

使用 VLAN 技术具有以下优点：

①减小广播域大小：通过将网络划分为多个 VLAN，可以减少广播域中的设备数量。
②性能提升：广播域范围的缩小有利于减少网络中不必要的流量，从而提高性能。
③提高网络管理效率：具有相似网络需求的用户将划入同一个 VLAN，从而提高网络管理效率。
④安全：不同 VLAN 之间带来的隔离将使得数据敏感的用户群组得到进一步的保护。
⑤简化管理：通过 VLAN 将用户与设备进行关联，通过划分职能，可以进一步简化管理。

4.3.2 VLAN 的原理

VLAN 是数据链路层上的技术，通过划分多个 VLAN，可以将一个物理上的局域网划分成多个逻辑上的网络。通过 VLAN 的划分，可以缩小广播域的范围，同一个 VLAN 同属一个广播域，不同的 VLAN 属于不同的广播域。VLAN 还可以用于隔离二层流量，不同 VLAN 之间的主机无法实现二层通信。

> **VLAN 的帧格式**

在 IEEE 802.1q 协议中定义了 VLAN 的以太网帧格式，在传统以太网帧的基础上插入了一个 4 字节的标识符，称为 TAG 字段。这个标识符能够用于标识该帧属于哪个 VLAN。交换机只有识别这种类型的以太网帧，才能够支持 VLAN 的使用。

TAG 字段主要包含有两个部分：

TPID（标记协议标识）：代表该帧携带 802.1q 标签。如果不支持 802.1q 协议的设备，将会丢弃该帧。

TCI（标记控制信息）：主要包含以下三个部分的内容。

Priority：优先级，可以设置 0~7 之间的值，数字越高，优先级越高。

CFI：用于区别以太网帧、光纤分布式接口帧和令牌环网帧这几种类型。

VLAN ID：表示 VLAN 的值，范围为 1~4 094。用于标记以太网帧属于哪个 VLAN。

在二层网络通信过程中，交换机对所有进入接口的普通以太网帧都根据其接口上配置的 VLAN 信息打上相应的标记（TAG）。然后查找 MAC 地址表，根据 MAC 地址表中的记录信息，将打上标记的以太网帧发送到本交换机上的目的接口。到达目的接口后，再去掉标记信息（TAG），转发给连接到该接口的终端设备。如果该帧需要通过中继链路前往其他交换机，那么在传输到其他交换机时，以太网帧都带标记。到达目的接口后，才去除标记信息，从目的端口转发出去。

> **VLAN 干道技术**

默认情况下，交换机所有的接口都属于 VLAN1。当以太网数据帧在两台交换机之间传输时，很明显，当互联的接口只属于一个 VLAN 时，如果这些数据帧属于其他 VLAN，将无法通过这条互联链路传输。VLAN 干道技术设计用于解决这个问题，它允许在链路上传输多个 VLAN 的数据。

> **VLAN 端口分类**

思科交换机 VLAN 端口工作类型包括 Access 和 Trunk。与思科不同，华为交换机支持的端口工作类型多了 Hybrid 一项。

（1）Access 端口

一般来说，连接计算机终端、路由器接口的端口配置为该类型。Access 端口只能属于一个 VLAN，即只能够传输指定 VLAN 的数据。默认属于 VLAN1。当 Access 端口接收到终端数据后，会判断该数据帧是否携带 TAG 标记信息。如果没有，则在数据帧中插入端口的 TAG 标记信息后进行下一步处理。如果有，则检查数据帧的 TAG 信息是否与端口的 TAG 信息一致，如果一致，则进行转发；如果不一致，则丢弃。

当 Access 端口发送终端数据时，会判断数据帧中的 TAG 标记是否与端口配置的一致，如果一致，则去掉 TAG 标记后进行转发；如果不一致，则丢弃该数据帧。

（2）Trunk 端口

Trunk 中继链路一般用于交换机之间和交换机与服务器之间的连接。这种链路允许多个 VLAN 的数据帧通过。

当 Trunk 链路接收到数据帧时，如果该帧没有携带 VLAN 标记信息，则会插入本端口配置的 VLAN 信息后进行转发；如果携带有 VLAN 标记信息，则会根据允许通过的 VLAN 列表进行判断是否转发。

当 Trunk 链路发送数据帧时，会判断数据帧中携带的 VLAN 信息是否与出端口一致。如果一致，则去除 VLAN 信息后进行转发；如果不一致，则会根据允许通过的 VLAN 列表进行判断是否转发。允许转发则保留 VLAN 信息，不允许转发则丢弃该数据帧。

（3）Hybrid 端口

Hybrid 端口是一种特殊的端口工作类型。这种类型跟 Trunk 端口类似，允许接收和发送多个 VLAN 的数据帧。因此，其既可以用于交换机之间的连接，也可以用于连接终端设备。

当 Hybrid 端口接收到数据帧时，判断是否有 VLAN 信息，如果没有，则打上端口的 VLAN ID，并进行交换转发。如果有，则判断该 Hybrid 端口是否允许该 VLAN 的数据进入，允许则转发，否则丢弃。

当 Hybrid 端口发送数据帧时，则判断该 VLAN 在本端口的属性，如果是 UNTAG，则剥离 VLAN 信息再发送，如果是 TAG，则直接发送。

> **Native VLAN**

Native VLAN 也称为本征 VLAN 或者默认 VLAN，主要是指在中继 Trunk 链路中，如果流量没有事先打上 VLAN 标记，那么就会打上该 Native VLAN 标记。默认情况下，Native VLAN 为 VLAN1，可用于承载 STP 等信息的传输。在两台交换机之间互联的中继链路中，两端的

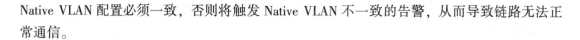

Native VLAN 配置必须一致，否则将触发 Native VLAN 不一致的告警，从而导致链路无法正常通信。

4.3.3 VLAN 的配置

> **创建 VLAN**

在系统视图下使用 vlan vlan_id 命令可以创建 VLAN，并且进入 VLAN 配置模式。可以使用 description 命令来描述 VLAN 的用途，从而为管理提供便利性。如果要创建多个 VLAN，那么通过 to 这个关键字来衔接是一个聪明的做法。

创建一个和多个 VLAN：

```
[Huawei]vlan 10
[Huawei-vlan10]description office-user

[Huawei]vlan batch 20 30
[Huawei]vlan 50 to 60
```

> **删除 VLAN**

使用 undo 命令可以很方便地删除 VLAN。

删除 VLAN：

```
[Huawei]undo vlan 10
```

> **为 VLAN 分配端口**

在创建 VLAN 后，接下来就是为 VLAN 分配端口。如果接口为 Access 模式，那么只能属于一个 VLAN。可以通过命令 port default vlan ×× 将接口划入 VLAN 中。

当接口通过命令 port link-type trunk 配置为中继后，可以使用命令 port trunk allow-pass vlan 来指定允许哪些 vlan 通过。

为 VLAN 分配端口：

```
[Huawei]interface Ethernet0/0/1
[Huawei-Ethernet0/0/1]port link-type access
[Huawei-Ethernet0/0/1]port default vlan 10

[Huawei]interface Ethernet0/0/2
[Huawei-Ethernet0/0/1]port link-type trunk
[Huawei-Ethernet0/0/1]port trunk allow-pass vlan 10 100
```

> **验证 VLAN 配置**

创建 VLAN 后，可通过命令查看已经创建的 VLAN 信息。

通过命令 display vlan 可以显示所有 VLAN 的摘要信息。

通过命令 display vlan vlan_id verbose 可以查看某 VLAN 的具体信息，包括 VLAN ID、类型、VLAN 中的端口等。

这两个命令可以很方便地检查是否已经成功地将指定的交换机端口划入指定的 VLAN

中。如果显示的结果与预期的不符,那么网络的连通性必然是存在问题的,毕竟不同 VLAN 之间无法相互通信。

显示 VLAN 信息:

```
[Huawei]display vlan
The total number of vlans is: 3
----------------------------------------------------------------
U: Up;          D: Down;           TG: Tagged;          UT: Untagged;
MP: Vlan - mapping;                ST: Vlan - stacking;
#: ProtocolTransparent - vlan;     *: Management - vlan;
----------------------------------------------------------------
VID   Type    Ports
----------------------------------------------------------------
1     common  UT:Eth0/0/3(D)    Eth0/0/4(D)    Eth0/0/5(D)    Eth0/0/6(D)
              Eth0/0/7(D)       Eth0/0/8(D)    Eth0/0/9(D)    Eth0/0/10(D)
              Eth0/0/11(D)      Eth0/0/12(D)   Eth0/0/13(D)   Eth0/0/14(D)
              Eth0/0/15(D)      Eth0/0/16(D)   Eth0/0/17(D)   Eth0/0/18(D)
              Eth0/0/19(D)      Eth0/0/20(D)   Eth0/0/21(D)   Eth0/0/22(D)
              GE0/0/1(U)        GE0/0/2(D)

10    common  UT:Eth0/0/1(D)
              TG:GE0/0/1(U)
20    common  UT:Eth0/0/2(D)
              TG:GE0/0/1(U)
VID  Status  Property       MAC - LRN Statistics Description
----------------------------------------------------------------
1    enable  default        enable disable     VLAN 0001
10   enable  default        enable disable     VLAN 0010
20   enable  default        enable disable     VLAN 0020
```

> **验证 TRUNK 配置**

在两台交换机之间的互联链路上配置了中继后,可以使用命令来查看该中继链路是否正常运行。

查看 TRUNK 链路状态:

```
[Huawei]display port vlan g0/0/1
Port                       Link Type    PVID    Trunk VLAN List
----------------------------------------------------------------
GigabitEthernet0/0/1       trunk        1       1 - 4094
```

4.3.4 VLAN 间路由

使用 VLAN 技术后,如果网络中没有路由设备,由于不同 VLAN 的终端属于不同的广播域,因此相互之间无法通信。那么,要使得不同 VLAN 之间能够通信,就需要有能够支持三层路由的设备（包括路由器和交换机）来执行路由功能。

无论使用何种设备，使用路由功能将网络流量从一个 VLAN 转发到另一个 VLAN 的过程称为 VLAN 间路由。VLAN 间路由一共有三种实现的方式：

> **传统 VLAN 间路由**

即采用路由器作为所有 VLAN 网关的方法。有多少个 VLAN，交换机就必须要有多少条线缆与路由器相连接，如图 4-8 所示。连接至路由器的接口需配置为 Access 模式，并且分配给不同的 VLAN。路由器的接口配置有对应 VLAN 的 IP 地址作为网关地址，这样当该接口接收到相同 VLAN 的终端发来的前往其他 VLAN 的流量时，就可以根据路由表通过其他接口转发出去。

这种方式存在一个显而易见的缺陷就是随着 VLAN 数量的增多，需要越来越多的路由器接口和互连线缆。而具备多个接口的路由器的价格比较高，因此这种方式的成本很高。目前在网络工程项目中基本不采用这种方式。

> **单臂路由方式**

单臂路由方式是对传统 VLAN 间路由方式的一种改进。改进的聚焦点在于通过在交换机与路由器之间使用 Trunk 中继链路来支持多个 VLAN 流量的传输，从而减少了路由器接口的使用和线缆的使用，如图 4-9 所示。

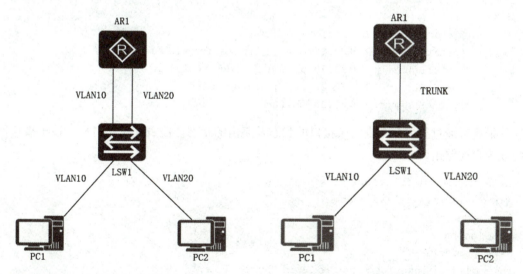

图 4-8　传统 VLAN 间路由　　　　　图 4-9　单臂路由

这种方式使用一种称为"子接口"的技术。即通过将路由器的物理接口划分成多个子接口，每个子接口绑定不同的 VLAN，从而将中继链路划分成多条逻辑上的子链路。路由器上子接口配置的 IP 地址将作为对应 VLAN 的网关。当子接口接收到相同 VLAN 的终端发来的前往其他 VLAN 的流量时，就可以根据路由表通过其他子接口转发出去。

这种方式也存在着一个比较大的缺陷，就是在路由器与交换机之间的中继链路上存在性能压力及单点故障。一旦中继链路出现故障，则所有 VLAN 间的通信将中断。同时，所有 VLAN 间的收发流量都必须通过中继链路，性能压力始终存在。因此，这种链路要求的最低带宽为100M。目前，在网络工程项目中，除非特殊的原因，也基本不采用这种方式。

采用单臂路由方式实现VLAN间路由需遵循以下步骤流程：

①交换机的上行接口配置为中继Trunk，并允许所有VLAN或者指定VLAN通过。

```
[SW1]interface GigabitEthernet 0/0/1
[SW1-GigabitEthernet0/0/1]port link-type trunk
[SW1-GigabitEthernet0/0/1]port trunk allow-pass vlan all
```

②作为网关的路由器配置子接口，绑定对应的VLAN并开启子接口的ARP广播功能（开启此功能后，网关IP地址才能ping通，默认未开启）。主接口默认对应VLAN1，可作为VLAN1的网关。

```
[AR1]interface GigabitEthernet0/0/0
[AR1-GigabitEthernet0/0/0]ip add 192.168.1.254 24
[AR1-GigabitEthernet0/0/0]quit

[AR1]interface GigabitEthernet0/0/0.10
[AR1-GigabitEthernet0/0/0.10]dot1q termination vid 10
[AR1-GigabitEthernet0/0/0.10]ip add 192.168.10.254 24
[AR1-GigabitEthernet0/0/0.10]arp broadcast enable
[AR1-GigabitEthernet0/0/0.10]quit

[AR1]interface GigabitEthernet0/0/0.20
[AR1-GigabitEthernet0/0/0.20]dot1q termination vid 20
[AR1-GigabitEthernet0/0/0.20]ip add 192.168.20.254 24
[AR1-GigabitEthernet0/0/0.20]arp broadcast enable
[AR1-GigabitEthernet0/0/0.20]quit
```

③最后可通过相关命令查看子接口的状态及路由的状态。配置完子接口后，该子接口网段将成为直连路由。

```
[AR1]display ip interface brief
*down: administratively down
^down: standby
(l): loopback
(s): spoofing
The number of interface that is UP in Physical is 4
The number of interface that is DOWN in Physical is 1
The number of interface that is UP in Protocol is 3
The number of interface that is DOWN in Protocol is 2

Interface                   IP Address/Mask      Physical    Protocol
GigabitEthernet0/0/0        unassigned           up          down
GigabitEthernet0/0/0.10     192.168.10.254/24    up          up
GigabitEthernet0/0/0.20     192.168.20.254/24    up          up
GigabitEthernet0/0/1        unassigned           down        down
NULL0                       unassigned           up          up(s)
```

```
[AR1]display ip routing-table
Route Flags: R - relay, D - download to fib
------------------------------------------------------------
Routing Tables: Public
         Destinations: 10        Routes: 10

Destination/Mask      Proto   Pre   Cost    Flags   NextHop         Interface

     127.0.0.0/8      Direct   0     0       D      127.0.0.1       InLoopBack0
     127.0.0.1/32     Direct   0     0       D      127.0.0.1       InLoopBack0
127.255.255.255/32    Direct   0     0       D      127.0.0.1       InLoopBack0
  192.168.10.0/24     Direct   0     0       D      192.168.10.254  GigabitEthernet
0/0/0.10
  192.168.10.254/32   Direct   0     0       D      127.0.0.1       GigabitEthernet
0/0/0.10
  192.168.10.255/32   Direct   0     0       D      127.0.0.1       GigabitEthernet
0/0/0.10
  192.168.20.0/24     Direct   0     0       D      192.168.20.254  GigabitEthernet
0/0/0.20
  192.168.20.254/32   Direct   0     0       D      127.0.0.1       GigabitEthernet
0/0/0.20
  192.168.20.255/32   Direct   0     0       D      127.0.0.1       GigabitEthernet
0/0/0.20
255.255.255.255/32    Direct   0     0       D      127.0.0.1       InLoopBack0
```

➢ **使用交换机 SVI 实现的三层交换路由**

随着技术的发展，现代交换机不再只局限于工作在数据链路层，而能够开始工作在网络层，即从事一些路由相关的功能。我们称这种"路由器+二层交换机"的新一代交换机为三层交换机。三层交换机中有一个重要的概念，即交换机虚拟接口（SVI）。SVI 与指定的 VLAN 绑定，可以作为该 VLAN 的网关，如图 4-10 所示。

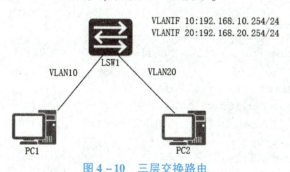

图 4-10 三层交换路由

当三层交换机处理 VLAN 间路由流量时，需使用自身的三层转发引擎来实现。三层转发引擎相当于传统组网中的路由器，当需要实现 VLAN 间路由时，就在三层引擎上调用 SVI 接口来作为 VLAN 的网关。当其中一个 SVI 接口接收到相同 VLAN 的终端发来的前往其他 VLAN 的流量时，就可以根据路由表（三层交换机也有路由表）通过其他 SVI 接口转发出去。

　　这种方式组网物理结构和逻辑结构简单,可以说是VLAN间路由的最佳方式。唯一缺点就是三层交换机的价格比普通二层交换机更高一些。在网络工程项目中,大量采用此方式。

　　使用交换机SVI实现的三层路由配置远比单臂路由实现方式来得简单,只需配置VLAN对应的SVI接口。VLAN间的路由将通过直连路由的方式进行。具体配置如下所示:

①配置VLAN的SVI接口。

```
[SW1]interface vlan10
[SW1-Vlanif10]ip address 192.168.10.1 24
[SW1-Vlanif10]quit

[SW1]interface vlan20
[SW1-Vlanif20]ip address 192.168.20.1 24
[SW1-Vlanif20]quit
```

②查看接口状态及路由表状态是否正常。

```
[SW1]display interface vlan 10
Vlanif10 current state : UP
Line protocol current state : UP
Last line protocol up time : 2022-04-25 10:12:10 UTC-08:00
Description:
Route Port,The Maximum Transmit Unit is 1500
Internet Address is 192.168.10.1/24
IP Sending Frames' Format is PKTFMT_ETHNT_2, Hardware address is 4c1f-cc99-155d
Current system time: 2022-04-25 10:14:07-08:00
    Input bandwidth utilization : --
    Output bandwidth utilization : --

[SW1]display interface vlan 20
Vlanif20 current state : UP
Line protocol current state : UP
Last line protocol up time : 2022-04-25 10:14:31 UTC-08:00
Description:
Route Port,The Maximum Transmit Unit is 1500
Internet Address is 192.168.20.1/24
IP Sending Frames' Format is PKTFMT_ETHNT_2, Hardware address is 4c1f-cc99-155d
Current system time: 2022-04-25 10:14:38-08:00
    Input bandwidth utilization : --
Output bandwidth utilization : --

[SW1]display ip routing-table
Route Flags: R - relay, D - download to fib
------------------------------------------------------------
```

```
Routing Tables: Public
         Destinations: 6           Routes: 6

Destination/Mask     Proto     Pre   Cost       Flags NextHop       Interface
     127.0.0.0/8     Direct    0     0          D     127.0.0.1     InLoopBack0
     127.0.0.1/32    Direct    0     0          D     127.0.0.1     InLoopBack0
  192.168.10.0/24    Direct    0     0          D     192.168.10.1  Vlanif10
  192.168.10.1/32    Direct    0     0          D     127.0.0.1     Vlanif10
  192.168.20.0/24    Direct    0     0          D     192.168.20.1  Vlanif20
  192.168.20.1/32    Direct    0     0          D     127.0.0.1     Vlanif20
```

4.4 生成树协议 STP

作为网络管理员,一个很现实的问题是如何降低在网络故障时有发生的背景下给网络带来的影响。对于局域网这样的二层网络来说,增加网络设备与互连线路是一种理想的解决问题的办法。但是这种解决问题的办法又带来了新的问题。

4.4.1 二层网络的冗余

通过在二层网络中冗余设备与线路,可以避免因为单台设备或单条线路故障而造成的用户网络服务中断。但这样的冗余方式可能会导致物理和逻辑上的二层环路。二层环路会带来以下三个问题:

> **广播风暴**

当交换机接收到广播时,会将广播数据帧从除了接收端口以外的其他所有端口发送出去。当交换机之间形成物理上的链路环路时,广播帧会在所有交换机上反复发送与接收,导致所有的可用带宽都被耗尽,最终形成广播风暴,如图 4-11 所示。广播风暴一旦形成,交换机将无法正常通信,所有接口的传输指示灯将异常频繁闪烁,用户网络服务将异常缓慢甚至中断。

> **MAC 地址表不稳定**

数据包的 TTL 属性能够使得当路由环路时,数据

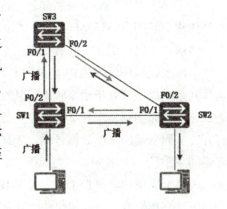

图 4-11 广播风暴

包逐渐达到最大值,路由器可以对达到最大值的数据包进行丢弃处理,从而避免浪费链路带宽。而以太网数据帧没有 TTL 的设计,因此,当二层环路存在时,未知的数据帧可能会在交换机之间乱窜。

交换机接收到未知的数据帧时,会将该数据帧从除了接收端口以外的所有端口发送出去。当二层环路存在时,可能会导致交换机连续从不同的端口学习到相同的 MAC 地址,从

而导致 MAC 地址表不断刷新,如图 4-12 所示。

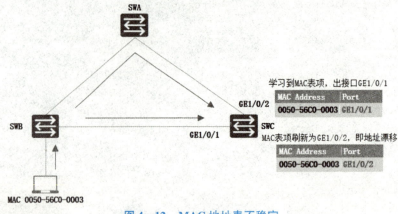

图 4-12 MAC 地址表不稳定

> **帧的多重传输**

当未知的数据帧在交换机之间乱窜时,除了会造成 MAC 地址表不稳定以外,由于交换机会从多个接口接收到相同的数据帧副本,很多协议无法处理重复帧,可能会造成不可恢复的错误。

二层冗余网络的存在是必要的,为了避免冗余网络产生的这些问题,必须在交换机上启用生成树协议(Spanning Tree Protocol,STP)。STP 能够有效解决冗余链路带来的环路问题,大大提高网络的健壮性、稳定性、可靠性和容错性。

4.4.2 生成树协议简介

为了解决二层冗余带来的问题,IEEE 委员会设计了多个版本的生成树协议来不断升级迭代优化二层网络的环路问题。

当前,生成树协议主要有以下三个版本:

标准生成树协议(STP):采用 IEEE 802.1d 标准。通过算法来实现在二层冗余网络中,选择冗余端口使其处于阻塞状态,从而网络中只存在有一条生效的链路,避免冗余网络造成的广播风暴等问题。当这条链路发生故障时,生成树协议会重新计算最佳路径,将阻塞端口打开,从而恢复网络的数据传输。工作在标准生成树协议下的交换机,所有 VLAN 的流量都将走同一路径。

快速生成树协议(RSTP):采用 IEEE 802.1w 标准。快速生成树协议是对标准生成树协议的改进。在标准生成树网络中,任何二层网络的变化,包括链路、交换机失效等都会引起生成树的重新计算,而这一过程往往长达几十秒的时间。在这几十秒内,整个网络将无法通信,造成严重的通信故障。快速生成树协议进行了许多改进,例如对端口状态的改进等,使得二层网的收敛时间大大减少,一般只需要几秒钟的时间。在当今的网络中,快速生成树已经完全取代了标准生成树,获得了大量的使用。

多实例生成树(MSTP):采用 IEEE 802.1s 标准。在普通生成树与快速生成树中,所有 VLAN 的流量将走同一条链路,而阻塞链路不传输任何流量,造成了带宽的浪费。多实例生成树继承了快速生成树的优点,并引入了"实例"的概念。多实例生成树通过在区域中设置实例,不同的实例绑定不同的 VLAN,不同实例设置不同的生成树优先级,从而实现流量在多条链路上负载均衡,同时又不会造成冗余而引起广播风暴等问题。可以说 MSTP 是对生成树协议的极大改进。华为交换机默认采用此种方式。

4.4.3 生成树协议工作原理

> **STP 中的术语**

在学习生成树工作原理之前,我们要先了解关于桥、桥 MAC、桥 ID 和接口 ID 这四个术语。

桥:早期的交换机由于性能方面的限制,一般只有两个接口,被称为网桥或者简称为桥。这个术语一直沿用至今,泛指采用任意多个接口的以太网交换机。桥与交换机这两个术语完全是同一个概念,只是说法不同而已。

桥 MAC:一个桥具有多个接口,每个接口都有一个 MAC 地址。桥 MAC 为编号最小的接口的 MAC 地址,是组成桥 ID 的一个部分。

桥 ID:桥 ID 由桥优先级与桥 MAC 地址所组成。一共 8 字节,前两个字节为桥的优先级,默认为 32 768,必须为 4 096 的倍数。后 6 字节为桥 MAC 地址。两台交换机之间的桥 ID 比较,先比较优先级。优先级数字越小的越优先。优先级一样的情况下,再比较桥 MAC 地址。MAC 地址数越小的越优先。

接口 ID:接口 ID 由 2 字节所组成。第一个字节代表该接口的优先级,后一个字节代表接口编号。

根路径开销:在生成树中,同样使用线路开销来衡量从一个节点到另一个节点的远近程度。根路径开销是指从当前设备到达根桥的完整路径的开销之和。开销的计算与链路的带宽相关联。常见的开销见表 4-1。

表 4-1 根路径开销表

序号	链路带宽/MB	开销
1	10	100
2	100	19
3	1 000	4
4	10 000	2

例如,交换机 A 到达根桥交换机 C,经过了 2 条千兆链路和 1 条万兆链路,那么总的开销就是 4+4+2=10。

网桥协议数据单元:在生成树计算的整个过程中,网桥之间的信息通信尤为重要,例如网络中要选举出根桥,每台交换机都必须同步各自的桥 ID。网桥协议数据单元(Bridge Protocol Data Unit,BPDU)就专为网桥之间的信息沟通而设计。无论交换机端口是否阻塞,都必须接收 BPDU。交换机之间通过周期发送的网桥协议数据单元（BPDU）来发现网络中的环路，并通过阻塞有关接口来断开环路。STP 中有两种类型：配置 BPDU 和拓扑变更 BPDU。

> **STP 工作原理**

当生成树开始工作时，它将执行以下步骤，从而关闭冗余链路来防止网络环路的产生：

①选举根桥，作为整个网络的根。

②确定根端口，确保非根桥与根桥之间为最短路径的最优端口。

③确定指定端口，确保每条链路与根桥之间为最短路径的最优端口。

④阻塞备用端口，形成一个无环的网络。

1. 选举根桥

根桥的选举通过交换机之间交互 BPDU 来协商完成。在交换机上电后，都会自认为自己是根桥，发送和接收 BPDU。通过比较接收到的 BPDU，如果发现自己的桥 ID 更大，将不再发送 BPDU。最终通过协商，选出一台桥 ID 最小的交换机作为根桥。

如图 4-13 所示，三台交换机都使用了默认的桥优先级值 32 768。在优先级一致的情况下，交换机 SW1 的桥 ID 最小，所以最终交换机 SW1 被选举为根桥。根桥上的所有端口都是指定接口，都会进入转发状态。

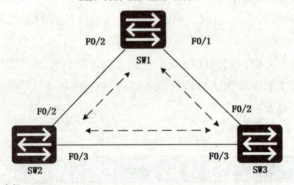

图 4-13 选举根桥

2. 确定根端口

当根桥确定后，其他非根桥都要确定根端口。根端口即该非根桥上与根桥最近距离的端口。这个最近距离不看具体经过几条链路，而是看经过的所有链路的开销是否最小。非根桥上只能有一个端口成为根端口，同一个网段上和根端口相连的另一个接口将成为指定端口。根端口按照以下规则进行选举：

①到达根桥的路径开销（Root Path Cost，RPC）最小的端口。路径开销指的是从该端口前往根桥所经过的所有路径的开销之和。假如这个开销之和最小，那么该端口即为根端口。

如图 4-14 所示，SW1 已被选举为根桥，并且知道每条链路速率，可通过比较非根桥各端口到达根桥的路径开销来确定指定端口。SW2 的 F0/2 端口的 RPC 为 19，F0/3 端口的 RPC 为 38，RPC 较小的那个端口为自己的根端口，因此，交换机 SW2 把 F0/2 端口确定为自己的根端口，同样的道理，SW3 将 F0/2 端口确定为自己的根端口。

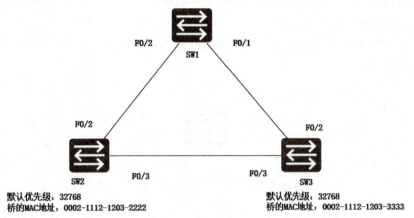

图 4-14　确定根端口

②当存在几个端口到达根桥的路径开销相同时，比较其上行设备的桥 ID，桥 ID 较小的端口为根端口。

③当上行设备的桥 ID 也相同时，比较自己的端口 ID，端口 ID 较小的为根端口。

3. 确定指定端口

根桥交换机的所有端口都为指定端口。和根端口直接相连的接口为指定端口。每一物理网段只有一个指定端口。每台交换机可以有多个指定端口，但只能有一个根端口。

如图 4-15 所示，SW1 为根桥，SW2 的 BID 小于 SW3 的 BID，并且每条链路的开销相同。可以根据前面讲的确定根端口的方法和指定端口的特点，验证三台交换机各自端口的角色。这里需要特别指出的是，根桥上不存在任何根端口，只存在指定端口。

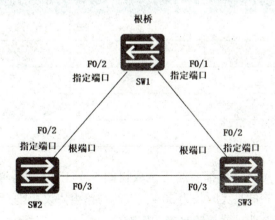

图 4-15　STP 生成树的指定端口

4. 阻塞备用端口

确定完根端口和指定端口后,其他所有的非根端口和非指定端口都是备用端口。备用端口进入阻塞状态后,不能转发用户发送的数据帧,但是可以接收和处理生成树的协议帧。

如图4-16所示,交换机SW3上的F0/3被确定为阻塞备用端口,STP树的生成过程便宣告完成。这时阻塞端口不能转发用户数据帧,但可以接收并处理STP的协议帧,当链路出现故障时,STP协议将会重新计算出网络的最优链路,将处于阻塞状态的端口重新打开,确保网络连接稳定。

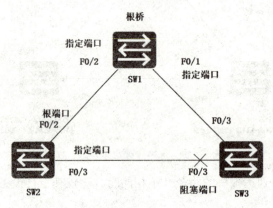

图4-16 阻塞备用端口

4.4.4 生成树协议端口状态

生成树除了根端口、指定端口、备用端口3种端口以外,还将端口分为5种工作状态,见表4-2。这5种工作状态主要用于防止生成树收敛过程中可能造成的临时环路。

表4-2 生成树端口状态

端口状态	接收生成树协议帧	转发生成树协议帧	MAC地址学习	转发用户数据帧
阻塞(Blocking)	√	×	×	×
侦听(Listening)	√	√	×	×
学习(Learning)	√	√	√	×
转发(Forwarding)	√	√	√	√
禁用(Disabled)	×	×	×	×

当交换机加电后,每个接口都要经历生成树的5个工作状态:禁用、阻塞、侦听、学习、转发。进入转发状态的最大时长为50 s,因此与路由协议相比,生成树协议的收敛时间是比较长的。这将放大企业网络故障带来的影响。

4.4.5 生成树协议的配置

配置 RSTP 常用的命令如下：

(1) 配置生成树模式

```
[SW]stp mode rstp
```

(2) 修改网桥优先级

优先级的修改有两种方式：

方式 1：直接指定交换机优先级。

```
[SW]stp priority <0-61440> 值必须为 4096 的倍数
```

方式 2：指定交换机为 root primary 主根桥或者 root secondary 备份根桥。

```
[SW]stp root primary/secondary
```

(3) 修改接口的开销

```
[SW]interface GigabitEthernet 0/0/1
[SW]stp cost 10000
```

(4) 查看交换机生成树状态

```
[Huawei]display stp
-------[CIST Global Info][Mode MSTP]-------
CIST Bridge            :32768.4c1f-ccaf-21ba
Config Times           :Hello 2s MaxAge 20s FwDly 15s MaxHop 20
Active Times           :Hello 2s MaxAge 20s FwDly 15s MaxHop 20
CIST Root/ERPC         :32768.4c1f-cc85-33ad /20000
CIST RegRoot/IRPC      :32768.4c1f-ccaf-21ba /0
CIST RootPortId        :128.24
BPDU-Protection        :Disabled
TC or TCN received     :4
TC count per hello     :0
STP Converge Mode      :Normal
Time since last TC     :0 days 0h:0m:57s
Number of TC           :3
Last TC occurred       :GigabitEthernet0/0/2
```

(5) 查看交换机端口生成树状态

```
[Huawei]dis stp interface GigabitEthernet 0/0/1
-------[CIST Global Info][Mode MSTP]-------
CIST Bridge            :32768.4c1f-ccaf-21ba
Config Times           :Hello 2s MaxAge 20s FwDly 15s MaxHop 20
Active Times           :Hello 2s MaxAge 20s FwDly 15s MaxHop 20
CIST Root/ERPC         :32768.4c1f-cc85-33ad /20000
```

```
CIST RegRoot/IRPC      :32768.4c1f-ccaf-21ba/0
CIST RootPortId :128.24
BPDU-Protection :Disabled
TC or TCN received     :4
TC count per hello  :0
STP Converge Mode :Normal
Time since last TC    :0 days 0h:1m:43s
Number of TC :3
Last TC occurred       :GigabitEthernet0/0/2
 ----[Port23(GigabitEthernet0/0/1)][FORWARDING]----
Port Protocol :Enabled
Port Role    :Designated Port
Port Priority            :128
Port Cost(Dot1T)         :Config=auto/Active=20000
Designated Bridge/Port   :32768.4c1f-ccaf-21ba/128.23
Port Edged               :Config=default/Active=disabled
Point-to-point           :Config=auto/Active=true
Transit Limit            :147 packets/hello-time
Protection Type          :None
Port STP Mode            :MSTP
Port Protocol Type       :Config=auto/Active=dot1s
BPDU Encapsulation       :Config=stp/Active=stp
PortTimes                :Hello 2s MaxAge 20s FwDly 15s RemHop 20
TC or TCN send           :4
TC or TCN received       :1
BPDU Sent                :53
         TCN: 0, Config: 0, RST: 0, MST: 53
BPDU Received            :1
         TCN: 0, Config: 0, RST: 0, MST: 1
```

4.4.6 快速生成树协议

标准生成树协议虽然能够解决二层网络环路的问题，但是其收敛时间过长，在业务对网络的依赖越来越大的今天，将可能对业务永续造成无法估量的风险。在标准生成树的基础上，快速生成树协议（Rapid Spanning Tree Protocol，RSTP）做出了重大改进。

➤ RSTP 的端口角色

RSTP 在 STP 的基础上新增了两个端口角色：替代端口和备份端口。因此，RSTP 一共有 4 个端口类型：根端口、指定端口、替代端口和备份端口。

替代端口：替代端口为根端口的备份，正常处于阻塞状态。当根端口发生故障时，替代端口可以立即成为新的根端口，从而加快二层网络的收敛速度。

备份端口：交换机由于收到了自己的 BPDU 而阻塞的端口。备份端口一般存在于交换机有多个端口连接了某个网段。当其他一个端口选定为指定端口后，其他端口就为备份端口。通常情况下，备份端口为阻塞状态。

➢ **RSTP 的端口状态**

RSTP 简化了 STP 中的端口状态，将 STP 中的禁用、阻塞、侦听简化为丢弃状态，保留学习、转发状态，见表 4-3。在丢弃状态中，端口不学习 MAC 地址，不转发用户数据帧。

表 4-3　RSTP 端口状态

端口状态	接收生成树协议帧	转发生成树协议帧	MAC 地址学习	转发用户数据帧
丢弃（Discarding）	√	×	×	×
学习（Learning）	√	√	√	×
转发（Forwarding）	√	√	√	√

➢ **边缘端口**

交换机的端口在运行了生成树协议后，往往要经历阻塞、侦听、学习、转发这几个状态，而这几个状态的转化往往需要长达 50 s 的时间。在 RSTP 优化后，也需要近 30 s 的时间。对于交换机之间互联的端口，这样的学习过程是需要的，可以有效地防止二层环路。但是端口如果是连接路由器、计算机等终端，进行 30 s 的收敛是没有意义且低效的。对于这些不可能导致二层网络环路的端口来说，需要有一种机制可以直接让接口进入转发状态，这就是边缘端口机制。

将交换机的端口配置为边缘端口后，可不参与生成树协议计算，直接进入转发状态收发用户数据帧。在项目中，连接计算机、服务器和路由器的端口配置为边缘端口被广泛采用，能够有效避免 DHCP 协议的超时。

边缘端口命令示例如下：

```
[SW1]interface e0/0/1
[SW1-E0/0/1]stp edged-port enable
```

值得注意的是，当配置了边缘端口的接口后，一旦连接了交换机，由于该接口将立即进入转发状态，因此可能导致网络环路。为了避免这种情况发生，除了在管理上严格限制设计为连接终端的交换机端口再用于连接其他交换机设备以外，还可以在技术上加以保护。可采用 BPDU 防护功能，当开启了边缘端口的接口配置了 BPDU 防护后，一旦收到了 BPDU，交换机会立即将该端口关闭，此时端口状态为 Error-Down，并触发告警。该端口将无法正常收发数据帧，如需再次启用该端口，必须由管理员执行 shutdown、undo shutdown 命令手工开启方可使用。

开启 BPDU 防护的命令示例如下：

```
[SW1]stp bpdu-protection
```

完成该配置后，查看交换机的生成树状态为：

```
[SW1]dis stp brief
 MSTID Port                        Role STP State      Protection
   0   Ethernet0/0/1               DESI FORWARDING     BPDU
```

```
    0    GigabitEthernet0/0/1      DESI FORWARDING           NONE
    0    GigabitEthernet0/0/2      ROOT FORWARDING           NONE
```

在 Protection 字段中可见 BPDU 内容即为该端口已开启了 BPDU 防护功能。此时，当该端口接收到 BPDU 报文时，交换机将触发告警信息，并将该端口关闭。告警信息如下：

```
    Jan 20 2022 15:30:00-20:99 SW1 %%01MSTP/4/BPDU_PROTECTION(1)[60]:This edged-
port GigabitEthernet0/0/1 that enabled BPDU-Protection will be shutdown,because it
received BPDUpacket!
    //启用了 BPDU 防护的 GigabitEthernet0/0/1 接口因为接收到了 BPDU 报文将被关闭
```

> ➤ **根防护**

在日常运维过程中，常常听到师傅在告诫新人，将旧交换机连接到现网时务必谨慎、谨慎再谨慎，稍有不慎，极有可能会造成二层交换网络的动荡甚至故障。这背后隐藏着怎样的玄机呢？

在二层网络中，根桥的重要性是毋庸置疑的。在前面的介绍中，我们已经知道生成树工作的第一步就是选举出根桥。而根桥的选举与桥 ID 有关，桥 ID 由优先级和桥 MAC 地址所组成。优先级值越小越优先。优先级值一样的情况下，MAC 地址越小越优先。如果根桥发生变化，则生成树必然要重新计算，从而会导致网络动荡。根桥的角色是可抢占的，假如新加入网络的交换机的优先级是全网最小，那么这台新交换机将会成为根桥，生成树将重新学习，二层网络将重新收敛。不仅在接入的过程中发生动荡，由于根桥会参与所有流量的转发，因此假如新接入的交换机性能不足，哪怕是网络收敛了以后，整体网络的使用体验也不佳。

因此，可在交换机上配置根防护功能，防止指定的接口成为根端口。如果该端口收到更优的 BPDU，则会忽略这些 BPDU，并将端口切换到丢弃状态，这样就可以规避以上问题。

开启根防护的命令示例如下：

```
[SW1]interface GigabitEthernet0/0/0
[SW1-GigabitEthernet0/0/0]stp root-protection
```

完成该配置后，查看交换机的生成树状态为：

```
[SW1]display stp brief
 MSTID   Port                         Role  STP State        Protection
    0    Ethernet0/0/1                      DESI FORWARDING   BPDU
    0    GigabitEthernet0/0/1               DESI FORWARDING   ROOT
    0    GigabitEthernet0/0/2               ROOT FORWARDING   NONE
```

在 Protection 字段中可见 ROOT 内容即为该端口已开启了根防护功能。此时，当该端口接收到 BPDU 报文时，交换机会将该端口切换到丢弃状态。当该端口不再收到更优的 BPDU 并持续两倍转发延迟时间后，该端口将自动恢复到转发状态。

➤ **TC 防护**

当网络发生拓扑变更时，根桥会发送 TC BPDU（拓扑改变 BPDU）报文通知所有的交换机执行 MAC 地址表删除操作。一个稳定的交换网络是不会频繁发生网络拓扑变化的，网络中发送的 TC BPDU 极其有限。TC BPDU 不带任何认证，假如一个恶意的终端频繁发送 TC BPDU 对网络进行攻击的话，将会导致交换网络中断，交换机受到极大的性能消耗。

为了防止这样的情况发生，可以启用 TC 防护功能。TC 防护功能将使得交换机在默认 2 s 的时间内只能处理一次 TC 报文。如果在时间段内收到了多条 TC BPDU，交换机也只会在超时后才进行处理。通过降低处理的频次，从而避免网络频繁中断。开启 TC 防护功能的命令示例如下：

```
[SW1]stp tc-protection interval interval-value
```

4.5 DHCP 协议

IP 地址是网络通信中最重要的因素，无论何种设备，在接入网络后，首先都要配置 IP 地址、子网掩码、网关和 DNS。IP 地址的配置方式包括静态地址配置和动态地址分配。

静态 IP 地址配置需要配置人员具备基本的网络知识素养，掌握终端设备配置 IP 地址的流程方法。但往往配置人员缺乏这方面的基本能力，从而导致静态配置 IP 地址出现问题，例如 IP 地址与网关不在同一网段或者地址配错等问题，导致终端无法正常连接到网络中。

动态地址分配能够很好地解决这个问题。这也是为什么网络的接入如此简单，简单到很多人以为网络技术也非常简单。其实网络技术是相对复杂的，无数高水平的研究人员进行了非常完美的设计后，才使得我们使用网络变得如此容易和简单。

静态 IP 地址分配需要为内部所有终端都人为地手工配置 IP 地址，因此工作量大、利用率低、灵活性较差。并且非专业人士较难理解静态 IP 地址的分配。静态 IP 地址较为适合终端设备在网络中不经常改变位置的场景，例如服务器的 IP 地址，以及对网络安全要求较高的企事业单位，例如银行业的计算机等。

动态 IP 地址分配适合大部分的企事业单位。这种方式比较灵活，在终端设备上无须进行任何配置，默认即采用动态 IP 地址分配的方式。普通用户无须关心具体分配了怎样的 IP 地址，都能够正常地连接到网络上，特别是像无线局域网、运营商下发的广域网地址等。由于用户终端经常发生变化，因此采用动态 IP 地址分配的方式成为首选。

4.5.1 DHCP 技术概述

动态主机配置协议（Dynamic Host Configuration Protocol，DHCP）可以用来解决静态手工配置 IP 地址不足的问题。DHCP 采用 C/S（Client/Server，客户端/服务器）架构，通过架设 DHCP 服务，即可为网络中的所有客户端下发 IP 地址。无论何种终端设备，包括计算机、手机、平板等，都内置了 DHCP 客户端，因此可以实现对网络的即插即用。客户端通过发送 DHCP 请求报文，即可获得 DHCP 服务器下发的 IP 地址、子网掩码、网关、DNS 等参数信息。因此，在网络中采用 DHCP 协议，可以实现对 IP 地址的集中化管理，降低网络管理和维护的复杂度。同时，DHCP 具有租期的概念，当终端设备在约定期内都没有使用该地址后，DHCP 服务器将回收该地址，重新分配给其他客户端使用。

4.5.2 DHCP 工作过程

当终端设备连接上网络后，将与 DHCP 服务器进行如下通信，如图 4-17 所示。

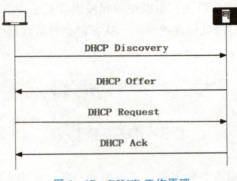

图 4-17 DHCP 工作原理

（1）客户端发送 DHCP Discovery 广播

客户端通过向网络中发送 DHCP Discovery 广播，从而发现可用的 DHCP 服务器。如果网络中存在 DHCP 服务器，将会回应该广播。

（2）服务器发送 DHCP Offer 单播回应

网络中所有的 DHCP 服务器收到 DHCP Discovery 广播报文后，将会向网络中发送一个单播回应，该报文中包含有 DHCP 服务器计划将客户端分配的 IP 地址。

（3）客户端发送 DHCP Request 广播请求

当客户端收到 Offer 报文后，将会向网络中发送 DHCP Request 报文。该报文携带有 DHCP 服务器的标识信息。如果网络中存在其他 DHCP 服务器，这些服务器会撤销对该客户端的地址分配。

（4）服务器发送 DHCP Ack 单播确认

DHCP 服务器收到客户端广播的 DHCP Request 报文后，将会向该客户端发送 DHCP Ack 报文进行确认，同时，在系统中登记该 IP 地址已经分配给该客户端使用并启动租约信息。客户端收到 Ack 确认后，将完成获取地址的步骤，可以正式使用该 IP 地址进行网络通信。

路由器和交换机都可以配置 DHCP 服务，其配置如下所示：

```
[R1]dhcp enable
[R1]ip pool vlan100
[R1-ip-pool-vlan100]network 192.168.100.0 mask 24
[R1-ip-pool-vlan100]gateway 192.168.100.1
[R1-ip-pool-vlan100]dns 114.114.114.114
[R1-ip-pool-vlan100]lease day 1 hour 0 minute 0
[R1-ip-pool-vlan100]exclude-ip-address 192.168.100.1
```

```
[R1]interface GigaEthernet0/0/0
[R1-GigaEthernet0/0/0]dhcp select global
```

4.5.3 DHCP 中继

根据 DHCP 协议的工作原理，DHCP 服务器只能为本地网段提供 IP 地址分配服务。但在一个成熟的网络中，所有的网络服务都趋于集中在一起，这导致与需要自动分配 IP 地址的网段可能相隔多个不同的网段。采用 DHCP 中继技术可以为非直连网段分配 IP 地址。

当 DHCP 客户端启动时，会在本地网络中发送 DHCP Discovery 报文。假如本地网络中存在 DHCP 服务器时，则直接进行 DHCP 配置，而无须中继。当本地网络没有 DHCP 服务器时，则与该本地网络相连的具有 DHCP 中继能力的网络设备收到该报文后，会进行适当的处理，并转发给配置中指定的其他网络上的 DHCP 服务器。DHCP 服务器根据客户端提供的信息进行相应的配置，并通过中继将配置信息转发给 DHCP 客户端，从而完成 IP 地址的下发。通过这样的设计，服务于各网段的 DHCP 服务器就可以集中在一起统一提供 IP 地址自动分配服务，如图 4-18 所示。

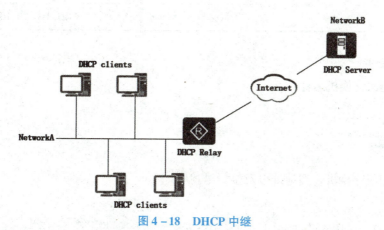

图 4-18 DHCP 中继

在路由器和交换机上都可以配置 DHCP 中继服务，在 DHCP 服务器上无须做特殊的配置，按照常规的 DHCP 服务配置即可。在 DHCP 中继设备上进行如下配置：

```
[SW1]dhcp enable        //开启 DHCP 服务
[SW1]interface vlanif 1
[SW1-Vlanif1]dhcp select relay    //在接口上启用 DHCP 中继
[SW1-Vlanif1]dhcp relay server-ip 192.168.10.100    //指定 DHCP 服务器地址
```

项目实施

任务一：交换机基础配置

【任务描述】

项目经理老张今天叫小陈去给新到的汇聚交换机进行初始化配置。要求小陈必须按照给定的管理地址、默认网关、密码等信息进行配置，同时开启远程登录服务。

【材料准备】
①华为交换机 S5700：1 台。
②PC：1 台。

【任务实施】
一、实验拓扑（图 4-19）

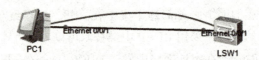

图 4-19 交换机基础配置拓扑

二、IP 地址规划（表 4-4）

表 4-4 IP 地址规划

设备名	接口	IP 地址
LSW1	VLAN1	192.168.10.1
PC	E0	192.168.10.100

三、实验配置

步骤 1：更改交换机名称。

```
<Huawei>system-view
[Huawei]sysname LSW1              //修改 LSW1 的名称
[LSW1]
```

步骤 2：配置交换机管理地址以及接口描述。

```
[LSW1]interface Vlanif 1                        //进入 Vlanif 1 接口
[LSW1-Vlanif1]ip address 192.168.10.1 24        //配置 LSW1 的管理地址
[LSW1-Vlanif1]description guanli                //配置接口描述
```

步骤 3：配置交换机默认网关。

```
[LSW1] ip route-static 0.0.0.0 0.0.0.0 192.168.10.254    //设备默认网关
```

步骤 4：配置 Console 登录密码。

```
[LSW1]user-interface console 0                                      //进入 console 配置界面
[LSW1-ui-console0]authentication-mode password                      //配置认证方式为 password
[LSW1-ui-console0]set authentication password cipher 123456         //配置认证密码为 123456
```

步骤 5：配置交换机远程管理。

```
[LSW1]telnet server enable                              //开启 telent 功能
[LSW1]user-interface vty 0 4                            //进入 VTY 用户界面
[LSW1-ui-vty0-4]protocol inbound telnet                 //指定 VTY 用户界面支持的协议为 telent
```

```
[LSW1-ui-vty0-4]authentication-mode password         //配置认证方式为password
[LSW1-ui-vty0-4]set authentication password cipher 123456    //配置登录密码为123456
[LSW1-ui-vty0-4]user privilege level 15              //VTY用户界面的级别为15
```

步骤6：使用PC telent交换机LSW1，并验证LSW1登录密码是否设置成功。

```
<PC>telnet 192.168.10.1
Trying 192.168.10.1 …
Press CTRL+K to abort
Connected to 192.168.10.1 …

Login authentication

Password:(此处输入上面配置的密码)
Info: The max number of VTY users is 5, and the number
      of current VTY users on line is 1.
      The current login time is 2022-04-04 19:08:28.
<LSW1>
```

【任务总结】

经过这次实施，小陈明白了一台全新的华为设备如果没有经过初始化配置是没法很好地为将来的具体实施服务的。作为一名新人，掌握设备初始化配置是必要的。配置过程中包含有很多的细节，例如，当涉及密码时，就需要提前跟项目经理沟通，看具体采用什么密码。不能根据自己的喜好随意地设置，否则，在项目实施过程中，将有可能由于密码不一致而导致实施时间无谓地延长。

任务二：交换机的VLAN与中继配置

【任务描述】

今天，项目组来到某银行实施项目。项目经理老张叫小陈去给一楼和二楼的交换机进行配置，使得不同部门之间不能相互通信，相同部门之间可以相互通信。小陈很快就想到了采用VLAN技术，VLAN对于管理逻辑分组非常有用，可以轻松对组中成员进行移动、更改或添加操作。同时，为了使得连接到不同交换机上的相同VLAN能够相互通信，在交换机之间必须启用Trunk中继。

【材料准备】

①华为交换机S5700：3台。

②PC：6台。

【任务实施】

一、实验拓扑

VLAN配置拓扑如图4-20所示。

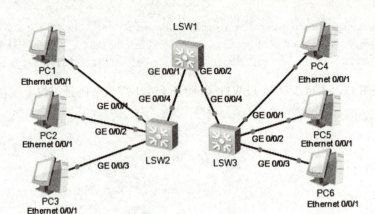

图 4-20　VLAN 配置拓扑

二、IP 规划（表 4-5）

表 4-5　IP 规划

设备名	接口	IP 地址	子网掩码	VLAN	VlAN 名称
PC1	NIC	192.168.10.1	255.255.255.0	10	cwb
PC2	NIC	192.168.20.1	255.255.255.0	20	xsb
PC3	NIC	192.168.30.1	255.255.255.0	30	ywb
PC4	NIC	192.168.10.2	255.255.255.0	10	zcb
PC5	NIC	192.168.20.2	255.255.255.0	20	xsb
PC6	NIC	192.168.30.2	255.255.255.0	30	ywb

三、实验配置

步骤 1：更改每台交换机的名称。

```
<Huawei>system-view
[Huawei]sysname LSW1           //修改 LSW1 的名称
[LSW1]
<Huawei>system-view
[Huawei]sysname LSW2           //修改 LSW2 的名称
[LSW2]
<Huawei>system-view
[Huawei]sysname LSW3           //修改 LSW3 的名称
[LSW3]
```

步骤 2：在每台交换机上创建 VLAN。

```
[LSW1]vlan batch 10 20 30      //创建 VLAN10、20、30
[LSW2]vlan batch 10 20 30
[LSW3]vlan batch 10 20 30
```

步骤 3：在每台交换机上为 VLAN 命名。

```
[LSW1]vlan 10
[LSw1-vlan10]description cwb        //给 VLAN10 命名
[LSW1]vlan 20
[LSw1-vlan20]description xsb        //给 VLAN20 命名
[LSW1]vlan 30
[LSw1-vlan30]description ywb        /给 VLAN30 命名

[LSW2]vlan 10
[LSw2-vlan10]description cwb
[LSW2]vlan 20
[LSw2-vlan20]description xsb
[LSW2]vlan 30
[LSw2-vlan30]description ywb

[LSW3]vlan 10
[LSw3-vlan10]description cwb
[LSW3]vlan 20
[LSw3-vlan20]description xsb
[LSW3]vlan 30
[LSw3-vlan30]description ywb
```

步骤4：在每台交换机上按规划将连接 PC 的端口划入 VLAN 中，将交换机之间互联的端口配置为 Trunk。

```
[LSW2]interface GigabitEthernet 0/0/1
[LSW2-GigabitEthernet0/0/1]port link-type access    //修改 G0/0/1 的端口类型为 Access
[LSW2-GigabitEthernet0/0/1]port default  vlan  10 //将 G0//0/1 端口划到 VLAN10
[LSW2]interface GigabitEthernet 0/0/2
[LSW2-GigabitEthernet0/0/1]port link-type access    //修改 G0/0/2 的端口类型为 Access
[LSW2-GigabitEthernet0/0/1]port default  vlan  20 //将 G0//0/2 端口划到 VLAN20
[LSW2]interface GigabitEthernet 0/0/3
[LSW2-GigabitEthernet0/0/1]port link-type access    //修改 G0/0/3 的端口类型为 Access
[LSW2-GigabitEthernet0/0/1]port default  vlan  30 //将 G0//0/3 端口划到 VLAN30
[LSW2]interface GigabitEthernet 0/0/4
[LSW2-GigabitEthernet0/0/4]port link-type trunk    //修改 G0/0/2 的端口类型为 Trunk
[LSW2-GigabitEthernet0/0/4]port trunk allow-pass vlan all //允许所有 VLAN 通过

[LSW3]interface GigabitEthernet 0/0/1
[LSW3-GigabitEthernet0/0/1]port link-type access
[LSW3-GigabitEthernet0/0/1]port default  vlan  10
[LSW3]interface GigabitEthernet 0/0/2
[LSW3-GigabitEthernet0/0/1]port link-type access
[LSW3-GigabitEthernet0/0/1]port default  vlan  20
[LSW3]interface GigabitEthernet 0/0/3
[LSW3-GigabitEthernet0/0/1]port link-type access
[LSW3-GigabitEthernet0/0/1]port default  vlan  30
```

```
[LSW3]interface GigabitEthernet 0/0/4
[LSW3-GigabitEthernet0/0/4]port link-type trunk
[LSW3-GigabitEthernet0/0/4]port trunk allow-pass vlan all

[LSW1]interface GigabitEthernet 0/0/1
[LSW1-GigabitEthernet0/0/1]port link-type trunk
[LSW1-GigabitEthernet0/0/1]port trunk allow-pass vlan all
[LSW1]interface GigabitEthernet 0/0/2
[LSW1-GigabitEthernet0/0/2]port link-type trunk
[LSW1-GigabitEthernet0/0/2]port trunk allow-pass vlan all
```

步骤5：验证 VLAN 是否创建（以 LSW1 为例）。

```
<LSW1>display vlan

The total number of vlans is: 4
--------------------------------------------------------------------
U: Up;          D: Down;            TG: Tagged;         UT: Untagged;
MP: Vlan-mapping;                   ST: Vlan-stacking;
#: ProtocolTransparent-vlan;        *: Management-vlan;
--------------------------------------------------------------------

VID  Type    Ports
--------------------------------------------------------------------
1    common  UT:GE0/0/1(U)    GE0/0/2(U)    GE0/0/3(D)    GE0/0/4(D)
             GE0/0/5(D)       GE0/0/6(D)    GE0/0/7(D)    GE0/0/8(D)
             GE0/0/9(D)       GE0/0/10(D)   GE0/0/11(D)   GE0/0/12(D)
             GE0/0/13(D)      GE0/0/14(D)   GE0/0/15(D)   GE0/0/16(D)
             GE0/0/17(D)      GE0/0/18(D)   GE0/0/19(D)   GE0/0/20(D)
             GE0/0/21(D)      GE0/0/22(D)   GE0/0/23(D)   GE0/0/24(D)
10   common  TG:GE0/0/1(U)    GE0/0/2(U)
20   common  TG:GE0/0/1(U)    GE0/0/2(U)
30   common  TG:GE0/0/1(U)    GE0/0/2(U)
VID  Status  Property     MAC-LRN Statistics Description
--------------------------------------------------------------------
1    enable  default      enable  disable    VLAN 0001
10   enable  default      enable  disable    cwb
20   enable  default      enable  disable    xsb
30   enable  default      enable  disable    ywb
```

步骤6：在每台 PC 机上开始测试。相同 VLAN 的 PC 可以相互 ping 通，不同 VLAN 的 PC 无法 ping 通。

```
PC1>ping 192.168.10.2      //PC1 ping PC4

Ping 192.168.10.2: 32 data bytes, Press Ctrl_C to break
```

```
From 192.168.10.2: bytes=32 seq=1 ttl=128 time=94 ms
From 192.168.10.2: bytes=32 seq=2 ttl=128 time=94 ms
From 192.168.10.2: bytes=32 seq=3 ttl=128 time=78 ms
From 192.168.10.2: bytes=32 seq=4 ttl=128 time=94 ms
From 192.168.10.2: bytes=32 seq=5 ttl=128 time=94 ms

--- 192.168.10.2 ping statistics ---
  5 packet(s) transmitted
  5 packet(s) received
  0.00% packet loss
  round-trip min/avg/max = 78/90/94 ms


PC2 >ping 192.168.20.2        //PC2 ping PC5

Ping 192.168.10.2: 32 data bytes, Press Ctrl_C to break
From 192.168.20.2: bytes=32 seq=1 ttl=128 time=94 ms
From 192.168.20.2: bytes=32 seq=2 ttl=128 time=94 ms
From 192.168.20.2: bytes=32 seq=3 ttl=128 time=78 ms
From 192.168.20.2: bytes=32 seq=4 ttl=128 time=94 ms
From 192.168.20.2: bytes=32 seq=5 ttl=128 time=94 ms

--- 192.168.20.2 ping statistics ---
  5 packet(s) transmitted
  5 packet(s) received
  0.00% packet loss
  round-trip min/avg/max = 78/90/94 ms

PC3 >ping 192.168.30.2    //PC3 ping PC6

Ping 192.168.30.2: 32 data bytes, Press Ctrl_C to break
From 192.168.30.2: bytes=32 seq=1 ttl=128 time=94 ms
From 192.168.30.2: bytes=32 seq=2 ttl=128 time=94 ms
From 192.168.30.2: bytes=32 seq=3 ttl=128 time=78 ms
From 192.168.30.2: bytes=32 seq=4 ttl=128 time=94 ms
From 192.168.30.2: bytes=32 seq=5 ttl=128 time=94 ms

--- 192.168.30.2 ping statistics ---
  5 packet(s) transmitted
  5 packet(s) received
  0.00% packet loss
  round-trip min/avg/max = 78/90/94 ms
```

【任务总结】

通过此次子任务实习，小陈逐渐掌握了 VLAN 及 Trunk 技术的使用。VLAN 能够很好地隔离不同部门之间的流量，而 Trunk 能够连通不同交换机之间相同 VLAN 的流量，可以说是在局域网交换中非常重要的应用。

任务三：交换机 VLAN 间路由配置（三层交换机实现方式）

【任务描述】

由于项目实施的需求，客户李工找到了老张，请老张帮忙让财务部、人事部和市场部三个部门之间可以互相通信。由于之前给这三个部门划分了 VLAN，因此老张决定趁此机会教会小陈如何配置 VLAN 间路由，从而帮助李工解决这个问题。

【材料准备】

①华为交换机 S3700：1 台。

②PC：3 台。

【任务实施】

一、实验拓扑（图 4-21）

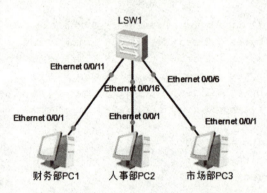

图 4-21　VLAN 间路由拓扑图

二、IP 规划（表 4-6）

表 4-6　IP 规划

默认网关	接口	IP 地址	子网掩码	
LSW1	VLAN 10	172.17.10.1	255.255.255.0	不适用
	VLAN 20	172.17.20.1	255.255.255.0	不适用
	VLAN 30	172.17.30.1	255.255.255.0	不适用
	VLAN 88	172.17.88.1	255.255.255.0	不适用
	VLAN 99	172.17.99.1	255.255.255.0	不适用
PC1	NIC	172.17.10.21	255.255.255.0	172.17.10.1
PC2	NIC	172.17.20.22	255.255.255.0	172.17.20.1
PC3	NIC	172.17.30.23	255.255.255.0	172.17.30.1

三、VLAN 和端口分配表（表 4-7）

表 4-7 VLAN 和端口分配表

VLAN	名称	接口
10	Finance Department	E0/0/11-15
20	Ministry of Personal	E0/0/16-20
30	Marketing Department	E0/0/6-10
99	管理	VLAN 99

四、实验配置

步骤 1：更改交换机名称。

```
[Huawei]sysname LSW1                //修改交换机名字
[LSW1]
```

步骤 2：创建 vlan 并验证。

```
[LSW1] vlan 10
[LSW1-vlan10] description Finance Department
[LSW1] vlan 20
[LSW1-vlan20] description Ministry of Personal
[LSW1] vlan 30
[LSW1-vlan30] description Marketing Department
[LSW1] vlan 99
[LSW1-vlan99] description Administration
[LSW1] display vlan
The total number of vlans is : 6
-----------------------------------------------------------------------
U: Up;           D: Down;            TG: Tagged;         UT: Untagged;
MP: Vlan-mapping;                    ST: Vlan-stacking;
#: ProtocolTransparent-vlan;         *: Management-vlan;
-----------------------------------------------------------------------

VID  Type    Ports
-----------------------------------------------------------------------
1    common  UT:GE0/0/2(D)    GE0/0/3(D)    GE0/0/4(D)    GE0/0/5(D)
             GE0/0/6(D)       GE0/0/7(D)    GE0/0/8(D)    GE0/0/9(D)
             GE0/0/10(D)      GE0/0/11(D)   GE0/0/12(D)   GE0/0/13(D)
             GE0/0/14(D)      GE0/0/15(D)   GE0/0/16(D)   GE0/0/17(D)
             GE0/0/18(D)      GE0/0/19(D)   GE0/0/20(D)   GE0/0/21(D)
             GE0/0/22(D)      GE0/0/23(D)   GE0/0/24(D)

10   common
20   common
```

```
30       common
88       common
99       common

VID  Status  Property     MAC-LRN  Statistics  Description
--------------------------------------------------------------------
1    enable  default      enable   disable     VLAN 0001
10   enable  default      enable   disable     Finance Department
20   enable  default      enable   disable     Ministry of Personal
30   enable  default      enable   disable     Marketing Department
88   enable  default      enable   disable     Intrinsic
99   enable  default      enable   disable     Administration
```

步骤3：在交换机上将端口划分VLAN并验证。

```
[LSW1] port-group group-member Ethernet 0/0/11 to Ethernet 0/0/15  //对端口批量操作
[LSW1-port-group] port link-type access
[LSW1-port-group] port default vlan 10
[LSW1] port-group group-member Ethernet 0/0/16 to Ethernet 0/0/20  //对端口批量操作
[LSW1-port-group] port link-type access
[LSW1-port-group] port default vlan 20
[LSW1] port-group group-member Ethernet 0/0/6 to Ethernet 0/0/10   //对端口批量操作
[LSW1-port-group] port link-type access
[LSW1-port-group] port default vlan 30
[LSW1]display vlan
The total number of vlans is : 6
--------------------------------------------------------------------
U: Up;            D: Down;            TG: Tagged;         UT: Untagged;
MP: Vlan-mapping;                     ST: Vlan-stacking;
#: ProtocolTransparent-vlan;          *: Management-vlan;
--------------------------------------------------------------------

VID  Type    Ports
--------------------------------------------------------------------
1    common  UT:Eth0/0/1(D)    Eth0/0/2(D)     Eth0/0/3(D)     Eth0/0/4(D)
             Eth0/0/5(D)       Eth0/0/21(D)    Eth0/0/22(D)    GE0/0/2(D)
10   common  UT:Eth0/0/11(U)   Eth0/0/12(D)    Eth0/0/13(D)    Eth0/0/14(D)
             Eth0/0/15(D)
20   common  UT:Eth0/0/16(U)   Eth0/0/17(D)    Eth0/0/18(D)    Eth0/0/19(D)
             Eth0/0/20(D)
30   common  UT:Eth0/0/6(U)    Eth0/0/7(D)     Eth0/0/8(D)     Eth0/0/9(D)
             Eth0/0/10(D)
88   common
99   common
```

```
VID  Status  Property   MAC-LRN  Statistics  Description
--------------------------------------------------------------
1    enable  default    enable   disable     VLAN 0001
10   enable  default    enable   disable     Finance Department
20   enable  default    enable   disable     Ministry of Personal
30   enable  default    enable   disable     Marketing Department
88   enable  default    enable   disable     Intrinsic
99   enable  default    enable   disable     Administration
```

步骤4：在交换机上配置每个VLAN对应的IP地址。

```
[LSW1]interface Vlanif 10
[LSW1-Vlanif10]ip address 172.17.10.1 24        //配置VLAN10的网关

[LSW1]interface Vlanif 20
[LSW1-Vlanif20]ip address 172.17.20.1 24        //配置VLAN20的网关

[LSW1]interface Vlanif 30
[LSW1-Vlanif30]ip address 172.17.30.1 24        //配置VLAN30的网关

[LSW1]interface Vlanif 88
[LSW1-Vlanif88]ip address 172.17.88.1 24        //配置VLAN88的网关

[LSW1]interface Vlanif 99
[LSW1-Vlanif99]ip address 172.17.99.1 24        //配置VLAN99的网关
```

步骤5：通过PC测试各部门之间的通信。

```
财务部PC>ping 172.17.20.22

Ping 172.17.20.22: 32 data bytes, Press Ctrl_C to break
From 172.17.20.22: bytes=32 seq=1 ttl=127 time=94 ms
From 172.17.20.22: bytes=32 seq=2 ttl=127 time=94 ms
From 172.17.20.22: bytes=32 seq=3 ttl=127 time=93 ms
From 172.17.20.22: bytes=32 seq=4 ttl=127 time=78 ms
From 172.17.20.22: bytes=32 seq=5 ttl=127 time=93 ms

--- 172.17.20.22 ping statistics ---
 5 packet(s) transmitted
 5 packet(s) received
 0.00% packet loss
 round-trip min/avg/max = 78/90/94 ms

财务部PC>ping 172.17.30.23

Ping 172.17.30.23: 32 data bytes, Press Ctrl_C to break
From 172.17.30.23: bytes=32 seq=1 ttl=127 time=94 ms
```

```
From 172.17.30.23: bytes=32 seq=2 ttl=127 time=78 ms
From 172.17.30.23: bytes=32 seq=3 ttl=127 time=94 ms
From 172.17.30.23: bytes=32 seq=4 ttl=127 time=94 ms
From 172.17.30.23: bytes=32 seq=5 ttl=127 time=94 ms

--- 172.17.30.23 ping statistics ---
  5 packet(s) transmitted
  5 packet(s) received
  0.00% packet loss
  round-trip min/avg/max = 78/90/94 ms

人事部 PC>ping 172.17.30.23

Ping 172.17.30.23: 32 data bytes, Press Ctrl_C to break
From 172.17.30.23: bytes=32 seq=1 ttl=127 time=78 ms
From 172.17.30.23: bytes=32 seq=2 ttl=127 time=94 ms
From 172.17.30.23: bytes=32 seq=3 ttl=127 time=78 ms
From 172.17.30.23: bytes=32 seq=4 ttl=127 time=94 ms
From 172.17.30.23: bytes=32 seq=5 ttl=127 time=94 ms

--- 172.17.30.23 ping statistics ---
  5 packet(s) transmitted
  5 packet(s) received
  0.00% packet loss
  round-trip min/avg/max = 78/87/94 ms
```

【任务总结】

VLAN 间路由有三种方式，无疑采用三层交换机 SVI 实现是其中最简单的方式，也是当前最主流的方式。这种方式唯一的缺点就是必须使用三层交换机，而三层交换机会比一般的二层交换机的价格更高一些。但是三层交换机可以运行路由协议，在功能上比二层交换机更加强大一些。因此，采购三层交换机是合理且必要的。

任务四：交换机 VLAN 间路由配置（单臂路由实现方式）

【任务描述】

今天，老张带小陈前往某公司客户实施网络改造。该客户的网络建设较早，只配置有一台二层交换机和一台路由器。由于需要实现内部不同 VLAN 之间的通信，在当前的情况下，只能采用单臂路由的实现方式。

【材料准备】

①华为交换机 S3700：1 台。

②华为路由器 AR1220：1 台。

③PC：3 台。

【任务实施】

一、实验拓扑

单臂路由拓扑图如图 4-22 所示。

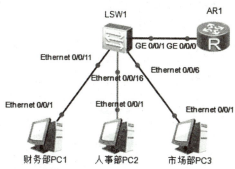

图 4-22　单臂路由拓扑图

二、IP 规划（表 4-8）

表 4-8　IP 规划

默认网关	接口	IP 地址	子网掩码	
AR1	G0/0/0.10	172.17.10.1	255.255.255.0	不适用
	G0/0/0.20	172.17.20.1	255.255.255.0	不适用
	G0/0/0.30	172.17.30.1	255.255.255.0	不适用
	G0/0/0.88	172.17.88.1	255.255.255.0	不适用
	G0/0/0.99	172.17.99.1	255.255.255.0	不适用
LSW1	VLAN 99	172.17.99.10	255.255.255.0	172.17.99.1
PC1	NIC	172.17.10.21	255.255.255.0	172.17.10.1
PC2	NIC	172.17.20.22	255.255.255.0	172.17.20.1
PC3	NIC	172.17.30.23	255.255.255.0	172.17.30.1

三、VLAN 和端口分配表（表 4-9）

表 4-9　VLAN 和端口分配表

VLAN	名称	接口
10	Finance Department	E0/0/11-15
20	Ministry of Personal	E0/0/16-20
30	Marketing Department	E0/0/6-10
88	本征	G0/0/1
99	管理	VLAN 99

四、实验配置

步骤 1：在交换机上开启 Trunk，创建 VLAN 并按规划将端口划分 VLAN。

```
[LSW1] interface GigabitEthernet0/0/1
[LSW1-GigabitEthernet0/0/0.1] port link-type trunk
[LSW1-GigabitEthernet0/0/0.1] port trunk pvid vlan 88    //将 VLAN88 设为本征 VLAN
[LSW1-GigabitEthernet0/0/0.1] port trunk allow-pass vlan 10 20 30 88 99   /* 仅允许 10、20、30、88、99 这几个 VLAN 通过 */
[LSW1] vlan 10
[LSW1-vlan10] description Finance Department
[LSW1] vlan 20
[LSW1-vlan20] description Ministry of Personal
[LSW1] vlan 30
[LSW1-vlan30] description Marketing Department
[LSW1] vlan 99
[LSW1-vlan99] description Administration
[LSW1] port-group group-member Ethernet 0/0/11 to Ethernet 0/0/15
[LSW1-port-group] port link-type access
[LSW1-port-group] port default vlan 10
[LSW1] port-group group-member Ethernet 0/0/16 to Ethernet 0/0/20
[LSW1-port-group] port link-type access
[LSW1-port-group] port default vlan 20
[LSW1] port-group group-member Ethernet 0/0/6 to Ethernet 0/0/10
[LSW1-port-group] port link-type access
[LSW1-port-group] port default vlan 30
```

步骤 2：在路由器上配置子接口并根据规划绑定 VLAN 及配置 IP 地址。

```
[AR1] interface GigabitEthernet0/0/0.10                            //创建 g0/0/0.10 子接口
[AR1-GigabitEthernet0/0/0.10] dot1q termination vid 10    //将子接口与 VLAN10 关联
[AR1-GigabitEthernet0/0/0.10] ip address 172.17.10.1 255.255.255.0
[AR1-GigabitEthernet0/0/0.10] arp broadcast enable                 //开启 ARP 广播

[AR1-GigabitEthernet0/0/0.10] interface GigabitEthernet0/0/0.20
[AR1-GigabitEthernet0/0/0.20] dot1q termination vid 20
[AR1-GigabitEthernet0/0/0.20] ip address 172.17.20.1 255.255.255.0
[AR1-GigabitEthernet0/0/0.20] arp broadcast enable

[AR1-GigabitEthernet0/0/0.20] interface GigabitEthernet0/0/0.30
[AR1-GigabitEthernet0/0/0.30] dot1q termination vid 30
[AR1-GigabitEthernet0/0/0.30] ip address 172.17.30.1 255.255.255.0
[AR1-GigabitEthernet0/0/0.30] arp broadcast enable

[AR1-GigabitEthernet0/0/0.30] interface GigabitEthernet0/0/0.88
[AR1-GigabitEthernet0/0/0.88] dot1q termination vid 88
```

```
[AR1-GigabitEthernet0/0/0.88]ip address 172.17.88.1 255.255.255.0
[AR1-GigabitEthernet0/0/0.88]arp broadcast enable

[AR1-GigabitEthernet0/0/0.88]interface GigabitEthernet0/0/0.99
[AR1-GigabitEthernet0/0/0.99]dot1q termination vid 99
[AR1-GigabitEthernet0/0/0.99]ip address 172.17.99.1 255.255.255.0
[AR1-GigabitEthernet0/0/0.99]arp broadcast enable
```

步骤3：在PC1上进行连通性测试。

```
PC1 >ping 172.17.30.23
Ping 172.17.30.23: 32 data bytes, Press Ctrl_C to break
From 172.17.30.23: bytes=32 seq=1 ttl=127 time=94 ms
From 172.17.30.23: bytes=32 seq=2 ttl=127 time=63 ms
--- 172.17.30.23 ping statistics ---
 2 packet(s) transmitted
 2 packet(s) received
 0.00% packet loss
 round-trip min/avg/max = 63/78/94 ms

PC1 >ping 172.17.20.22
Ping 172.17.20.22: 32 data bytes, Press Ctrl_C to break
From 172.17.20.22: bytes=32 seq=1 ttl=127 time=63 ms
From 172.17.20.22: bytes=32 seq=2 ttl=127 time=78 ms
--- 172.17.20.22 ping statistics ---
 2 packet(s) transmitted
 2 packet(s) received
 0.00% packet loss
 round-trip min/avg/max = 63/70/78 ms
```

【任务总结】

与采用三层交换机实现 VLAN 间路由方式对比，采用单臂路由的方式存在单点故障及性能"瓶颈"的可能性，并且在配置上较为烦琐。除非迫不得已，一般不采用此种方式。

任务五：交换机生成树的配置

【任务描述】

今天，老张对小陈说："上次刚给你培训了生成树的相关理论和实操知识，最近刚好一个客户的网络要进行生成树的配置。现在就带你开开眼界，看看如何在项目中实施快速生成树协议，以及采用边缘端口和 BPDU 防护等技术优化生成树。"

【材料准备】

①华为交换机 S3700：3 台。
②PC：1 台。

【任务实施】

一、实验拓扑（图 4-23）

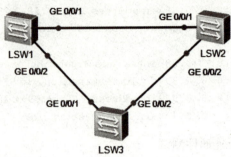

图 4-23 VLAN 生成树拓扑图

经过沟通，用户希望采用 RSTP 快速生成树协议，LSW1 设计为主根桥，LSW2 设计为备份根桥。同时，在交换机上开启边缘端口、环路保护等功能。

二、网络规划

（1）接口规划（表 4-10）

表 4-10 接口规划

设备	接口	接口类型
LSW1	GigabitEthernet 0/0/1	Trunk
	GigabitEthernet 0/0/2	Trunk
LSW2	GigabitEthernet 0/0/1	Trunk
	GigabitEthernet 0/0/2	Trunk
LSW3	GigabitEthernet 0/0/1	Trunk
	GigabitEthernet 0/0/2	Trunk

（2）VLAN 规划（表 4-11）

表 4-11 VLAN 规划

VLAN 编号	描述
10	业务
20	办公

三、实验配置

步骤 1：在每台交换机上更改名称。

```
[Huawei]sysname LSW1
[LSW1]
[Huawei]sysname LSW2
[LSW2]
[Huawei]sysname LSW3
[LSW3]
```

步骤2:在三台交换机上创建 VLAN 并验证(以 LSW3 为例)。

```
[LSW1]vlan batch 10 20
[LSW2]vlan batch 10 20
[LSW3]vlan batch 10 20
[LSW3] display vlan
The total number of vlans is: 2
-----------------------------------------------------------------
U: Up;          D: Down;            TG: Tagged;         UT: Untagged;
MP: Vlan-mapping;                   ST: Vlan-stacking;
#: ProtocolTransparent-vlan;        *: Management-vlan;
-----------------------------------------------------------------

VID  Type    Ports
-----------------------------------------------------------------
1    common  UT:Eth0/0/1(U)    Eth0/0/2(D)    Eth0/0/3(D)    Eth0/0/4(D)
             Eth0/0/5(D)       Eth0/0/6(D)    Eth0/0/7(D)    Eth0/0/8(D)
             Eth0/0/9(D)       Eth0/0/10(D)   Eth0/0/11(D)   Eth0/0/12(D)
             Eth0/0/13(D)      Eth0/0/14(D)   Eth0/0/15(D)   Eth0/0/16(D)
             Eth0/0/17(D)      Eth0/0/18(D)   Eth0/0/19(D)   Eth0/0/20(D)
             Eth0/0/21(D)      Eth0/0/22(D)   GE0/0/1(U)     GE0/0/2(U)

10   common
20   common
VID  Status  Property    MAC-LRN   Statistics  Description
-----------------------------------------------------------------

1    enable  default     enable    disable     VLAN 0001
10   enable  default     enable    disable     VLAN 0010
20   enable  default     enable    disable     VLAN 0020
```

步骤3:将所有交换机之间的互联端口开启中继 Trunk。

```
[LSW1]port-group group-member GigabitEthernet 0/0/1 to GigabitEthernet 0/0/2
[LSW1-port-group]port link-type trunk
[LSW1-port-group]port trunk allow-pass vlan all

[LSW2]port-group group-member GigabitEthernet 0/0/1 to GigabitEthernet 0/0/2
[LSW2-port-group]port link-type trunk
[LSW2-port-group]port trunk allow-pass vlan all

[LSW3]port-group group-member GigabitEthernet 0/0/1 to GigabitEthernet 0/0/2
[LSW3-port-group]port link-type trunk
[LSW3-port-group]port trunk allow-pass vlan all
```

步骤4:在所有交换机上开启 RSTP 协议。配置 LSW1 为主根桥,LSW2 为备份根桥。

```
[LSW1]stp mode rstp           //配置生成树模式为 rstp
```

```
[LSW1] stp root primary    //将该网桥设置为主根桥


[LSW2]stp mode rstp
[LSW2]stp root secondary   //将该网桥设置为备份根桥


[LSW3]stp mode rstp

[LSW3]display stp brief   /* 在 LSW3 上查看生成树状态。连接根桥的端口为根端口,状态为转
发,连接备份根桥的端口为备份端口,状态为丢弃。*/
MSTID  Port                    Role  STP State   Protection
  0    Ethernet0/0/1           DESI  FORWARDING  NONE
  0    GigabitEthernet0/0/1    ROOT  FORWARDING  NONE
  0    GigabitEthernet0/0/2    ALTE  DISCARDING  NONE
```

步骤 5：在 LSW3 上将连接 PC 的端口配置边缘端口。

```
[LSW3]interface Ethernet 0/0/1
[LSW3-Ethernet0/0/1]stp edged-port enable   //将端口配置为边缘端口
```

步骤 6：在 LSW3 上开启 BPDU 保护并验证。

```
[LSW3]stp bpdu-protection
[LSW3]display stp brief    //开启 BPDU 防护后,连接 PC 的端口防护状态会显示为 BPDU
MSTID  Port                    Role  STP State   Protection
  0    Ethernet0/0/1           DESI  FORWARDING  BPDU
  0    GigabitEthernet0/0/1    ROOT  FORWARDING  NONE
  0    GigabitEthernet0/0/2    ALTE  DISCARDING  NONE
```

步骤 7：在所有交换机上开启环路保护并验证（以 LSW3 为例）。

```
[LSW1]interface GigabitEthernet 0/0/1
[LSW1-GigabitEthernet0/0/1]stp loop-protection
[LSW3]interface GigabitEthernet 0/0/1
[LSW3-GigabitEthernet0/0/1]stp loop-protection
[LSW3]interface GigabitEthernet 0/0/2
[LSW3-GigabitEthernet0/0/2]stp loop-protection
[LSW3]display stp brief    //开启环路保护后,在交换机互联接口上可看到保护状态为 LOOP
MSTID  Port                    Role  STP State   Protection
  0    Ethernet0/0/1           DESI  FORWARDING  BPDU
  0    GigabitEthernet0/0/1    ALTE  DISCARDING  LOOP
  0    GigabitEthernet0/0/2    ROOT  FORWARDING  LOOP
```

【任务总结】

经过这次项目实战，小陈深刻地掌握了在企业网络中生成树的典型应用。为了网络的高可用性而设计的冗余网络，可能会产生二层环路等问题。通过生成树的良好设计与实施，可以有效地避免二层环路的问题，并可通过 BPDU 防护等举措优化生成树的体验，从而确保用户网络高效、稳定地运行。小陈对利用自己掌握的知识和技术能够切实地帮助客户解决问题而感到由衷的高兴和喜悦。

任务六：DHCP 服务配置

【任务描述】

某天，客户打来电话请求老张帮忙完成局域网内计算机配置 IP 地址的事宜。原来是该公司开了一间新的办公室，布置了 100 多台计算机，需要在短时间内完成所有计算机连接网络的工作。如果每台计算机都手工配置 IP 地址，无疑是非常巨大的工作量。因此老张计划带上小陈，在客户的网络中部署 DHCP 服务，从而能够自动地为这些计算机分配 IP 地址，以减少工作量。

【材料准备】

①华为交换机 S5700：1 台。

②PC：2 台。

【任务实施】

一、实验拓扑（图 4-24）

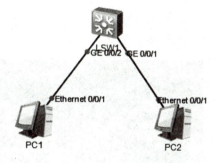

图 4-24 DHCP

二、IP 规划

新办公室局域网计划采用 192.168.10.0/24 网段，网关设置为 192.168.10.254。

三、实验配置

步骤 1：更改交换机名称。

```
[Huawei]sysname LSW1
[LSW1]
```

步骤 2：创建 VLAN。

```
[LSW1]vlan 10
```

步骤 3：将 PC 连接的端口划入 VLAN 中，并配置该 VLAN 的网关为 192.168.10.254。

```
[LSW1]interface Ethernet0/0/1
[LSW1-Ethernet0/0/1]port link-type access
[LSW1-Ethernet0/0/1]port default vlan 10
[LSW1]interface Ethernet0/0/2
[LSW1-Ethernet0/0/2]port link-type access
```

```
[LSW1-Ethernet0/0/2]port default vlan 10

[LSW1]interface vlanif 10
[LSW1-vlanif10]ip address 192.168.10.254 255.255.255.0
```

步骤4：在交换机上配置 DHCP 服务。

```
[LSW1]dhcp server enable              //使能 DHCP 服务
[LSW1]ip pool vlan10
[LSW1-vlanif100]gateway-list 192.168.10.254         //自动下发网关
[LSW1-vlanif100]network 192.168.10.0 mask 255.255.255.0 //自动下发 IP 地址网段
[LSW1-vlanif100]dns-list 114.114.114.114            //自动下发 DNS 服务器地址

[LSW1]interface vlan 10
[LSW1]dhcp select global       //在 VLAN 接口下启用 DHCP 地址池
```

步骤5：在 PC 界面中选择"DHCP"，并通过命令来检验是否获得了 IP 地址，如图 4-25 所示。

图 4-25　PC 成功获取到了 IP 地址

(a) 选择"DHCP"；(b) 查看获取的 IP 地址

【任务总结】

在大中型企业当中，由于存在着大量的 PC 等终端设备，为这些设备手工配置 IP 地址是一个工作量极大的任务。为了提高效率，采用 DHCP 服务自动地为终端下发 IP 地址是当前网络工程实施与运维的首选方式。

项目总结

经过这个章节的学习，我们初步认知了如何设计并实施企业交换网络，了解了局域网体系架构、交换机设备常识及 VLAN、STP、DHCP 等具体的局域网交换技术，并进行了交换机基础配置、VLAN、VLAN 间路由、生成树、DHCP 等具体的项目实操。这些理论和实操知识使得我们对企业交换网络的设计、实施和运维有了更加深刻的理解和认识。小陈通过这些模块的训练，也能够独立地实施涉及交换机的部分项目，并深深地体会到能够利用自己所学的知识和技能为客户服务，获得客户的认可，是一件非常具有成就感的事情，值得自己骄傲。在接下来的项目中，我们将同小陈一起继续学习企业路由网的相关理论和实操技能，从而将路由和交换技术技能连通后，深度掌握企业网络实施与运维的各项细节。

世间所有美好的事，都值得我们花点时间慢慢来，让我们继续一起学习路由交换知识，共同进步，找到未来人生职业生涯的锚点，开启全新的篇章。

思考与练习

1. 覆盖较小的地理范围，网内带宽大，传输速度较快，属于同一个机构管理的网络指的是（　　）。
   A. 无线网　　　　　　B. Internet　　　　　C. 骨干网　　　　　　D. 局域网
2. 能够转发多个不同 VLAN 的数据帧的交换机端口模式为（　　）。
   A. Access 模式　　　B. Trunk 模式　　　C. Group 模式　　　D. Summary 模式
3. 交换机发生广播风暴的原因可能是（　　）。
   A. 一定是出现了 MAC 地址冲突　　　B. 一定存在环路
   C. 一定使用了交叉网线　　　　　　　D. 一定存在链路聚合
4. 在 RSTP 协议中，在根端口/指定端口失效情况下，替换端口/备份端口的状态会（　　）。
   A. 转为阻塞状态　　B. 转为学习状态　　C. 转为转发状态　　D. 转为侦听状态
5. 关于 DHCP 协议，下列说法正确的是（　　）。
   A. DHCP 协议是基于 TCP 之上的应用　　　B. DHCP 协议是基于 UDP 之上的应用
   C. DHCP 协议直接使用 IP 协议进行封装　　D. DHCP 协议的默认端口号为 80
6. 华为交换机默认的端口模式是（　　）。
   A. Access　　　　　B. Trunk　　　　　　C. Public　　　　　　D. Private
7. 网络管理员要删除 VLAN10，该使用（　　）命令。
   A. Huawei > undo vlan 10　　　　　　B. Huawei（config）#undo vlan 10
   C. Huawei（config）#delete vlan 10　　D. Huawei（config）#vlan no 10
8. 在生成树协议中，如果一个端口可以接收并发送 STP 协议帧，也可以进行 MAC 地址学习，但不能转发用户数据帧，其状态为（　　）。
   A. 阻塞状态　　　　B. 侦听状态　　　　C. 学习状态　　　　D. 转发状态
9. 华为交换机默认的生成树工作模式是（　　）。
   A. STP　　　　　　B. RSTP　　　　　　C. MSTP　　　　　　D. PVSTP
10. 交换机依据 MAC 地址表进行数据转发，交换机的 MAC 地址表是通过（　　）生成的。
    A. 管理员手动编写　　　　　　B. 出厂时自带
    C. 通过地址学习生成　　　　　D. 通过路由协议生成

标准答案：

1. D　2. B　3. B　4. C　5. B
6. A　7. B　8. C　9. C　10. C

项目 5

设计实施企业路由网络

【项目背景】

小陈在公司工作一段时间，跟随项目经理老张完成了客户局域网的部署和实施。由于该公司业务规模拓展，需要成立分公司。小陈现在要参加金融证券公司福州总部和分公司网络互联的部署与实施工作。技术部已经向 ISP 申请福州总部、厦门分公司和杭州分公司的专线连接。小陈和各个分公司技术部的工程师需要按照网络 IP 地址规划，共同完成总公司和分公司网络的连接和资源共享。

网络互联最核心的工作任务是解决路由问题。小陈在接下来的工作中，主要接触的设备是路由器，路由器工作的核心是路由表。路由器构建路由表的方式有静态路由和动态路由。杭州分公司是公司 A 刚收购的公司，杭州分公司将继续保留原有运行的路由协议。针对公司 A 的网络需求和拓扑信息，项目经理老张和小陈等技术部同事通过数次会议讨论，需要进行多种路由协议的配置。

【知识结构】

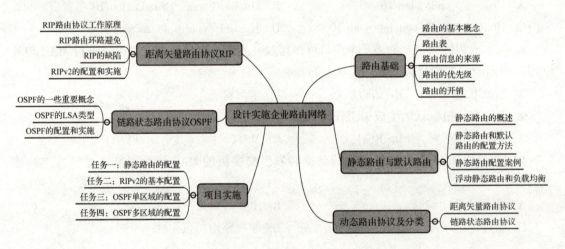

【项目目标】

知识目标：
- 掌握路由和路由表的概念

- 掌握路由信息的来源和路由优先级
- 掌握静态路由及默认路由配置
- 理解静态路由和动态路由的工作原理及区别
- 掌握 RIP 路由协议的工作原理及特性
- 掌握 RIP 协议环路避免的机制
- 掌握 OSPF 路由协议的工作原理及特性

技能目标：
- 掌握静态路由的配置
- 掌握静态默认路由的配置
- 掌握 RIP 路由协议的配置
- 掌握 OSPF 路由协议的配置

【项目分析与准备】

5.1 路由基础

网络使人们能够通过多种方式进行通信、协作和互动。人们利用网络可以访问网页、拨打 IP 电话、参加在线课程、视频通话和参加互动游戏比赛等。

以太网交换机在数据链路层运行，用于在同一网络中转发以太网帧。但是，当源 IP 地址和目的 IP 地址位于不同的网络时，此时需将以太网帧发送到路由器。

5.1.1 路由的基本概念

路由器提供了将异构网络互连起来的机制，实现将数据包从一个网络发送到另一网络。在网络通信中，路由（Route）是一个网络层的术语，作为名词，它是指从某一网络设备出发去往某个目的地的路径，作为动词它是指跨越一个从源主机到目标主机的网络来转发数据包。

如果没有路由器确定通往目的地的最佳路径并将流量转发到路径沿途的下一路由器，就不可能实现网络之间的通信。路由器负责网络间流量的路由。

在图 5-1 的拓扑中，路由器在不同站点与网络互连。

当数据包到达路由器接口时，路由器使用路由表来确定如何到达目的网络。数据包的目的地可能是其他区域的邮件服务器，也可能是本地局域网的 Web 服务器。路由器负责高校传输这些数据包。在很大程度上，网络通信的效率取决于路由器的性能。

5.1.2 路由表

路由表（Routing Table）是若干条路由信息的一个集合体。在路由表中，一条路由信息也被称为一个路由项或一个路由条目，路由器转发数据包的依据是路由表。如图 5-1 所示，路由器 R1 是该网络中正在运行的一台路由器，通过对网络设备进行配置之后，可以查看路

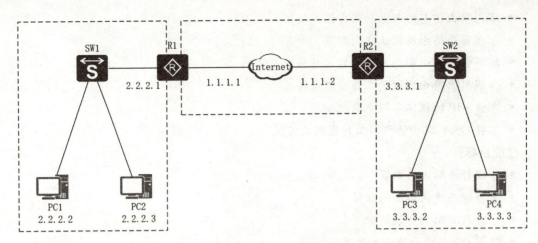

图 5-1　路由器连接

由器 R1 的路由表。

在路由器 R1 上执行 "display ip routing – table" 命令便可查看到路由器 R1 的路由表，在这个路由表中，每一行就是一条路由信息（一个路由项或一个路由条目）。通常情况下，一条路由信息由 3 个要素组成：目标网络/掩码（Destination/Mask）、出接口（Interface）和下一跳 IP 地址（NextHop）。

```
[R1]display ip routing - table
Route Flags: R - relay, D - download to fib
------------------------------------------------------------
Destination/Mask    Proto   Pre   Cost   Flags   NextHop     Interface
2.2.2.0/24          Direct  0     0      D       2.2.2.1     GigabitEthernet1/0/1
2.2.2.1/32          Direct  0     0      D       127.0.0.1   InLoopBack0
3.3.3.0/24          Static  60    0      D       1.1.1.2     GigabitEthernet1/0/2
1.1.1.0/24          Direct  0     0      D       127.0.0.1   GigabitEthernet1/0/2
1.1.1.1/32          Direct  0     0      D       127.0.0.1   InLoopBack0
```

① 目标网络/掩码（Destination/Mask）：用来标识 IP 数据报文的目的地址或目的网络。将目的地址和网络掩码"逻辑与"后，可得到目的主机或路由器所在网段的地址。例如，目的地址 2.2.2.0，掩码为 255.255.255.0 的主机或路由器所在网段的地址为 2.2.2.0。掩码由若干个连续 "1" 构成，既可以用点分十进制表示，也可以用掩码中连续 "1" 的个数来表示。

② 出接口（Interface）：指明 IP 数据包将从路由器的哪个接口转发出去。

③ 下一跳 IP 地址（NextHop）：更接近目的网络的下一个路由器地址。如果只配置了出接口，下一跳 IP 地址为出接口的地址。

接下来以目标网络/掩码为 3.3.3.0/24 这个路由项为例，具体说明路由信息的 3 个要素。

① 3.3.3.0 是一个网络地址，掩码长度是 24。由于路由器 R1 的路由表中存在 3.3.3.0/24 这个路由项，就说明路由器 R1 知道自己所在的网络上存在一个地址为 3.3.3.0 的网络。

② 3.3.3.0 这个路由项的出接口是 GigabitEthernet1/0/2，其含义是，如果路由器 R1 需

要将一个 IP 报文送往 3.3.3.0/24 这个目标网络，那么路由器 R1 应该把这个 IP 报文从路由器 R1 的 GigabitEthernet1/0/2 接口发送出去。

③ 3.3.3.0 这个路由项下一跳 IP 地址（NextHop）是 1.1.1.2，其含义是，如果路由器 R1 需要将一个 IP 报文送往 3.3.3.0/24 这个目标网络，则路由器 R1 应该把这个 IP 报文从路由器 R1 的 GigabitEthernet1/0/2 接口发送出去，并且这个 IP 报文离开路由器 R1 的 GigabitEthernet1/0/2 接口后应该到达的下一个路由器的接口的 IP 地址是 1.1.1.2。

除了这 3 个要素外，一个路由项通常还包含其他一些属性，例如，产生这个路由项的 Protocol（路由表中 Proto 列）、该路由项的 Preference（路由表中 Pre 列）、该条路由的代价值（路由表中 Cost 列）等。

那么，路由器是如何基于 IP 路由表进行转发工作的呢？以图 5-2 所示的路由器 R1 的 IP 路由表为例，如果一个 IP 报文的目的 IP 地址为 3.3.3.0，那么这个 IP 报文就匹配上了 3.3.3.0/24 这个路由项，且路由表里仅有一个 3.3.3.0 的表项，因此，路由器根据此表项进行 IP 报文的转发。当一个 IP 报文同时匹配上了多个路由项时，路由器将根据"最长掩码匹配"原则来确定出一条最优路由，并根据最优路由来进行 IP 报文的转发，如果没有匹配项（包括默认路由），路由器将丢弃该数据包。

当路由表中存在多个路由项可以同时匹配目的 IP 地址时，路由查找进程会选择其中掩码最长的路由项用于转发，此为最长掩码匹配。

5.1.3 路由信息的来源

在华为路由器上，display ip routing - table 命令可用于显示路由器的路由表。路由表中的路由信息主要有以下 3 种来源。

（1）直连路由（Direct Route）

直连路由不需要配置，当接口存在 IP 地址并且接口状态正常（UP）时，路由进程自动发现本接口所属网段的路由。它的特点是开销小，不需要维护。

（2）静态路由（Static Route）

静态路由需网络管理员手动配置。通过配置静态路由，可以建立一个互连互通的网络。它的优点是无开销；缺点是当一个网络故障发生后，静态路由不会自动修正，必须网络管理员手动修改配置。其适用于简单拓扑结构的网络。

（3）动态路由（Dynamic Route）

当网络拓扑复杂时，手动配置静态路由的工作量大而且容易出错。这时可用动态路由协议（如 RIP、OSPF 等）自动发现和修改路由，无须网络管理员介入维护。动态路由协议开销大，配置较复杂。路由器可以同时运行多种路由协议，如 RIP 路由协议和 OSPF 路由协议。此时，该路由器除了会创建并维护一个 IP 路由表外，还会分别创建并维护一个 RIP 路由表和一个 OSPF 路由表。RIP 路由表用来专门存放 RIP 发现的所有路由，OSPF 路由表用来专门存放 OSPF 协议发现的所有路由。通过一些优选法则的筛选后，某些 IP 路由表中的路由项以及某些 OSPF 路由表中的路由项才能被加入进 IP 路由表，而路由器最终是根据 IP 路由表来进行 IP 报文的转发工作的。

5.1.4 路由的优先级

路由的优先级（Preference）代表了路由协议的可信度。在计算路由信息的时候，不同的路由协议计算出的路径可能不同。也就是说，在路由器上到相同目的地址，不同的路由协议（包括静态路由）所生成的路由下一跳地址可能不同。在这种情况下，路由器会选择哪一条路由作为转发报文的依据呢？此时就取决于路由的优先级，具有较高优先级（优先级值越小）的路由协议发现的路由将成为最优路由，并且被加入 IP 路由表中。

设备上的路由优先级一般都有默认值，不同厂家设备对于优先级的默认值可能不同。华为 AR 路由器上部分路由类型与优先级的默认值的对应关系见表 5-1。除了直连路由外，静态路由和各动态路由的优先级值都可以根据用户需要手工进行修改重置。

表 5-1 路由优先级默认值

路由类型	优先级的默认值
直连路由	0
OSPF 内部路由	10
IS-IS 路由	15
静态路由	60
RIP 路由	100
OSPF ASE 路由	150
OSPF NSSA 路由	150
IBGP 路由	255
EBGP 路由	255

5.1.5 路由的开销

路由的开销标识到达这条路由目的地址的代价，也称为路由的度量值。各路由协议定义开销的方法不同，一般情况下主要考虑如下因素：跳数、链路带宽、链路延迟、链路的使用率、链路的可信度等。

同一种路由协议发现有多条路由可以到达同一目的地/掩码时，将优选开销最小的路由，即只把开销最小的路由加入本协议的路由表中。不同的路由协议对于开销的具体定义是不同的，例如，RIP 只能以"跳数（Hop Count）"作为开销，OSPF 主要考虑链路带宽作为开销，带宽越大，开销越小。

路由开销只在同一路由协议内比较才有意义，不同的路由协议之间的路由开销没有可比性，也不存在换算的关系。

5.2 静态路由与默认路由

5.2.1 静态路由的概述

静态路由是一种特殊的路由,由网络管理员采用手工方式为每台路由器的路由表添加路由。在早期,网络规模不大,路由器数量较少,所以每台路由器的路由表条目也相对较少,这种情况下采用手工方式对每台路由器的路由表进行配置。与所有路由选择方式一样,静态路由选择也是优点和缺点并存。

静态路由选择的优点如下:

①不增加路由器 CPU 的开销,也就是说,使用静态路由选择可以比使用动态路由选择协议选购更便宜的路由器。

②不增加路由器间的带宽占用,也就是说,在 WAN 链路的使用中,可以节省更多的费用。

③提高了安全性,因为网络管理员可以有选择地配置路由,使之只通过某些特定的网络。

静态路由选择的缺点如下:

①网络管理员必须真正地了解整个互联网以及每台路由器间的连接方式,以便实现对这些路由的正确配置。

②当添加某个网络到互联网时,网络管理员必须在所有路由器上添加到此网络的路由。

③对于大型网络,使用静态路由选择基本上是不可行的,因为配置静态路由选择会产生巨大的工作量。

5.2.2 静态路由和默认路由的配置方法

静态路由的配置在系统视图下进行,命令如下:

```
ip route-static dest-address {mask |mask-length} {gateway-address | interface-type interface-number} [preference preference-value]
```

其中各个参数的含义如下:

① dest-address:静态路由的目的 IP 地址,点分十进制格式。

② mask:IP 地址掩码,点分十进制格式。使用掩码和目的地址一起来标识目的网络。把目的 IP 地址和掩码进行"逻辑与",即可得到目的网络。例如,目的地址为 192.168.2.1,掩码为 255.255.255.0,则目的网络为 192.168.2.0。

③ mask-length:掩码长度,取值范围为 0~32。由于掩码要求"1"必须是连续的,所以通过掩码长度能够得知具体的掩码。比如,掩码长度为 24,则掩码为 255.255.255.0。

④ gateway-address:指定路由的下一跳的 IP 地址,点分十进制格式。

⑤ interface-type interface-number:指定静态路由的出接口类型和接口编号。注意,对

于类型为非点对点的接口（包括 NBMA 类型接口或广播类型接口，如以太网接口、Virtual - Template、VLAN 接口等），不能使用参数出接口，必须使用上述④中的 gateway - address 下一跳地址。

⑥ preference preference - value：这是一个可选参数，指定静态路由的优先级，取值范围为 1~255，如果不写，默认值为 60。

在配置静态路由的时候，可以用参数 interface - type interface - number 指定发送的出接口，比如 Serial1/0；也可以用参数 gateway - address 指定下一跳网关地址，比如 20.0.0.2。通常情况下，配置静态路由时常指定下一跳网关地址，系统会根据下一跳地址查找到出接口。比如拨号线路在拨通前是不知道下一跳 IP 地址的，在这种情况下，须使用指定路由的出接口。

管理员适当地设置和使用静态路由可以改进网络的性能，并可为重要的网络应用保证带宽。

如图 5-2 所示，在 RouterA、RouterB、RouterC 和 RouterD 上配置静态路由。

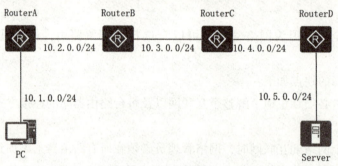

图 5-2 静态路由配置

配置 RouterA：

[RouterA] ip route - static 10.3.0.0 255.255.255.0 10.2.0.2
[RouterA] ip route - static 10.4.0.0 255.255.255.0 10.2.0.2
[RouterA] ip route - static 10.5.0.0 255.255.255.0 10.2.0.2

配置 RouterB：

[RouterB] ip route - static 10.1.0.0 255.255.255.0 10.2.0.1
[RouterB] ip route - static 10.4.0.0 255.255.255.0 10.3.0.2
[RouterB] ip route - static 10.5.0.0 255.255.255.0 10.3.0.2

配置 RouterC：

[RouterC] ip route - static 10.1.0.0 255.255.255.0 10.3.0.1
[RouterC] ip route - static 10.2.0.0 255.255.255.0 10.3.0.1
[RouterC] ip route - static 10.5.0.0 255.255.255.0 10.4.0.2

配置 RouterD：

[RouterD] ip route - static 10.1.0.0 255.255.255.0 10.4.0.1

```
[RouterD] ip route - static 10.2.0.0 255.255.255.0 10.4.0.1
[RouterD] ip route - static 10.3.0.0 255.255.255.0 10.4.0.1
```

配置静态路由时，要注意双向配置，避免出现单向路由。因为几乎所有的互联网应用例如 HTTP、FTP、SSH 等都是双向传输，所以单向路由对于用户的业务没有意义。

当内网产生了访问外网的数据包（如浏览互联网的网页），发给本地路由器时，本地路由器不可能知道外部网络的所有路由信息。当然，在本地路由表中找不到目标网络的路由时，会自动按弃包处理，但为了保证这类没有包含在本地路由项的数据包能够正常转发到外网，就需要在路由器中配置一种默认路由，来指示数据包的下一跳的方向。

我们把目的地/掩码为 0.0.0.0/0 的路由称为默认路由（Default Route）。

如果网络设备的路由表中存在默认路由，那么当一个待发送或待转发的 IP 报文不能匹配 IP 路由表中的任何非默认路由时，就会根据默认路由来进行发送或转发。

如果网络设备的 IP 路由表中不存在默认路由，那么当一个待发送或待转发的 IP 报文不能匹配 IP 路由表中的任何路由时，该 IP 报文就会被直接丢弃。

如图 5-2 所示，在 RouterA 和 RouterD 上可不用配置 3 条静态路由，可以用 1 条静态默认路由代替。

配置 RouterA：

```
[RouterA] ip route - static 0.0.0.0 0.0.0.0 10.2.0.2
```

配置 RouterD：

```
[RouterD] ip route - static 0.0.0.0 0.0.0.0 10.4.0.1
```

5.2.3 静态路由配置案例

案例背景与要求：网络拓扑如图 5-3 所示，路由器 R3 是因特网服务提供商（Internet Service Provider, ISP）路由器，并且假设路由器 R3 上已经有了通往 Internet 的路由。要求管理员配置路由器，实现所有的 PC 都能够互通，并且都能够访问 Internet。

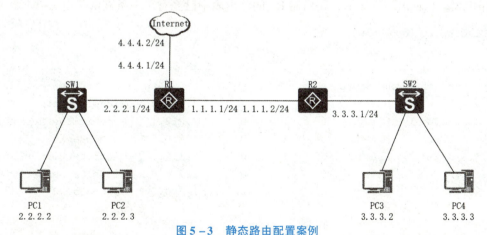

图 5-3 静态路由配置案例

案例配置思路：

①在路由器 R1 上配置一条静态路由，目的地/掩码为 3.3.3.0/24，下一跳地址为路由器 R2 的 GE1/0/2 接口的 IP 地址 1.1.1.2，出接口为路由器 R1 的 GE1/0/2 接口。另外，在路由器 R1 上配置一条默认路由，该默认路由的下一跳地址为路由器 R3 的 GE1/0/0 接口的 IP 地址 4.4.4.2，出接口为路由器 R1 的 GE1/0/0 接口。

②在路由器 R2 上配置一条默认路由，该默认路由的下一跳地址为路由器 R1 的 GE1/0/2 口的 E 地址 1.1.1.1，出接口为路由器 R2 的 GE1/0/2 接口。

③在路由器 R3 上配置一条默认路由，下一跳 IP 地址均为路由器 R1 的 GE1/0/0 接口的 IP 地址 4.4.4.1，出接口均为路由器 R3 的 GE1/0/0 接口。

案例配置步骤如下。

配置路由器 R1：

```
<Huawei>system-view
[Huawei]sysname R1
[R1]ip route-static 3.3.3.0 24 1.1.1.2
[R1]ip route-static 0.0.0.0 0 4.4.4.2
```

配置路由器 R2：

```
<Huawei>system-view
[Huawei]sysname R2
[R2]ip route-static 0.0.0.0 0 1.1.1.1
```

配置路由器 R3：

```
<Huawei>system-view
[Huawei]sysname R3
[R3]ip route-static 0.0.0.0 0 4.4.4.1
```

案例验证：

完成以上配置后，在路由器 R1 系统视图状态下输入 "display ip routing-table" 命令查看其路由表。从输出结果显示，路由器 R1 的路由表中已经有了一条默认路由。

```
[R1]display ip routing-table
Route Flags: R - relay, D - download to fib
------------------------------------------------------------
Destination/Mask   Proto    Pre   Cost   Flags   NextHop    Interface
0.0.0.0/24         Static   60    0      RD      4.4.4.2    GigabitEthernet1/0/0
2.2.2.0/24         Direct   0     0      D       2.2.2.1    GigabitEthernet1/0/1
2.2.2.1/32         Direct   0     0      D       127.0.0.1  InLoopBack0
3.3.3.0/24         Static   60    0      D       1.1.1.2    GigabitEthernet1/0/2
1.1.1.0/24         Direct   0     0      D       127.0.0.1  GigabitEthernet1/0/2
1.1.1.1/32         Direct   0     0      D       127.0.0.1  InLoopBack0
```

5.2.4　浮动静态路由和负载均衡

浮动静态路由（Floating Static Route）是一种特殊的静态路由，通过配置去往相同的目标网络但优先级不同的静态路由，以保证在网络中优先级较高的路由工作。而一旦主路由失效，备份路由会接替主路由，增强网络的可靠性。

当有多条可选路径前往同一目标网络时，可以通过配置相同优先级和开销的静态路由实现负载均衡，使得数据的传输均衡地分配到多条路径上，从而实现数据分流、减轻单条路径负载过重的效果。而当其中某一条路径失效时，其他路径仍然能够正常传输数据，也起到了冗余作用。仅负载均衡条件下，路由器才会同时显示两条去往同一目标网络的路由条目。

案例背景与要求：路由器 R1 模拟某公司总部，路由器 R2 与路由器 R3 模拟两个分部，主机 PC1 与 PC2 所在的网段分别模拟两个分部中的办公网络。现需要总部与各个分部、分部与分部之间都能够通信，且分部之间在通信时，直连链路为主用链路，通过总部的链路为备用链路。本实验要求使用浮动静态路由实现路由备份，并可以通过调整优先级的值实现路由器 R2 到 12.1.1.0/24 网络的负载均衡。浮动静态路由及负载均衡的拓扑如图 5-4 所示。

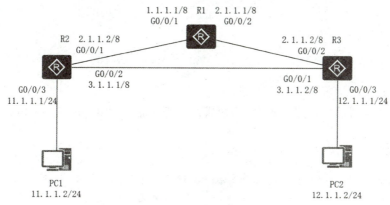

图 5-4　浮动静态路由拓扑图

案例配置思路：

①在路由器 R1 上配置两条静态路由，第一条：目的地/掩码为 12.1.1.0/24，出接口为 GE2/0/0，下一跳 IP 地址为 2.1.1.2。第二条：目的地/掩码为 11.1.1.0/24，出接口为 GE1/0/0，下一跳 IP 地址为 1.1.1.2。

②在路由器 R2 上配置一条静态路由，目的地/掩码为 12.1.1.0/24，出接口为 GE2/0/0，下一跳 IP 地址为 3.1.1.2。

③在路由器 R2 上配置一条优先级为 100 的静态路由，目的地/掩码为 12.1.1.0/24，出接口为 GE1/0/0，下一跳 IP 地址为 1.1.1.1。

④在路由器 R3 上配置一条静态路由，目的地/掩码为 11.1.1.0/24，出接口为 GE1/0/0，下一跳 IP 地址为 3.1.1.1。

⑤在路由器 R3 上配置一条优先级为 100 的静态路由，目的地/掩码为 11.1.1.0/24，出接口为 GE2/0/0，下一跳 IP 地址为 2.1.1.1。

⑥根据路由器 R2 的路由信息，调整到 12.1.1.0/24 网段的静态路由优先级，实现负载均衡。

案例配置步骤如下。

路由器 R1 的配置：

```
<Huawei>system-view
[Huawei]sysname R1
[R1]ip route-static 12.1.1.0 24 2.1.1.2
[R1]ip route-static 11.1.1.0 24 1.1.1.2
```

路由器 R2 的配置：

```
<Huawei>system-view
[Huawei]sysname R2
[R2]ip route-static 12.1.1.0 24 3.1.1.2
[R2]ip route-static 12.1.1.0 24 1.1.1.1 preference 100
```

路由器 R3 的配置：

```
<Huawei>system-view
[Huawei]sysname R3
[R3]ip route-static 11.1.1.0 24 3.1.1.1
[R3]ip route-static 11.1.1.0 24 2.1.1.1 preference 100
```

案例验证：

①完成以上配置后，在路由器 R2 系统视图状态下输入"display ip routing-table"命令查看其路由表。

```
<R2>display ip routing-table
Route Flags: R - relay, D - download to fib
------------------------------------------------------------
Routing Tables: Public
    Destinations: 14        Routes: 14
Destination/Mask    Proto   Pre  Cost   Flags  NextHop       Interface
1.0.0.0/8           Direct  0    0      D      1.1.1.2       GigabitEthernet1/0/0
1.1.1.2/32          Direct  0    0      D      127.0.0.1     GigabitEthernet1/0/0
3.0.0.0/8           Direct  0    0      D      3.1.1.1       GigabitEthernet2/0/0
3.1.1.1/32          Direct  0    0      D      127.0.0.1     GigabitEthernet2/0/0
11.1.1.0/24         Direct  0    0      D      11.1.1.1      GigabitEthernet3/0/0
11.1.1.1/32         Direct  0    0      D      127.0.0.1     GigabitEthernet3/0/0
12.1.1.0/24         Static  60   0      RD     3.1.1.2       GigabitEthernet2/0/0
```

路由器 R2 的路由表中已经有了目标网段为 12.1.1.0/24、优先级为 60 的静态路由信息，但没有优先级为 100 的路由信息。

②通过对路由器 R2 执行"display ip routing-table protocol static"命令查看到优先级为 100 的路由条目。

```
[R2]display ip routing-table protocol static
Route Flags: R - relay, D - download to fib
------------------------------------------------------------
Public routing table : Static
        Destinations : 1        Routes : 2        Configured Routes : 2
Static routing table status : <Active>
        Destinations : 1        Routes : 1
Destination/Mask    Proto   Pre  Cost        Flags NextHop        Interface
   12.1.1.0/24    Static  60   0            RD    3.1.1.2        GigabitEthernet2/0/0
Static routing table status : <Inactive>
        Destinations : 1        Routes : 1
Destination/Mask    Proto   Pre  Cost        Flags NextHop        Interface
   12.1.1.0/24    Static  100  0            R     1.1.1.1        GigabitEthernet1/0/0
```

③用"shutdown"命令断开路由器 R2 的 G2/0/0 接口，模拟主链路故障，验证浮动静态路由的效果。

```
[R2]interface gigabitEthernet2/0/0
[R2-gigabitEthernet2/0/0]shutdown
[R2]display ip routing-table
Route Flags: R - relay, D - download to fib
------------------------------------------------------------
Routing Tables: Public
Destinations : 11        Routes : 11
Destination/Mask      Proto   Pre  Cost      Flags NextHop       Interface
 1.0.0.0/8           Direct  0    0          D    1.1.1.2        GigabitEthernet1/0/0
 1.1.1.2/32          Direct  0    0          D    127.0.0.1      GigabitEthernet1/0/0
 1.255.255.255/32    Direct  0    0          D    127.0.0.1      GigabitEthernet1/0/0
 11.1.1.0/24         Direct  0    0          D    11.1.1.1       GigabitEthernet3/0/0
 11.1.1.1/32         Direct  0    0          D    127.0.0.1      GigabitEthernet3/0/0
 11.1.1.255/32       Direct  0    0          D    127.0.0.1      GigabitEthernet3/0/0
 12.1.1.0/24         Static  100  0          RD   1.1.1.1        GigabitEthernet1/0/0
 127.0.0.0/8         Direct  0    0          D    127.0.0.1      InLoopBack0
 127.0.0.1/32        Direct  0    0          D    127.0.0.1      InLoopBack0
 127.255.255.255/32  Direct  0    0          D                   127.0.0.1 InLoopBack0
 255.255.255.255/32  Direct  0    0          D    127.0.0.1      InLoopBack0
```

用"shutdown"命令断开路由器 R2 的 G2/0/0 接口，模拟主链路故障，回显信息可以看到路由器 R2 的路由表中出现了优先级为 100 的路由条目，从而验证了浮动静态路由的效果。

④为了检验负载均衡的效果，用"undo shutdown"命令重新开启路由器 R2 的 G2/0/0 接口，同时，在路由器 R2 上用"ip route-static 12.1.1.0 24 1.1.1.1"命令将这条路由的优先级（preference）从 100 改为 60，通过查看路由器 R2 的路由表的回显信息可以看到有两条路径不同（下一跳地址不同）去往 12.1.1.0/24 目标网段的路由条目，从而验证了负载均衡的效果。

```
[R2]display ip routing-table
 Route Flags: R - relay, D - download to fib
------------------------------------------------------------
Routing Tables: Public
    Destinations : 14        Routes : 15
Destination/Mask        Proto    Pre  Cost      Flags NextHop      Interface
        1.0.0.0/8       Direct   0    0         D     1.1.1.2      GigabitEthernet1/0/0
        1.1.1.2/32      Direct   0    0         D     127.0.0.1    GigabitEthernet1/0/0
  1.255.255.255/32      Direct   0    0         D     127.0.0.1    GigabitEthernet1/0/0
        3.0.0.0/8       Direct   0    0         D     3.1.1.1      GigabitEthernet2/0/0
        3.1.1.1/32      Direct   0    0         D     127.0.0.1    GigabitEthernet2/0/0
  3.255.255.255/32      Direct   0    0         D     127.0.0.1    GigabitEthernet2/0/0
       11.1.1.0/24      Direct   0    0         D     11.1.1.1     GigabitEthernet3/0/0
       11.1.1.1/32      Direct   0    0         D     127.0.0.1    GigabitEthernet3/0/0
     11.1.1.255/32      Direct   0    0         D     127.0.0.1    GigabitEthernet3/0/0
       12.1.1.0/24      Static   60   0         RD    3.1.1.2      GigabitEthernet2/0/0
                        Static   60   0         RD    1.1.1.1      GigabitEthernet1/0/0
      127.0.0.0/8       Direct   0    0         D     127.0.0.1    InLoopBack0
      127.0.0.1/32      Direct   0    0         D     127.0.0.1    InLoopBack0
 127.255.255.255/32     Direct   0    0         D     127.0.0.1    InLoopBack0
 255.255.255.255/32     Direct   0    0         D     127.0.0.1    InLoopBack0
```

5.3 动态路由协议及分类

动态路由协议自 20 世纪 80 年代初期开始应用于网络。1982 年，第一版 RIP 协议问世，不过，其中的一些基本算法早在 1969 年就已应用到 ARPANET 中。随着网络技术的不断发展，网络越趋复杂，新的路由协议不断涌现。图 3-1 显示了路由协议的分类情况。

作为最早的路由协议之一，RIP（Routing Information Protocol，路由信息协议）目前已经演变到 RIPv2 版。但新版的 RIP 协议仍旧不具有扩展性，无法用于较大型的网络。为了满足大型网络的需要，两种高级路由协议——OSPF（Open Shortest Path First，开放最短路径优先）协议和 IS-IS（Intermediate System-to-Intermediate System，中间系统到中间系统）协议应运而生。此外，不同网际网络之间的互联也提出对网间路由的需求。现在，各 ISP 之间以及 ISP 与其大型专有客户之间采用 BGP（Border Gateway Protocol，边界网关路由）协议来交换路由信息。

动态路由协议具有自动发现和维护路由信息的能力。动态路由的优点是无须管理员手工配置具体的路由表项，而是通过路由协议自动发现和计算。这样，当网络拓扑结构复杂时，使用动态路由可减少管理员的配置工作，且减少配置错误。另外，动态路由协议支持路由备份，如果原有链路故障导致路由表项失效，协议可自动计算和使用另外的路径，无须管理员人工介入。但路由器使用动态路由协议后，路由器之间需要交互动态路由协议报文，会占用一部分链路开销；并且动态路由协议配置复杂，需要管理员掌握一定的路由协议知识。

根据作用的范围，路由协议可分为：

①内部网关协议（Interior Gateway Protocol，IGP）：在一个自治系统内部运行，常见的 IGP 协议包括 RIP、OSPF 和 IS – IS。

②外部网关协议（Exterior Gateway Protocol，EGP）：运行于不同自治系统之间，BGP 是目前最常用的 EGP。

根据使用的算法，路由协议可分为：

①距离矢量协议：包括 RIP 和 BGP。其中 BGP 也被称为路径矢量协议。

②链路状态协议：包括 OSPF 和 IS – IS。

根据所支持的 IP 地址类别，路由协议可分为：

①有类路由协议：有类路由协议在路由信息更新过程中不发送子网掩码信息。早期，网络地址是按类（A 类、B 类或 C 类）来分配的。路由协议的路由信息更新中不需要包括子网掩码，因为子网掩码可以根据网络地址的第一组二进制八位数来确定。比如 RIPv1。

②无类路由协议：在无类路由协议的路由信息更新中，同时包括网络地址和子网掩码。如今的网络已不再按照类来分配地址，子网掩码也就无法根据网络地址的第一个二进制八位数来确定。如今的大部分网络都需要使用无类路由协议，因为无类路由协议支持 VLSM、非连续网络。比如 RIPv2、OSPF 等。

目前越来越多的用户设备使用 IP 地址，IPv4 寻址空间已近乎耗尽，IPv6 随之出现。为支持基于 IPv6 的通信，新的 IP 路由协议诞生（参见图 5 – 5 中 IPv6 一行）。

	内部网关协议		外部网关协议
	距离矢量路由协议	链路状态路由协议	路径矢量
有类	RIP		EGP
无类	RIPv2	OSPFv2　　ISIS	BGPv4
IPv6	RIPng	OSPFv3　　ISIS(IPv6)	BGP4+

图 5 – 5　路由协议的发展和分类

动态路由协议的目的在于对路由信息进行计算与维护。通常，各种动态路由协议的工作过程大致相同，都包括以下四个阶段。

(1) 邻居发现

运行了某个动态路由协议的路由器会主动把自己通告给网段内的其他路由器。路由器通告的方式可以是广播、组播或者单播的形式。

(2) 交换路由信息

发现邻居后，每台路由器将自己已知的路由相关信息发给相邻的路由器，相邻路由器又发送给下一台相邻路由器。这样，经过一段时间，最终每台路由器都会学习到网络中所有的路由信息。

(3) 计算路由

每一台路由器都会运行某种的算法，计算出距离目标网络"最近"的路由（实际上需要计算的是该条路由的下一跳和度量值）。

(4) 维护路由

为了能够观察到某台路由器突然失效（路由器本身故障或连接线路中断）等异常情况，路由协议规定两台路由器之间的协议报文应该周期性地发送。如果路由器有一段时间收不到邻居发送来的协议报文，则认为邻居失效了。

5.3.1 距离矢量路由协议

首先我们来了解下距离矢量路由协议及其特点。距离矢量路由协议通常不维护邻居信息。在开始阶段，采用这种算法的路由器以广播或者组播的方式来发送协议报文，请求邻居的路由信息。邻居路由器回应的协议报文中携带邻居所知道的全部的路由信息，这样就完成了路由表的初始化过程。

为了维护路由信息，路由器以一定的时间间隔向相邻的路由器发送路由更新，路由更新中携带有本路由器的全部路由表。路由器为路由表中的表项设置超时时间，如果超过一定时间接收不到路由更新，则系统认为原有的路由失效，会将其从路由表中删除。

距离矢量路由协议以到目的网络的距离（跳数）作为度量值，距离（跳数）越大，路由越差。但采用跳数作为度量值并不能完全反映链路带宽的实际情况，有时会造成协议选择了次优路径。

当网络拓扑发生变化时，距离矢量路由协议首先向邻居通告路由更新。邻居路由器根据收到的路由更新来更新自己的路由，然后再继续向外发送更新后的路由。这样，拓扑变化的信息会以逐跳的方式扩散到整个网络。

距离矢量路由协议基于贝尔曼-福特算法，也称 D-V 算法。这种算法的特点就是计算路由时只考虑到目的网络的距离和方向。路由器从邻居接收到路由更新后，将路由更新中的路由表项加入自己的路由表中，其度量值在原来基础上加 1，表示经过了一跳，并将路由表项的下一跳置为邻居路由器的地址，表示是经过邻居路由器学到的。距离矢量路由协议完全信任邻居路由器，它并不知道整个网络的拓扑环境，这样在环形拓扑网络中可能会产生路由环路。所以采用 D-V 算法的路由器采用了一些避免环路的机制，例如水平分割、路由毒化、毒性逆转等。

RIP 协议是一种典型的距离矢量路由协议。它的优点是配置简单，算法占用较少的内存和 CPU 处理时间。它的缺点是算法本身不能完全杜绝路由环路，收敛相对较慢，周期性广播路由更新占用网络资源较大，扩展性较差，最大跳数不能超过 16 跳。

总结距离矢量路由协议的特点如下：
- 周期性、广播式发送路由更新。
- 路由更新中携带全部路由表，接收方据此更新自己的路由。
- 超过一定时间接收不到路由更新，则认为路由失效。
- 以到达目的网络的距离（跳数）作为度量值。
- 拓扑变化以逐跳的方式扩散。
- 路由收敛速度慢。
- 采用 D – V 算法，可能导致路由环路。

5.3.2 链路状态路由协议

链路状态路由协议首先是基于 Dijkstra 算法，此算法又被称为最短路径优先算法。

在开始阶段，采用这种算法的路由器以组播方式发送 Hello 报文，来发现邻居。收到 Hello 报文的邻居路由器会检查报文中所定义的参数，如果双方一致，就会形成邻居关系。有路由信息交换需求的邻居路由器会生成邻接关系，进而可以交换 LSA（Link State Advertisement，链路状态通告）。

链路状态路由协议用 LSA 来描述路由器周边的网络拓扑和链路状态。邻接关系建立后，路由器会将自己的 LSA 发送给区域内所有邻接路由器，同时也从邻接路由器接收 LSA。每台路由器都会收集其他路由器通告的 LSA，所有的 LSA 放在一起便组成了 LSDB（Link State Database，链路状态数据库）。LSDB 是对整个自治系统的网络拓扑结构的描述。

路由器将 LSDB 转换成一张带权的有向图，这张图便是对整个网络拓扑结构的真实反映。各个路由器得到的有向图是完全相同的。每台路由器根据有向图，使用最短路径优先算法计算出一棵以自己为根的最短路径树，这棵树给出了到自治系统中各节点的路由。

链路状态路由协议以到目的网络的开销（Cost）作为度量值。路由器根据该接口的带宽自动计算到达邻居的权值，带宽与权值成反比，带宽越高，权值越小，表示到邻居的路径越好。在使用最短路径优先算法计算最短路径树时，将自己到各节点的路径上权值相加，也就计算出了到达各节点的开销，将此开销作为路由度量值。

当拓扑发送变化时，路由器并不发送路由表，而只是发送含有链路变化信息的 LSA。LSA 在区域内扩散，所有路由器都能够收到，然后更新自己的 LSDB，再运行 SPF 算法，重新计算路由。这样的好处是带宽占用小，路由收敛速度快。

因为采用链路状态路由协议的路由器知道整个网络的拓扑，并且采用 SPF 算法，从根本上避免了路由环路的产生。

OSPF 和 IS – IS 是链路状态路由协议。它们能够完全杜绝协议内的路由环路，并且采用增量更新的方式来通告变化的 LSA，占用带宽少。OSPF 和 IS – IS 采用路由分组及区域划分等机制，所以能够支持较大规模的网络，并且扩展性较好，但相对 RIP 来说，OSPF 和 IS – IS 的配置较复杂一些。

总结链路状态路由协议的特点如下：
- 通过 Hello 报文来发现邻居。
- 建立邻接关系后，只发送链路状态通告（LSA）。
- 根据自己链路状态信息库（LSDB）来计算路由。
- 以到目的网络开销（Cost）作为度量值。
- 链路状态变化时，立即发送 LSA 到区域内所有路由器。
- 路由收敛速度快。
- 采用最短路径树算法，无路由环路。

5.4 距离矢量路由协议 RIP

RIP 作为最早的动态路由协议，它是一种基于距离矢量的内部网关路由协议。它配置容易、原理简单，至今在一些规模较小、设备性能较弱的网络中广泛使用。作为网络技术初学者，理解 RIP 路由协议的工作原理和配置，有助于学习其他路由协议。

RIP 使用跳数（Hop Count）衡量到达目的网络的距离（度量值）。在 RIP 中，路由器与它直连网络的距离记为 0（直连网络跳数为 0），通过与其直接相连的路由器到达下一个网络的跳数记为 1，依此类推，每经过一个路由器，跳数加 1。为了达到路由收敛，限制收敛时间，RIP 度量值限定在 0~15 之间。度量值大于等于 16，则定义为无穷大，也就是网络不可达。正是因为这个限制，运行 RIP 协议的网络中，网络规模不能太大。网络规模超过 16 跳，标记度量值为 16，由于协议本身缺陷，认为该网络不可达。

RIP 从 Xerox 开发的早期协议——网关信息协议（GWINFO）演变而来。随着 Xerox 网络系统（XNS）的发展，GWINFO 逐渐演变成 RIP。Charles Hedrick 在 1988 年编写了 RFC 1058，对 RIP 协议进行了标准化，他在该文档中记录了现有协议并进行了一些改进。自那时起，RIP 不断完善，1994 年出现 RIPv2，1997 年出现 RIPng。

RIP 路由协议包括两个版本：RIPv1 和 RIPv2。RIPv1 是一种有类路由协议，协议报文中不携带子网掩码信息，不支持 VLSM，只支持以广播方式发送协议报文。RIPv2 是一种无类路由协议，协议报文中携带网络地址和子网掩码信息，支持 VLSM，支持以组播方式发送协议报文（组播地址是 224.0.0.9），同时支持明文认证和 MD5 密文认证。然而，两个版本都具有许多相同的功能。当讨论两个版本共有的功能时，将使用 RIP 指代这两个版本；当讨论各个版本独有的功能时，将使用 RIPv1 和 RIPv2 分别指代两个版本。

RIP 协议处于 UDP 协议的上层，RIP 消息的数据部分封装在 UDP 报文内，其源端口号和目的端口号都被设为 520，如图 5-6 所示。RIP 定义了两种报文，分别是请求（Request）报文和响应（Response）报文。Request 报文用于向邻居请求全部或部分 RIP 路由信息，而 Response 报文则用于发送 RIP 路由更新，在 Response 报文中携带着路由以及该路由的度量值等信息。

| 数据链路帧报头 | IP数据包报头 | UDP数据段报头 | RIP消息
（512字节，最多25条路由） |

图 5-6　RIP 消息封装

图 5-7 显示了 RIPv1 和 RIPv2 的消息格式。虽然 RIPv2 与 RIPv1 的基本消息格式相同，但 RIPv2 添加了两项重要扩展。RIPv2 消息格式的第一项扩展是添加了子网掩码字段，这样 RIP 路由条目中就能包含 32 位掩码。因此，接收路由器在确定路由的子网掩码时，不再依赖于入站接口的子网掩码或有类掩码。RIPv2 消息格式的第二项重要扩展是添加了下一跳地址。下一跳地址用于标识比发送方路由器的地址更佳的下一跳地址（如果存在），如果为 0.0.0.0，则发送方路由器的地址便是最佳下一跳地址。

图 5-7　RIPv1 和 RIPv2 的消息格式

5.4.1　RIP 路由协议工作原理

RIP 协议是依靠和邻居路由器直接交换路由表信息来完成路由的自学习的。RIP 使用 UDP 协议的 520 端口号，定时广播 RIP 协议报文，交换路由信息。默认情况下路由器每隔 30 s 向邻居路由器发送自己的路由表。每台路由器将收到的路由信息和本地路由器中的路由表信息进行比较，根据以下原则进行路由更新：

①对本地路由表中不存在的路由项，当度量值小于 16 时，添加此路由项到本地路由表中。

②对本地路由表中存在的路由项，如果是同一个邻居发送的，不论度量值是增大还是减小，都更新该路由项（这可能是邻居路由器学习到新的路由）。

③对本地路由表中存在的路由项，如果是不同邻居发送的，只有度量值减小才更新（这可能是不同邻居学习到更优的路由）。

每台路由器都重复上述过程，经过一段时间，路由收敛，最终网络上所有路由器都会有全网的路由信息。

何为收敛？收敛是指所有路由器的路由表达到一致的过程。当所有路由器都获取到完整而准确的网络信息时，网络即完成收敛。收敛时间是指路由器共享网络信息、计算最佳路径并更新路由表所花费的时间。网络在完成收敛后才可以正常运行，因此，大部分网络都需要在很短的时间内完成收敛。收敛过程既具协作性，又具独立性。路由器之间既需要共享路由信息，各个路由器又必须独立计算拓扑结构变化对各自路由过程所产生的影响。由于路由器独立更新网络信息以与拓扑结构保持一致，所以，也可以说路由器通过收敛来达成一致。

通常情况下，RIP 路由信息维护是依靠定时器完成的，包括以下 3 个重要定时器：

① 更新计时器（Update Timer）：定义了发送路由更新的时间间隔，默认是 30 s。

② 老化计时器（Age Timer）：定义了路由失效时间，默认是 180 s。

③ 垃圾回收定时器（Garbage – College Timer）：定义了路由删除时间，默认是 120 s。

正常情况下，路由器每 30 s 就会收到一次来自邻居路由器的路由更新信息。如果经过 180 s，即 6 个更新周期，某条路由项都没有得到更新，那么路由器就认为它已失效，把状态修改为 down。如果经过 120 s，即 4 个更新周期，该路由表项仍没有得到更新和确认，那么路由信息将从路由表中删除。

接下来通过网络拓扑分析 RIP 路由学习的过程，包括 RIP 路由表的初始化和 RIP 路由表的更新。

下面通过示意图来分析一下 RIP 的路由学习过程。如图 5 – 8 所示，AR1、AR2、AR3 三台路由器连接 4 个子网，在每个路由器上配置了 RIP 动态路由协议。初始状态每个路由器仅有自己的直连路由，RIP 开始工作，各个路由器和邻居开始交换路由信息。

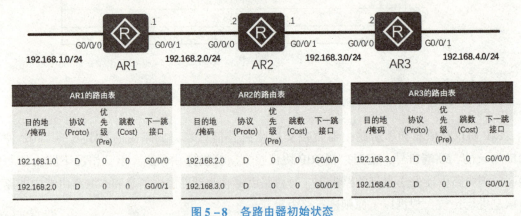

图 5 – 8　各路由器初始状态

为了方便理解，假设当前的路由信息是从 AR1 到 AR3 依次传递，初始状态如图 5 – 9 所示。

AR1 路由器将自己的两条直连路由传递给 AR2 路由器，在 AR2 路由器中，由于 192.168.2.0 路由为直连路由，无须更新（优先级为 0），而另一条路由 192.168.1.0 在 AR2 路由器中没有，所以 AR2 路由器在其路由表中添加 192.168.1.0 路由，协议类型为 R，优先

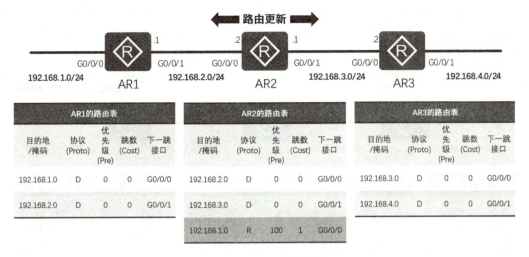

图 5-9　AR2 路由更新

级是 100，跳数（Cost）为 1，表示经过一个路由器可以到达该网络。由于是从 G0/0/0 接口接收到路由的，所以接口标示为 G0/0/0，如图 5-9 所示。

在 AR2 路由器更新完路由之后，它将最新的路由表信息继续向右传送给它的邻居 AR3 路由器，AR3 路由器采用同样的方法添加 192.168.1.0 和 192.168.2.0 两条路由，这样 AR3 就实现了完整的路由更新，如图 5-10 所示。

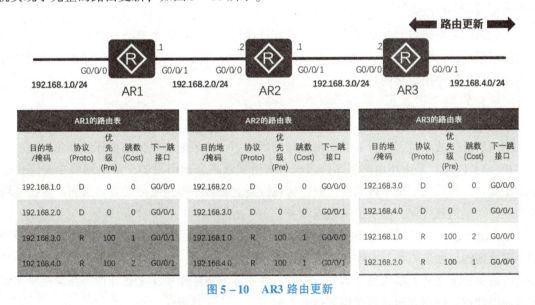

图 5-10　AR3 路由更新

由于只是从左向右进行的路由传递，所以 AR1 和 AR2 的路由不完整。为了方便理解，接下来假定从右向左依次传递路由。

在图 5-11 所示，首先 AR3 将其完整的路由信息传递给邻居 AR2，在 AR2 上新增 192.168.4.0 路由，虽然 AR3 传递过来的路由还包括 192.168.1.0、192.168.2.0、192.168.3.0 的路由，由于这些路由 AR2 路由器中都存在，而且其跳数（Cost）更小，所以无须更新,这样 AR2 也完成了所有的路由更新。最后 AR2 将完整的路由表信息发送给 AR1,采用类似的办法,AR1 也完成了所有的路由更新。至此,网络中所有路由器都学习到了全网路由,即路由器完成了收敛,可以实现任意两个网络的通信。

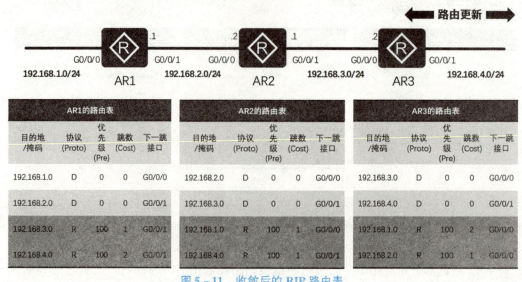

图 5-11 收敛后的 RIP 路由表

路由协议只有在收敛完成后,这个网络才能完全运行,当所有路由器都获取关于整个网络完整而准确的信息时,才完成网络收敛。

收敛时间是指路由器共享网络信息、计算最佳路径并更新路由表所花费的时间。影响收敛的因素包括路由信息的传播速度以及最佳路径的计算方法。这里提到的传播速度是指网络中的路由器转发路由信息的时间。

5.4.2 RIP 路由环路避免

当网络发生故障时,运行 RIP 路由协议的网络中,有可能会发生路由环路现象。路由环路(Routing Loop)是由路由部署不恰当或者网络规划不合理引发的。如果网络中的路由信息不正确,将导致去往某个目的地的数据包在设备之间被不停地来回转发,从而严重影响设备性能,大量消耗带宽,影响正常数据业务。

RIP 设计了一些机制来避免网络中路由环路的产生。主要包括定义最大跳数、水平分割、毒性逆转、触发更新、毒性路由。上述几种防环机制中,水平分割是最常用的避免环路发生的解决方案之一,默认是开启的。同时,在实际网络应用中,上述几种环路避免机制经常被同时使用,以更好地达到避免环路的目的。

(1)定义最大跳数

为了避免 RIP 路由在网络中被无休止地泛洪(即广播),IETF 在 RFC 1058 中定义了 RIP 路由的最大跳数——15 跳,也就是说,RIP 路由的最大可用跳数为 15 跳,当一条路由的度量值达到 16 跳时,该路由将被视为不可用,路由所指向的网段被视为不可达,如图 5-12 所示。

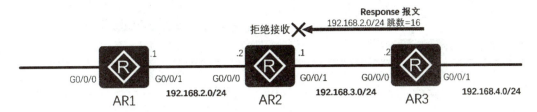

图 5-12　AR3 上配置为 15 跳后，AR2 拒收该路由

解决了路由被无限泛洪的问题，不过同时极大程度地限制了 RIP 所能支持的网络规模。假设一个网络中真的有 16 台路由器，该怎么办？那么定义最大跳数显然不行了，虽然有效防止了 RIP 路由被无限泛洪，却没有从根本上解决路由环路。

(2) 水平分割

水平分割 (Split Horizon) 的原理是，RIP 路由器从某个接口收到的路由不会再从该接口通告回去。这个机制再很大程度上消除了 RIP 路由的环路隐患。

在图 5-13 所示的网络中，AR1、AR2、AR3 都运行了 RIP，现在 AR2 将路由 192.168.1.0/24 发布到了 RIP，它将通过 Response 报文将该条路由通告出去，路由的度量值 (跳数) 会被设置为 2。AR3 将在自己的 GE0/0/0 接口上收到 AR2 发送的 Response 报文，并学习到 192.168.1.0/24 的路由，它将该条路由加载到自己的路由表中。

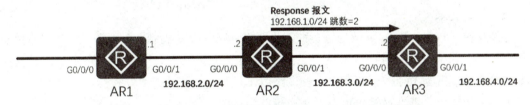

图 5-13　AR2 往 AR3 发送携带路由 Response 报文

当 AR3 的更新周期到来时，如果 AR3 的 GE0/0/0 接口没有激活水平分割，那么它将会从该接口发送的 Response 报文中携带 192.168.1.0/24 路由，该路由的跳数被设置为 3，如图 5-14 所示。如此一来，AR2 就会从 AR3 收到原本由自己通告出去的 RIP 路由。当然，此时的 AR2 会优选自己的这条路由，因为它的优先级更高。

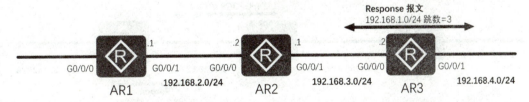

图 5-14　AR3 向连接的设备发送携带路由的 Response 报文

但是当 AR2 的 RIP 路由 192.168.1.0/24 变成不可达时 (关于该网段的路由将失效)，如图 5-15 所示，它会错误地认为可以通过 AR3 到达该网段，于是环路就极有可能发生。这个症状在于，AR3 把 AR2 告知它的路由信息由返还给了 AR2，这就埋下了路由环路的种子。

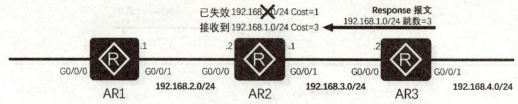

图 5-15　AR2 路由失效时，正好接收到 AR3 发过来的路由，然后更新路由表

当 AR3 的 GE0/0/0 接口激活了水平分割后，AR3 将不能把它从该接口收到的 RIP 路由再从这个接口通告出去，如图 5-16 所示，如此一来，路由环路的问题就可以得到很好的规避。水平分割是距离矢量路由协议的路由防环主题中最重要的机制之一。

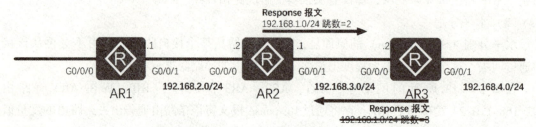

图 5-16　当 AR3 的 GE0/0/0 接口激活水平分割后，AR3 无法将它从该接口收到的 RIP 路由从这个接口通告出去

（3）毒性逆转

毒性逆转（Poison Reverse）是另一种防止路由环路的有效机制，其原理是，RIP 路由器从某个接口学到路由后，当它从该接口发送 Response 报文时，会携带这些路由，但是这些路由度量值被设置为 16 跳（16 跳意味着该路由不可达）。利用这种方式，可以清除对方路由表中的无用路由。毒性逆转也可以防止产生路由环路。

在图 5-17 中，AR1、AR2、AR3 三台路由器运行了 RIP，彼此开始交互 RIP 路由。AR2 将路由 192.168.1.0/24 通过 RIP 通告给 AR3。如果 AR3 激活毒性逆转，那么当它从 GE0/0/0 接口周期性发送 Response 报文时，报文中会包含从该接口学习到的 192.168.1.0/24 路由，但是路由的度量值被设置为 16 跳。

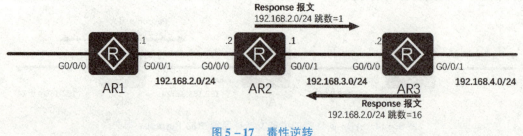

图 5-17　毒性逆转

由于 AR3 到达 192.168.2.0/24 的 RIP 路由是通过 AR2 获知的，这意味着 AR2 自己可能直连该网段，或者通过其他路由器可以到达该网段。换而言之，AR2 不会从 AR3 到达 192.168.2.0/24，因为那样就可能出现环路，所以毒性逆转的思路是 AR3 认为："既然这条

路由是 AR2 给我的，那么 AR2 就不可能从我这里到达该网段，所以我就告诉 AR2，这个网络从我这儿走是不可达的。"这条不可达路由可以杜绝 AR2 从 AR3 到达 192.168.2.0/24，从而出现环路的可能性。

(4) 触发更新

路由器会在激活了 RIP 的接口上周期性地发送 Response 报文，在默认情况下，RIP 会以 30 s 为周期进行报文发送，这在网络稳定的情况下是没有问题的，但是一旦拓扑出现变更，如果依然要等待下一个更新周期到来才发送路由更新，则显然是不合理的，而且也非常容易引发路由环路。

触发更新机制指的是，当路由器感知到拓扑发生变更或 RIP 路由度量值变更时，它无须等待下一个更新周期到来即可立即发送 Response 报文。例如图 5-18 描述的场景，AR1、AR2 及 AR3 三台路由器运行了 RIP，AR1 在 RIP 中发布 192.168.1.0/24 路由，它立即向 AR2 发送一个 Response 报文，在该报文中包含这条路由以及路由的度量值。AR2 收到这条路由更新后，将路由加载到自己的路由表，然后（无须等待下一个更新周期到来）立即向 AR3 发送 Response 报文，将 192.168.1.0/24 路由通告给它。

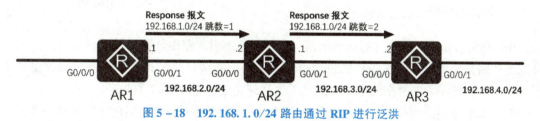

图 5-18 192.168.1.0/24 路由通过 RIP 进行泛洪

现在由于某种原因，AR1 通告的 192.168.1.0/24 路由的度量值发生了变化，由原来的 1 跳变为 2 跳，AR1 向 AR2 发送一个 Response 报文，以便将这个变化通知给对方。由于 AR2 是从该条路由的下一跳收到 Response 报文的，因此，即使新的度量值要劣于 AR2 路由表中已经存在的 192.168.1.0/24 路由的度量值，AR2 也会立即刷新自己的路由表，并且无须等待下一个更新周期的到来，立即触发一个 Response 报文给 AR3，如图 5-19 所示。AR3 在收到该报文后，立即刷新自己的路由表。

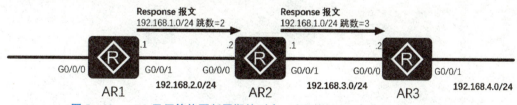

图 5-19 AR2 无须等待更新周期的到来，立即向 AR3 发送 Response 报文

(5) 毒性路由

前文已经提到，RIP 将 15 跳视为最大的可用跳数，这就意味着度量值为 16 跳的路由是不可达的。将度量值为 16 跳的路由包含在 Response 报文中进行泛洪，这在某些场合下是非常有用的，例如毒性逆转。另一种重要的用途是，当一个网络变为不可达时，发现这个变化的路由器立即触发一个 16 跳的路由更新来通知网络中的路由器——目标网络已经不可达，

这种路由被称为毒性路由。

如图 5-20 所示，R2 的直连网段 192.168.2.0/24 因故障变为不可达，AR2 将立即发送 Response 报文（触发更新机制使然）用于通告这个更新，在其发送给 AR3 的这个 Response 报文中，包含着 192.168.2.0/24 路由，最重要的是，这条路由的度量值被设置为 16。AR3 收到这个 Response 报文后，就立即意识到该网段已经不可达了，于是将该路由从路由表中移除。值得注意的是，AR3 虽然将该路由从路由表中删除，但是依然将其保存在 RIP 数据库中，同时为其启动垃圾回收计时器。

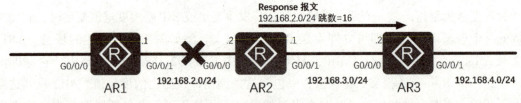

图 5-20 毒性路由

5.4.3 RIP 的缺陷

RIP 路由协议由于其自身算法的限制，不可避免地引入路由环路。尽管后续增加了水平分割等环路避免机制，但这些功能也使得 RIP 网络的路由计算变得复杂，网络收敛速度变慢，而且在一些稍大的复杂网络中，仍然无法达到完全避免环路的目的。

对于 RIP 来说，当一台路由器出现故障时，可能需要相对较长的时间才能确认一条路由是否失效。RIP 至少需要经过 3 min 的延迟才能启动备份路由。这个时间对于大多数应用程序来说，都会出现超时错误，用户能明显地感觉到网络出现了短暂的故障。

RIP 路由协议在选择路由时，不考虑链路的连接速度，而仅仅用跳数来衡量路径的长短。在多路由器互联的网络中，跳数最少的路径就会被选中为最佳路径。如图 5-21 所示，PC1 与 PC2 通信，经过 RTA→RTB→RTC 的 1 000 Mb/s 没有被选择，除非 RTA→RTC 的线路出现故障，这条 1 000 Mb/s 才被启用。

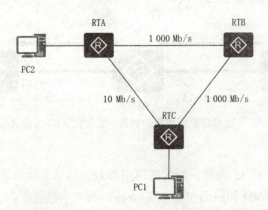

图 5-21 RIP 协议未选择最佳速度的传输路径

5.4.4 RIPv2 的配置和实施

在路由器上运行 RIPv2 协议时，首先需要对 RIP 协议进行一个基本的配置。在图 5-22 所示的网络中，在每台路由器上配置 RIPv2，使得网络中各个网段能够实现互相通信。

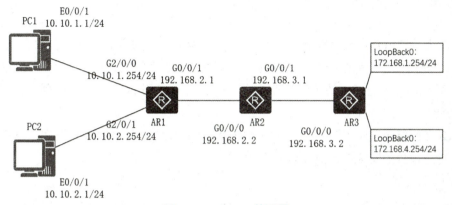

图 5-22 RIPv2 的配置

AR1 的配置如下：

```
[AR1]rip 1
[AR1-rip-1]version 2
[AR1-rip-1]network 192.168.2.0
[AR1-rip-1]network 10.0.0.0
```

其中，rip 命令创建一个 RIP 进程并进入 RIP 视图，数字 1 为该进程 ID，通常不必指定，系统自动选用 RIP 进程 1 作为当前 RIP 的进程。如果一台设备同时运行多个 RIP 进程，则每个进程需使用唯一的进程 ID。同一台设备上所运行的不同 RIP 进程相互独立，路由不会自动互相注入。

version 2 命令用于指定运行的是 RIP 版本 2。

network 命令用于在指定网段接口上激活 RIP。network 命令实际上有两层含义：一方面，用来指定本路由器上的哪些直连路由可以被 RIP 进程加入 RIP 路由表中；另一方面，用来指定哪些接口能够收发 RIP 协议报文。值得注意的是，network 命令所指定的必须是主类网络地址，而不能是子网地址。例如 network 192.168.2.0 这条命令，将使 G0/0/1 接口上激活 RIPv2。如果使用 network 10.10.1.0 命令试图在 G2/0/0 接口上激活 RIPv2，那么系统会报错，因为 10.10.1.0 是一个子网地址，而不是主类网络地址。

注意：network 10.0.0.0 把接口 G2/0/0 和接口 G2/0/1 都激活了。因为这两个接口的 IP 网段是 10.0.0.0/8 的子网。

AR2 的配置如下：

```
[AR2]rip 1
[AR2-rip-1]version 2
[AR2-rip-1]network 192.168.2.0
[AR2-rip-1]network 192.168.3.0
```

AR3 的配置如下：

```
[AR3]rip 1
[AR3-rip-1]version 2
[AR3-rip-1]undo summary
[AR3-rip-1]network 192.168.3.0
[AR3-rip-1]network 172.16.0.0
```

RIPv2 支持路由自动汇总功能，在 RIP 的配置视图下，使用 summary 可以自由地进行开启和关闭。开启汇总之后会把多个子网地址汇总成一个主类网络地址。以华为 AR2220 路由器为例，默认情况下已经激活了 RIP 路由自动汇总（可以用 undo summary 命令关闭路由自动汇总功能）。

RIPv2 支持报文认证，例如，可以在 AR1 和 AR2 的接口上激活 RIP 报文认证即可增加 RIP 报文传递过程的安全性。命令如下：

AR1 的配置如下：

```
[AR1] interface GigabitEthernet 0/0/1
[AR1- interface GigabitEthernet 0/0/1] rip authentication-mode simple plain HUAWEI
```

AR2 的配置如下：

```
[AR2] interface GigabitEthernet 0/0/0
[AR2- interface GigabitEthernet 0/0/0] rip authentication-mode simple plain HUAWEI
```

其中，plain 关键字表示口令将以明文方式存储在配置文件中。这显然不安全，这里建议用 cipher 代替 plain，这样口令将以密文方式存储在配置文件中，增强安全性。

Simple 关键字表示认证方式为简单认证，这里更加推荐报文采用 MD5 认证方式。所以 AR1 上的配置命令可以改为 rip authentication-mode MD5 usual HUAWEI，这里 MD5 后面关键字有两种选择：usual 和 nonstandard，这两个关键字用于指定 MD5 的类型，其中 usual 关键字表示 MD5 认证报文使用通用报文格式（私有标准），nonstandard 关键字表示 MD5 认证报文使用非标准报文格式（IETF 标准）。

5.5 链路状态路由协议 OSPF

由于 RIP 存在无法避免的缺陷，所以在网络规划中常用于中小型网络。随着企业网络规模的不断扩大，企业网络对安全性和可靠性提出了更高的要求。在这种背景下，OSPF 路由协议应运而生，它从根本是解决了 RIP 路由协议无法解决的问题，因而得到广泛的应用。

开放最短路径优先（Open Shortest Path First，OSPF）是由 IETF 组织开发的开放性标准协议，它是一个链路状态内部网关路由协议，是目前业内使用最为广泛的 IGP 之一。OSPF 中的"O"意为"Open"，即开放的意思，所有的产商都可以在其设备上实现 OSPF。OSPF 支持 VLSM，支持路由汇总等。当网络拓扑发生变更的时候，OSPF 可以快速感知并进行路由的计算和重新收敛。目前 OSPF 有两个版本：OSPFv2（针对 IPv4）和 OSPFv3（针对 IPv6）。

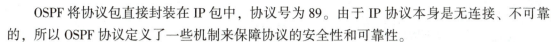

OSPF 将协议包直接封装在 IP 包中,协议号为 89。由于 IP 协议本身是无连接、不可靠的,所以 OSPF 协议定义了一些机制来保障协议的安全性和可靠性。

运行 OSPF 协议的路由器会将自己拥有的链路状态信息,通过启用了 OSPF 协议的接口发送给其他 OSPF 设备,同一个 OSPF 区域中的每台设备都会参与链路状态信息的创建、发送、接收与转发,直到这个区域中的所有 OSPF 设备获得了相同的链路状态信息为止。

5.5.1 OSPF 的一些重要概念

1. Router – ID

Router – ID(Router Identification,路由器标识)是一个 32 bit 长度的数值,通常采用点分十进制的形式(与 IPv4 地址格式一样,例如 10.0.1.1)。它用于在 OSPF 域中唯一地标识一台 OSPF 路由器,也就是说,OSPF 要求路由器的 Router – ID 必须全域唯一。一台 OSPF 路由器的 Router ID 是按照以下方式生成的:

①如果管理员手动配置了路由器的 Router ID,则路由器将使用该 Router ID。

②如果没有设置,但在路由器上创建了逻辑接口(如环回接口),则路由器会选择这台路由器上所有逻辑接口的 IPv4 地址中数值最大的作为 Router ID(不论该接口是否参与了 OSPF 协议)。

③如果①和②都没有,则路由器会选择所有活动物理接口的 IPv4 地址中数值最大的作为 Router ID(不论该接口是否参与了 OSPF 协议)。

在实际网络部署中,强烈建议手工配置 Router – ID,因为这关系到协议的稳定性。Router ID 一旦选定,只要 OSPF 进程没有重启,路由器的 Router ID 就不会改变,不论接口是否有变化。一种常见的做法是,将设备的 OSPF Router – ID 指定为该设备的 Loopback 接口(本地环回接口)的 IP 地址,配置实例如下:

```
[Huawei]interface LoopBack 0
[Huawei-LoopBack0]ip address 1.1.1.1 32
[Huawei-LoopBack0]quit
[Huawei]ospf 1 router-id 1.1.1.1
```

2. 链路和链路状态

链路是路由器上的一个接口。链路状态是有关各链路的状态的信息,用来描述路由器及其邻居路由器的关系,这些信息包括接口的 IP 地址和子网掩码、网络类型、链路的开销以及链路上所有相邻路由器。所有链路状态信息构成链路状态数据库。

3. 邻居表(Peer Table 或 Neighbor Table)

在 OSPF 协议中,每台路由器的接口都会周期性地向外发送 Hello 报文。如果"相邻"两台路由器之间发送给对方的 Hello 报文完全一致,那么这两台路由器就会成为彼此的邻居路由器,它们之间才存在"邻居"关系。

在图 5 – 23 所示的网络中,R1、R2 和 R3 都运行了 OSPF。以 R1 为例,它将在自己的 GE1/0/0 和 GE2/0/0 接口上分别发现 R1 和 R3,使用 display ospf peer 命令可以查看设备 OSPF 邻居表。如果邻居表的状态(State)为 Full,则表示建立了邻接关系。以下是 R1 的邻居表:

```
[R1]display OSPF 1 peer
  OSPF Process 1 with Router ID 10.1.1.1
 Neighbors
Area 0.0.0.0 interface 2.1.1.1(GigabitEthernet2/0/0)'s neighbors
Router ID: 12.1.1.1           Address: 2.1.1.2
State: Full      Mode:Nbr is    Master     Priority: 1
DR: 2.1.1.1      BDR: 2.1.1.2   MTU: 0
……
 Neighbors
Area 0.0.0.0 interface 1.1.1.1(GigabitEthernet1/0/0)'s neighbors
Router ID: 11.1.1.1           Address: 1.1.1.2
State: Full      Mode:Nbr is    Master     Priority: 1
DR: 1.1.1.1      BDR: 1.1.1.2   MTU: 0
Dead timer due in 37     sec
Retrans timer interval: 5
Neighbor is up for 00:15:23
Authentication Sequence: [ 0 ]
```

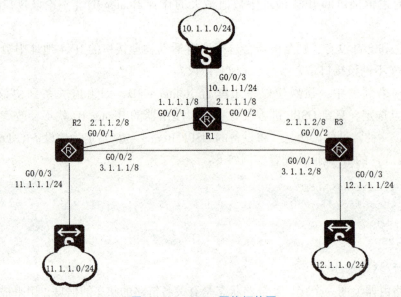

图 5-23 OSPF 网络拓扑图

4. LSA（Link-State Advertisement）和 LSDB（Link-State Database）

运行链路状态路由协议的路由器在网络中泛洪链路状态信息，在 OSPF 中，这些信息被称为 LSA（链路状态通告）。搜集到路由器网络中的 LSA 后装载到 LSDB（链路状态数据库）中，因此，LSDB 可以当作是路由器对网络的完整认知。

5. OSPF 区域

在 OSPF 网络中，每一个区域都有一个编号，称为区域 ID（Area ID）。区域 ID 是一个 32 位的二进制数，一般用十进制数来表示。区域 ID 为 0 的区域称为骨干区域（Backbone Area），其他区域都称为非骨干区域。单区域 OSPF 网络只包含一个区域，这个区域必须是骨干区域。多区域 OSPF 网络中，除骨干区域外，还有若干个非骨干区域，一般来说，每一个非骨干区域都需要与骨干区域直连，当非骨干区域没有与骨干区域直连时，要采用虚链路（Virtual Link）技术从逻辑上实现非骨干区域与骨干区域直连。也就是说，非骨干区域之间的通信必须要通过骨干区域中转才能实现。

至少有一个接口与骨干区域相连的路由器被称为骨干路由器（Backbone Router）。连接一个或多个区域到骨干区域的路由器被称为区域边界路由器（Area Border Router，ABR），这些路由器一般会成为区域间通信的路由网关。工作在 OSPF 自治系统边界的路由器称为 AS 边界路由器（AS Boundary Router，ASBR），它将 OSPF 域外路由引入本域，外部路由在整个 OSPF 域内传递。

如图 5 - 24 所示。OSPF 网络共有 4 个区域，其中 Area 0 为骨干区域，Area 1、Area 2 和 Area 3 为非骨干区域。需要注意的是，路由器 R1、R2 和 R3 同时属于骨干区域和非骨干区域，而其他路由器只属于一个区域。

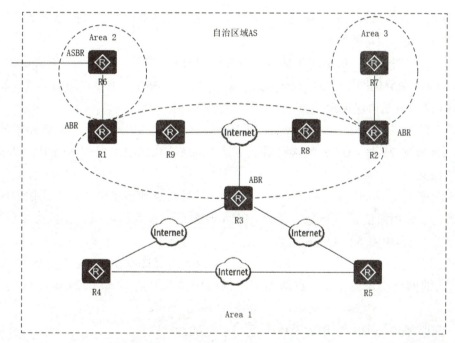

图 5 - 24　OSPF 协议区域划分图

6. OSPF 消息中的报文

如图 5 - 25 所示，OSPF 协议报文有 5 种类型，分别是 Hello 报文、DD 报文（Database Description Packet）、LSR 报文（Link - State Request Packet）、LSU 报文（Link - State Update Packet）和 LSAck 报文（Link - State Acknowledgement Packet）。OSPF 协议报文直接封装在 IP 报文中，IP 报文头部中的协议字段值必须为 89。

OSPF 报文中的 DD 报文用于描述自己的链路状态数据库 LSDB 并进行数据库的同步；LSR 报文用于请求相邻路由器 LSDB 中的一部分数据；LSU 报文的功能是向对端路由器发送多条 LSA 用于更新；LSAck 报文是指路由器在接收到 LSU 报文后所发出的确认应答报文。

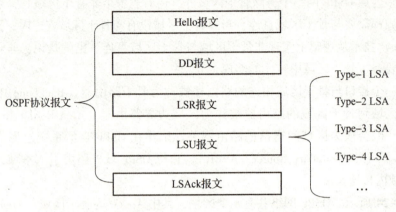

图 5 – 25　OSPF 报文类型

7. OSPF 支持的网络类型

OSPF 所支持的网络类型是指 OSPF 能够支持的二层网络类型，根据数据链路层协议类型，将网络分为下列 4 种类型：

①广播型多路访问（Broadcast Multi – Access，BMA）类型：当链路层协议是 Ethernet 或 FDDI 时，OSPF 默认的网络类型是 Broadcast。在该类型的网络中，通常以组播形式（224.0.0.5 和 224.0.0.6）发送协议报文。

②非广播型多路访问（Non – Broadcast Multi – Access，NBMA）类型：链路层协议是帧中继、ATM 或 X.25 时，OSPF 默认网络类型是 NBMA。在该项类型的网络中，以单播形式发送协议报文。

③点到多点（point – to – multipoint，P2MP）类型：点到多点必须是由其他的网络类型强制更改的。常用做法是将非全连通的 NBMA 改为点到多点的网络。在该类型的网络中，以组播形式（224.0.0.5）发送协议报文。

④点到点（point – to – point，P2P）类型：当链路层协议是 PPP、HDLC 和 LAPB 时，OSPF 默认的网络类型是 P2P。在该类型的网络中，以组播形式（224.0.0.5）发送协议报文。

8. OSPF 网络的 DR 与 BDR

指定路由器（Designate Router，DR）和备份指定路由器（Backup Designate Router，BDR）只适用于广播型多路访问类型（BMA）网络或非广播多路访问（NBMA）网络。

如图 5 – 26 所示，有五台路由器接入同一台交换机上，这些路由器的接口都配置同一个网段的 IP 地址，并且都在接口上激活 OSPF。完成上述操作后，组播 Hello 报文立即开始在网络中交互。若五台路由器的接口两两建立 OSPF 邻接关系，这就意味着网络中共有 n(n-1)/2 个邻接关系（n 为路由器的数量，此拓扑中 n 为 5）。维护如此多的邻接关系不仅消耗路由器资源，也增加了网络中 LSA 的泛洪数量。为了减少 OSPF 邻接关系数量，OSPF 会在 MA 网络中选举一个 DR 和一个 BDR。

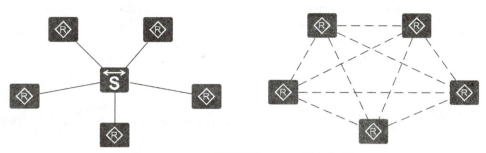

图 5-26 BMA 网络中的 OSPF 邻接关系图

DR 与 BDR 的选举规则：由于在一个广播网络或 NBMA 网络中，路由器之间会通过 Hello 报文进行交互，Hello 报文中包含了路由器的 Router-ID 和优先级（Router Priority），路由器的优先级的取值范围是 0~255，取值越大，优先级越高。根据 Router-ID 和优先级进行 DR 与 BDR 的选举规则如下：

①优先级最大的路由器将成为 DR。

②如果优先级相等，则 Router-ID 值最大的路由器将成为 DR。

③BDR 的选举与 DR 的选举规则完全一样，BDR 的选举发生在 DR 的选举之后，在同一个网络中，DR 和 BDR 不能是同一台路由器。

④如果 DR 和 BDR 都存在，则 DR 出现故障后，BDR 将迅速代替 DR 的角色。如果只存在 DR 而没有 BDR，则 DR 出现故障后将重新选举新的 DR，这就需要耗费一定的时间。如果一个路由器的优先级为 0，则不参加 DR 或 BDR 的选举。

如图 5-27 所示，根据优先级，RTA 被选为 DR，RTB 被选为 BDR。

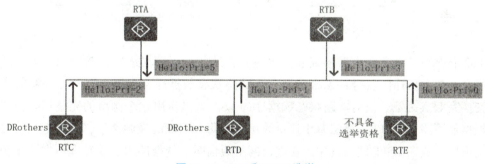

图 5-27 DR 和 BDR 选举

如图 5-28 所示，假设路由器的优先级一样，RTE 后来加入网络，虽然它的 Router ID 比原有的 DR 和 BDR 都高，但是出于稳定性的考虑，只能成为 DRother 路由器。

如图 5-29 所示，假设路由器的优先级相等，当 DR 路由器失效时，BDR 路由器立刻接替 DR 路由器工作成为新 DR。同时，DRother 路由器之间进行竞争，Router ID 值高的成为新 BDR。

9. OSPF 工作过程

在多路由访问网络（包含 BMA、NBMA、P2MP）环境中，OSPF 工作过程，简单地说，就是任意两个相邻的路由器通过发 Hello 报文形成邻居关系，邻居再相互发送 OSPF 报文建

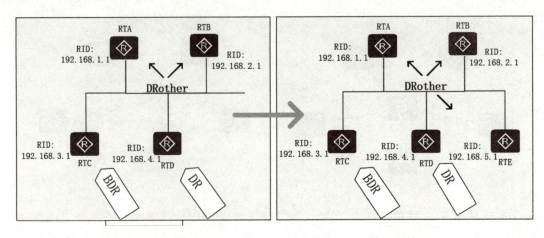

图 5-28 DR 和 BDR 选举（新加入设备）

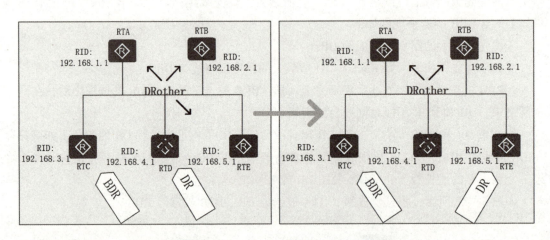

图 5-29 DR 和 BDR 选举（DR 失效）

立到 Full 状态时，两台路由器形成邻接关系，将彼此加入邻居表中，然后向对方发送 LSA 更新报文，包含拓扑信息的 LSA 报文被存入链路状态数据库，当路由器和拓扑结构中所有邻居交换完 LSA 之后，这时链路状态数据库的 LSA 就可拼出这个网络的完整拓扑，路由器各自根据最短路径（SPF）算法基于代价算出到达每个网段的最优路径，继而把最优路径转换成路由项，放在 OSPF 路由表中。在进行网络通信时，依据路由表来转发数据。整个工作过程如图 5-30 所示。

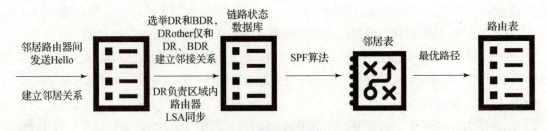

图 5-30 NMBA 和广播网络 OSPF 协议工作过程

其中，OSPF 协议路由得到路由表的整个过程可简单描述为四个阶段：寻找邻居、建立邻接关系、链路状态信息传递和路由计算。工作过程流程图如图 5-31 所示。

（1）寻找邻居

不同于 RIP，OSPF 协议运行后，并不立即向网络广播路由信息，而是先寻找网络中可与自己交互链路状态信息的邻居路由器，可以交互链路状态信息的路由器互为邻居（Neighbor）。

（2）建立邻接关系

- 本端设备通过接口每 10 s 向外发送 Hello 报文与对端设备建立邻居关系。
- 两端设备进行主/从关系协商和 DD 报文交换。
- 两端设备通过更新 LSA 完成链路数据库 LSDB 的同步。

此时，邻接关系建立成功。

（3）链路状态信息传递

OSPF 路由器将建立描述网络链路状况的 LSA，建立邻接关系的 OSPF 路由器之间将交互 LSA，最终形成包含网络完整链路状态信息的 LSDB。

（4）路由计算

运行 SPF 算法的前提是：同一个区域的每台路由器，已经同步完 LSDB。区域内的每台路由采用 SPF（Shortest Path First）算法，以自己为根利用每个网段的开销值（OSPF cost），计算出到达每个网段的最优路径（即开销值的和最小），然后把这个最优路径放入路由表。

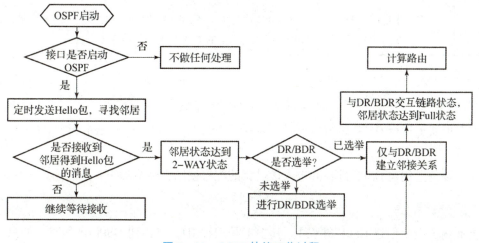

图 5-31 OSPF 协议工作过程

5.5.2 OSPF 的 LSA 类型

OSPF 是典型的链路状态路由协议，它不同于距离矢量路由协议，路由器之间并不直接交互路由信息，而是交互链路状态信息。所有的路由器都会产生用于描述自己直连接口状态的链路状态信息并且将其通告出去。路由器将网络中所泛洪的链路状态信息都收集起来并且存入 LSDB 中，LSDB 可以被视为对整个网络拓扑结构及网段信息的描述。LSDB 同步后，所有路由器拥有对网络的一致认知。所有路由器都独立利用 SPF 算法进行计算，得出一棵无环的最短路径树。这棵树以自己为树根，并且都知晓到达网络任何位置的路由。

OSPF 协议需要尽量精确地交流 LSA，以获得最佳的路由选择，因此，OSPF 协议中定义了不同类型的 LSA，深入了解并且掌握常见的 LSA 类型是非常有必要的。表 5-2 列举了 6 种常见的 LSA 类型。

表 5-2 常见的 LSA 类型及其描述

类别	名称	描述
1	路由器 LSA（Router LSA）	每台 OSPF 路由器都会产生这种 LSA，用于描述路由器所有 OSPF 直连接口的状况和 Cost 值。该 LSA 只会在接口所属区域内扩散
2	网络 LSA（Network LSA）	由 DR 产生，用来描述一个多路访问网络和与之相连的所有路由器，只会在包含 DR 所属的多路访问网络的区域扩散，不会扩散到其他 OSPF 区域
3	网络汇总 LSA（Network Summary LSA）	由 ABR 产生，它将一个区域内的网络通告给 OSPF 自治系统中的其他区域。这些条目通过主干区域被扩散到其他的 ABR
4	ASBR 汇总 LSA（ASBR Summary LSA）	由 ABR 产生，描述到 ASBR 的可达性，由主干区域发送到其他 ABR
5	AS 外部 LSA（AS External LSA）	由 ASBR 产生，描述关于自治系统外的外部路由
6	非完全末梢区域 LSA（NSSA LSA）	由 ASBR 产生的关于 NSSA 的信息，可以在 NSSA 区域内扩散。ABR 可以将类型 7 的 LSA 转换为类型 5 的 LSA

5.5.3 OSPF 的配置和实施

在路由器上运行 OSPF 路由协议时，需要对 OSPF 协议进行一些基本配置。OSPF 的基本配置包括如下几个关键步骤：

①在设备上创建 OSPF 进程并进入该进程的配置视图，命令如下：

```
[Router]ospf 1
```

上面例子表示创建 OSPF 进程 1。其中 1 是进程 ID，在创建 OSPF 进程时，如果不特别指定进程 ID，则系统会自动为该进程分配一个默认值作为进程 ID。进程 ID 只具有本地意义，因此两台路由器创建 OSPF 进程时，并不要求进程 ID 要一致，但是为了便于网络管理和维护，建议在一个连续的 OSPF 域中，所有设备使用一致的进程 ID。同一台设备上所运行的不同 OSPF 进程也是相互独立的，路由不会自动互相注入。

②创建 OSPF 区域，命令如下：

```
[Router-ospf-1]area 0
```

上面例子表示在 OSPF 进程 1 中创建了区域 0。OSPF 路由器必须至少属于一个区域，区域 ID 可以使用十进制整数格式，或者点分十进制格式。以上 area 0 命令等同于 area 0.0.0.0。

③在特定的接口上激活 OSPF,命令如下:

[Router-ospf-1-area-0.0.0.0]network 192.168.10.0 0.0.0.255

在上面例子中,192.168.10.0 代表的是一个网络地址(读者需根据实际设备接口的网络地址进行修改)。0.0.0.255 为 32 位的二进制通配符掩码的点分十进制值,用来决定 IP 地址中哪些比特位需严格匹配(通配符掩码中为 0 的比特位需严格匹配),哪些比特位无须匹配(通配符掩码中为 1 的比特位无所谓)。如上面例子中网络地址 192.168.10.0 和通配符掩码 0.0.0.255 组合,表示一个 IP 地址范围为 192.168.10.0~192.168.10.255。

项目实施

任务一:静态路由协议的配置

【任务描述】

项目经理告诉实习生小陈要在公司中部署一个简单的静态路由,为其中单网段或者少量网段中的计算机提供上网功能。

【材料准备】

①华为路由器 AR3260:3 台。

②华为交换机 S5700:3 台。

③PC:9 台。

【任务实施】

一、实验拓扑(图 5-32)

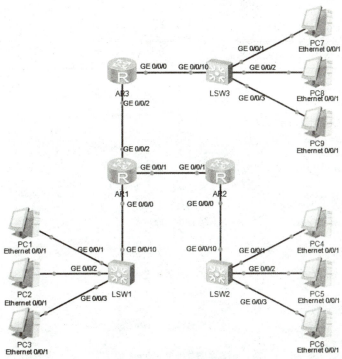

图 5-32 静态路由协议的配置

二、IP 规划（表 5-3）

表 5-3 IP 规划

设备名	接口	IP 地址	子网掩码	VLAN	VLAN 名称
PC1	NIC	192.168.10.1	255.255.255.0	1	cwb
PC2	NIC	192.168.10.2	255.255.255.0	1	cwb
PC3	NIC	192.168.10.3	255.255.255.0	1	cwb
PC4	NIC	192.168.20.1	255.255.255.0	1	xsb
PC5	NIC	192.168.20.2	255.255.255.0	1	xsb
PC6	NIC	192.168.20.3	255.255.255.0	1	xsb
PC7	NIC	192.168.30.1	255.255.255.0	1	ywb
PC8	NIC	192.168.30.2	255.255.255.0	1	ywb
PC9	NIC	192.168.30.3	255.255.255.0	1	ywb
AR1	GE0/0/0	192.168.10.254	255.255.255.0		
AR1	GE0/0/1	192.168.12.1	255.255.255.0		
AR1	GE0/0/2	192.168.13.1	255.255.255.0		
AR2	GE0/0/0	192.168.20.254	255.255.255.0		
AR2	GE0/0/1	192.168.12.2	255.255.255.0		
AR3	GE0/0/0	192.168.30.254	255.255.255.0		
AR3	GE0/0/2	192.168.13.3	255.255.255.0		

三、实验配置

步骤 1：更改每台设备的名称。

```
<Huawei>system-view
[Huawei]sysname LSW1          #修改 LSW1 的名称
[LSW1]
<Huawei>system-view
[Huawei]sysname LSW2          #修改 LSW2 的名称
[LSW2]
<Huawei>system-view
[Huawei]sysname LSW3          #修改 LSW3 的名称
[LSW3]
<Huawei>system-view
[Huawei]sysnameAR1            #修改 AR1 的名称
[AR1]
<Huawei>system-view
```

```
[Huawei]sysname AR2              #修改 AR2 的名称
[AR2]
<Huawei>system-view
[Huawei]sysname AR3              #修改 AR3 的名称
[AR3]
```

步骤2：在每台交换机上创建 VLAN 并命名。

```
[LSW1]vlan 1
[LSW1-vlan1]description cwb      #为 VLAN1 命名
[LSW2]vlan 1
[LSW2-vlan1]description xsb      #为 VLAN1 命名
[LSW3]vlan 1
[LSW3-vlan1]description xsb      #为 VLAN1 命名
```

步骤3：根据 IP 地址规划表为三台路由器的接口配置 IP。

```
[AR1]int GigabitEthernet 0/0/0
[AR1-GigabitEthernet0/0/0]ip address 192.168.10.254 24    #配置 GE0/0/0 口 IP
[AR1]int GigabitEthernet 0/0/1
[AR1-GigabitEthernet0/0/1]ip address 192.168.12.1 24      #配置 GE0/0/1 口 IP
[AR1]int GigabitEthernet 0/0/2
[AR1-GigabitEthernet0/0/2]ip address 192.168.13.1 24      #配置 GE0/0/2 口 IP
[AR2]int GigabitEthernet 0/0/0
[AR2-GigabitEthernet0/0/0]ip address 192.168.20.254 24    #配置 GE0/0/0 口 IP
[AR2]int GigabitEthernet 0/0/1
[AR2-GigabitEthernet0/0/1]ip address 192.168.12.2 24      #配置 GE0/0/1 口 IP
[AR3]int GigabitEthernet 0/0/0
[AR3-GigabitEthernet0/0/0]ip address 192.168.30.254 24    #配置 GE0/0/0 口 IP
[AR3]int GigabitEthernet 0/0/2
[AR3-GigabitEthernet0/0/2]ip address 192.168.13.3 24      #配置 GE0/0/2 口 IP
```

步骤4：为每台路由器配置前往其他非直连网段的静态路由。

```
[AR1]ip route-static 192.168.20.0 255.255.255.0 192.168.12.2
[AR1]ip route-static 192.168.30.0 255.255.255.0 192.168.13.3

[AR2]ip route-static 192.168.10.0 255.255.255.0 192.168.12.1
[AR2]ip route-static 192.168.13.0 255.255.255.0 192.168.12.1
[AR2]ip route-static 192.168.30.0 255.255.255.0 192.168.12.1

[AR3]ip route-static 192.168.10.0 255.255.255.0 192.168.13.1
[AR3]ip route-static 192.168.12.0 255.255.255.0 192.168.13.1
[AR3]ip route-static 192.168.20.0 255.255.255.0 192.168.13.1
```

步骤5：在三台路由器上分别验证路由表。

```
<AR1>display ip routing-table protocol static
Route Flags: R - relay, D - download to fib
```

```
--------------------------------------------------------------
Public routing table : Static
         Destinations : 2        Routes : 2        Configured Routes : 2
Static routing table status : < Active >
         Destinations : 2        Routes : 2
Destination/Mask     Proto  Pre  Cost    Flags NextHop       Interface
   192.168.20.0/24   Static 60   0       RD    192.168.12.2  GigabitEthernet0/0/1
   192.168.30.0/24   Static 60   0       RD    192.168.13.3  GigabitEthernet0/0/2
Static routing table status : < Inactive >
         Destinations : 0        Routes : 0

<AR2 >display ip routing -table protocol static
Route Flags: R - relay, D - download to fib
--------------------------------------------------------------
Public routing table : Static
         Destinations : 3        Routes : 3        Configured Routes : 3
Static routing table status : < Active >
         Destinations : 3        Routes : 3
Destination/Mask     Proto  Pre  Cost    Flags NextHop       Interface
   192.168.10.0/24   Static 60   0       RD    192.168.12.1  GigabitEthernet0/0/1
   192.168.13.0/24   Static 60   0       RD    192.168.12.1  GigabitEthernet0/0/1
   192.168.30.0/24   Static 60   0       RD    192.168.12.1  GigabitEthernet0/0/1
Static routing table status : < Inactive >
         Destinations : 0        Routes : 0

<AR3 >display ip routing -table protocol static
Route Flags: R - relay, D - download to fib
--------------------------------------------------------------
Public routing table : Static
         Destinations : 3        Routes : 3        Configured Routes : 3
Static routing table status : < Active >
         Destinations : 3        Routes : 3
Destination/Mask     Proto  Pre  Cost    Flags NextHop       Interface
   192.168.10.0/24   Static 60   0       RD    192.168.13.1  GigabitEthernet0/0/2
   192.168.12.0/24   Static 60   0       RD    192.168.13.1  GigabitEthernet0/0/2
   192.168.20.0/24   Static 60   0       RD    192.168.13.1  GigabitEthernet0/0/2
Static routing table status : < Inactive >
         Destinations : 0        Routes : 0
```

步骤6：在PC机上开始测试。不同网段可以相互ping通。

```
PC >ping 192.168.20.1              #PC1 ping PC4
Ping 192.168.20.1: 32 data bytes, Press Ctrl_C to break
From 192.168.20.1: bytes =32 seq =1 ttl =126 time =78 ms
From 192.168.20.1: bytes =32 seq =2 ttl =126 time =63 ms
From 192.168.20.1: bytes =32 seq =3 ttl =126 time =78 ms
```

```
From 192.168.20.1: bytes=32 seq=4 ttl=126 time=78 ms
From 192.168.20.1: bytes=32 seq=5 ttl=126 time=63 ms
--- 192.168.20.1 ping statistics ---
  5 packet(s) transmitted
  5 packet(s) received
  0.00% packet loss
  round-trip min/avg/max = 63/72/78 ms

PC>ping 192.168.30.1              #PC1 ping PC7
Ping 192.168.30.1: 32 data bytes, Press Ctrl_C to break
From 192.168.30.1: bytes=32 seq=1 ttl=126 time=62 ms
From 192.168.30.1: bytes=32 seq=2 ttl=126 time=62 ms
From 192.168.30.1: bytes=32 seq=3 ttl=126 time=78 ms
From 192.168.30.1: bytes=32 seq=4 ttl=126 time=79 ms
From 192.168.30.1: bytes=32 seq=5 ttl=126 time=46 ms
--- 192.168.30.1 ping statistics ---
  5 packet(s) transmitted
  5 packet(s) received
  0.00% packet loss
  round-trip min/avg/max = 46/65/79 ms

PC>ping 192.168.10.2              #PC5 ping PC2
Ping 192.168.10.2: 32 data bytes, Press Ctrl_C to break
From 192.168.10.2: bytes=32 seq=1 ttl=126 time=78 ms
From 192.168.10.2: bytes=32 seq=2 ttl=126 time=78 ms
From 192.168.10.2: bytes=32 seq=3 ttl=126 time=78 ms
From 192.168.10.2: bytes=32 seq=4 ttl=126 time=62 ms
From 192.168.10.2: bytes=32 seq=5 ttl=126 time=79 ms
--- 192.168.10.2 ping statistics ---
  5 packet(s) transmitted
  5 packet(s) received
  0.00% packet loss
  round-trip min/avg/max = 62/75/79 ms

PC>ping 192.168.30.1              #PC5 ping PC7
Ping 192.168.30.1: 32 data bytes, Press Ctrl_C to break
From 192.168.30.1: bytes=32 seq=1 ttl=125 time=93 ms
From 192.168.30.1: bytes=32 seq=2 ttl=125 time=94 ms
From 192.168.30.1: bytes=32 seq=3 ttl=125 time=78 ms
From 192.168.30.1: bytes=32 seq=4 ttl=125 time=94 ms
From 192.168.30.1: bytes=32 seq=5 ttl=125 time=94 ms
--- 192.168.30.1 ping statistics ---
  5 packet(s) transmitted
  5 packet(s) received
  0.00% packet loss
  round-trip min/avg/max = 78/90/94 ms
```

【任务总结】

经历过这次静态路由的部署，小陈学习了路由表及静态路由、默认路由的配置。静态路由是由网络管理员手工输入的，它不会随着网络拓扑的变化而变化，一般使用于结构比较简单的网络。

任务二：RIPv2 的基本配置

【任务描述】

小陈在给公司网络进行整改的时候，被无数的下一跳给整蒙了，然后他就想到了动态路由。项目经理告诉小陈，RIP 路由主要应用在小型网络中，比如中小学校、小型企业、实验室组网等，网络设备台数有限（理论上不能超过 16 台）。其可以很好地使用于目前的公司网络中。

【材料准备】

①华为路由器 AR3260：3 台。
②华为交换机 S5700：2 台。
③PC：2 台。

【任务实施】

一、实验拓扑（图 5-33）

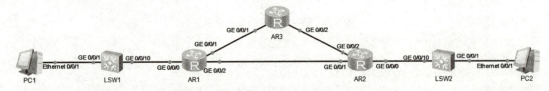

图 5-33　RIPv2 的配置拓扑

二、IP 规划（表 5-4）

表 5-4　IP 规划

设备名	接口	IP 地址	子网掩码	VLAN	VLAN 名称
PC1	NIC	192.168.10.1	255.255.255.0	1	cwb
PC2	NIC	192.168.20.1	255.255.255.0	1	xsb
AR1	GE0/0/0	192.168.10.254	255.255.255.0		
AR1	GE0/0/1	192.168.13.1	255.255.255.0		
AR1	GE0/0/2	192.168.12.1	255.255.255.0		
AR2	GE0/0/0	192.168.20.254	255.255.255.0		
AR2	GE0/0/1	192.168.12.2	255.255.255.0		
AR2	GE0/0/2	192.168.23.2	255.255.255.0		

续表

设备名	接口	IP 地址	子网掩码	VLAN	VLAN 名称
AR3	GE0/0/1	192.168.13.3	255.255.255.0		
	GE0/0/2	192.168.23.3	255.255.255.0		

三、实验配置

步骤1：更改每台设备的名称。

```
<Huawei>system-view
[Huawei]sysname LSW1            #修改 LSW1 的名称
[LSW1]
<Huawei>system-view
[Huawei]sysname LSW2            #修改 LSW2 的名称
[LSW2]
<Huawei>system-view
[Huawei]sysnameAR1              #修改 AR1 的名称
[AR1]
<Huawei>system-view
[Huawei]sysnameAR2              #修改 AR2 的名称
[AR2]
<Huawei>system-view
[Huawei]sysnameAR3              #修改 AR3 的名称
[AR3]
```

步骤2：为每台路由器的接口配置 IP。

```
[AR1]int GigabitEthernet 0/0/0
[AR1-GigabitEthernet0/0/0]ip address 192.168.10.254 24
[AR1]int GigabitEthernet 0/0/1
[AR1-GigabitEthernet0/0/1]ip address 192.168.13.1 24
[AR1]int GigabitEthernet 0/0/2
[AR1-GigabitEthernet0/0/2]ip address 192.168.12.1 24

[AR2]int GigabitEthernet 0/0/0
[AR2-GigabitEthernet0/0/0]ip address 192.168.20.254 24
[AR2]int GigabitEthernet 0/0/1
[AR2-GigabitEthernet0/0/1]ip address 192.168.12.2 24
[AR2]int GigabitEthernet 0/0/2
[AR2-GigabitEthernet0/0/2]ip address 192.168.23.2 24

[AR3]int GigabitEthernet 0/0/1
[AR3-GigabitEthernet0/0/1]ip address 192.168.13.3 24
[AR3]int GigabitEthernet 0/0/2
[AR3-GigabitEthernet0/0/2]ip address 192.168.23.3 24
```

步骤3：为每台路由器配置基本的 RIPv2。

```
[AR1]rip                                    #进入RIP
[AR1-rip-1]undo summary                     #关闭自动汇总
[AR1-rip-1]version 2                        #更改RIP版本为2
[AR1-rip-1]network 192.168.10.0             #宣告路由器路由表中的网段
[AR1-rip-1]network 192.168.12.0
[AR1-rip-1]network 192.168.13.0

[AR2]rip                                    #进入RIP
[AR2-rip-1]undo summary                     #关闭自动汇总
[AR2-rip-1]version 2                        #更改RIP版本为2
[AR2-rip-1]network 192.168.20.0             #宣告路由器路由表中的网段
[AR2-rip-1]network 192.168.12.0
[AR2-rip-1]network 192.168.23.0

[AR3]rip                                    #进入RIP
[AR3-rip-1]undo summary                     #关闭自动汇总
[AR3-rip-1]version 2                        #更改RIP版本为2
[AR3-rip-1]network 192.168.13.0             #宣告路由器路由表中的网段
[AR3-rip-1]network 192.168.23.0
```

步骤4：查看每台路由器的RIP路由表。

```
[AR1]display ip routing-table protocol rip
Route Flags: R - relay, D - download to fib
------------------------------------------------------------------------
Public routing table : RIP
         Destinations : 2         Routes : 3
RIP routing table status : <Active>
         Destinations : 2         Routes : 3
Destination/Mask    Proto   Pre   Cost   Flags NextHop        Interface
  192.168.20.0/24   RIP     100   1      D     192.168.12.2   GigabitEthernet0/0/2
  192.168.23.0/24   RIP     100   1      D     192.168.13.3   GigabitEthernet0/0/1
                    RIP     100   1      D     192.168.12.2   GigabitEthernet0/0/2

RIP routing table status : <Inactive>
         Destinations : 0         Routes : 0
[AR1]

[AR2]display ip routing-table protocol rip
Route Flags: R - relay, D - download to fib
------------------------------------------------------------------------
Public routing table : RIP
         Destinations : 2         Routes : 3
RIP routing table status : <Active>
         Destinations : 2         Routes : 3
Destination/Mask    Proto   Pre   Cost   Flags NextHop        Interface
  192.168.10.0/24   RIP     100   1      D     192.168.12.1   GigabitEthernet0/0/1
  192.168.13.0/24   RIP     100   1      D     192.168.23.3   GigabitEthernet0/0/2
                    RIP     100   1      D     192.168.12.1   GigabitEthernet0/0/1
```

```
RIP routing table status : <Inactive>
        Destinations : 0            Routes : 0
[AR2]


[AR3]display ip routing-table protocol rip
Route Flags: R - relay, D - download to fib
----------------------------------------------------------------
Public routing table : RIP
        Destinations : 3            Routes : 4

RIP outing table status : <Active>
        Destinations : 3            Routes : 4
Destination/Mask     Proto   Pre    Cost    Flags  NextHop         Interface
    192.168.10.0/24  RIP     100    1         D   192.168.13.1    GigabitEthernet0/0/1
    192.168.12.0/24  RIP     100    1         D   192.168.23.2    GigabitEthernet0/0/2
                     RIP     100    1         D   192.168.13.1    GigabitEthernet0/0/1
    192.168.20.0/24  RIP     100    1         D   192.168.23.2    GigabitEthernet0/0/2
RIP routing table status : <Inactive>
        Destinations : 0            Routes : 0
[AR3]
```

步骤5：PC之间进行连通性测试。不同网段之间要能ping通。

```
PC>ping 192.168.20.1                      #PC1 ping PC2

Ping 192.168.20.1: 32 data bytes, Press Ctrl_C to break
From 192.168.20.1: bytes=32 seq=1 ttl=126 time=63 ms
From 192.168.20.1: bytes=32 seq=2 ttl=126 time=62 ms
From 192.168.20.1: bytes=32 seq=3 ttl=126 time=47 ms
From 192.168.20.1: bytes=32 seq=4 ttl=126 time=62 ms
From 192.168.20.1: bytes=32 seq=5 ttl=126 time=78 ms

--- 192.168.20.1 ping statistics ---
  5 packet(s) transmitted
  5 packet(s) received
  0.00% packet loss
  round-trip min/avg/max = 47/62/78 ms

PC>ping 192.168.23.3                      #PC1 ping 192.168.23.3(AR3 GE0/0/2 接口 IP)
Ping 192.168.23.3: 32 data bytes, Press Ctrl_C to break
From 192.168.23.3: bytes=32 seq=1 ttl=254 time=47 ms
From 192.168.23.3: bytes=32 seq=2 ttl=254 time=32 ms
From 192.168.23.3: bytes=32 seq=3 ttl=254 time=47 ms
From 192.168.23.3: bytes=32 seq=4 ttl=254 time=31 ms
From 192.168.23.3: bytes=32 seq=5 ttl=254 time=47 ms
--- 192.168.23.3 ping statistics ---
  5 packet(s) transmitted
  5 packet(s) received
  0.00% packet loss
  round-trip min/avg/max = 31/40/47 ms
```

【任务总结】

通过这次 RIPv2 基本路由的部署,实习生小陈更加全面地认识了 RIP,由于 RIP 的配置较为简单(宣告中没有携带反掩码),在配置和维护管理方面也远比 OSPF 容易,因此 RIP 更加适用于小型的网络。

任务三:OSPF 单区域的配置

【任务描述】

项目经理告诉小陈,随着公司的扩张和新一批网络设备的到来,公司网络现在不仅可以选择使用基于距离矢量算法的 RIP,也可以选择基于链路状态的 OSPF 了。相比 RIP,OSPF 能够根据链路状态信息计算出到达目标节点的最短路径,能够完全避免环路,是当前企事业单位首选的内部网关路由协议。

【材料准备】

①华为路由器 AR3260:4 台。
②PC:4 台。

【任务实施】

一、实验拓扑(图 5-34)

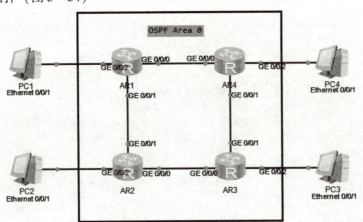

图 5-34 OSPF 单区域的配置

二、IP 规划(表 5-5)

表 5-5 IP 规划

设备名	接口	IP 地址	子网掩码
PC1	NIC	192.168.10.1	255.255.255.0
PC2	NIC	192.168.20.1	255.255.255.0
PC3	NIC	192.168.30.1	255.255.255.0
PC4	NIC	192.168.40.1	255.255.255.0

续表

设备名	接口	IP 地址	子网掩码
AR1	G0/0/0	192.168.14.1	255.255.255.0
AR1	G0/0/1	192.168.12.1	255.255.255.0
AR1	G0/0/2	192.168.10.254	255.255.255.0
AR2	G0/0/0	192.168.23.2	255.255.255.0
AR2	G0/0/1	192.168.12.2	255.255.255.0
AR2	G0/0/2	192.168.20.254	255.255.255.0
AR3	G0/0/0	192.168.23.3	255.255.255.0
AR3	G0/0/1	192.168.34.3	255.255.255.0
AR3	G0/0/2	192.168.30.254	255.255.255.0
AR4	G0/0/0	192.168.14.4	255.255.255.0
AR4	G0/0/1	192.168.34.4	255.255.255.0
AR4	G0/0/2	192.168.40.254	255.255.255.0

三、实验配置

步骤1：更改每台设备的名称。

```
<Huawei>system-view
[Huawei]sysname AR1              #修改 AR1 的名称
[AR1]
<Huawei>system-view
[Huawei]sysname AR2              #修改 AR2 的名称
[AR2]
<Huawei>system-view
[Huawei]sysname AR3              #修改 AR3 的名称
[AR3]
<Huawei>system-view
[Huawei]sysname AR4              #修改 AR4 的名称
[AR4]
```

步骤2：在每台路由器接口上配置 IP。

```
[AR1]int GigabitEthernet 0/0/0
[AR1-GigabitEthernet0/0/0]ip address 192.168.14.1 24
[AR1]int GigabitEthernet 0/0/1
[AR1-GigabitEthernet0/0/1]ip address 192.168.12.1 24
[AR1]int GigabitEthernet 0/0/2
[AR1-GigabitEthernet0/0/2]ip address 192.168.10.254 24
```

```
[AR2]int GigabitEthernet 0/0/0
[AR2-GigabitEthernet0/0/0]ip address 192.168.23.2 24
[AR2]int GigabitEthernet 0/0/1
[AR2-GigabitEthernet0/0/1]ip address 192.168.12.2 24
[AR2]int GigabitEthernet 0/0/2
[AR2-GigabitEthernet0/0/2]ip address 192.168.20.254 24

[AR3]int GigabitEthernet 0/0/0
[AR3-GigabitEthernet0/0/0]ip address 192.168.23.3 24
[AR3]int GigabitEthernet 0/0/1
[AR3-GigabitEthernet0/0/1]ip address 192.168.34.3 24
[AR3]int GigabitEthernet 0/0/2
[AR3-GigabitEthernet0/0/2]ip address 192.168.30.254 24

[AR4]int GigabitEthernet 0/0/0
[AR4-GigabitEthernet0/0/0]ip address 192.16814.4 24
[AR4]int GigabitEthernet 0/0/1
[AR4-GigabitEthernet0/0/1]ip address 192.168.34.4 24
[AR4]int GigabitEthernet 0/0/2
[AR4-GigabitEthernet0/0/2]ip address 192.168.40.254 24
```

步骤3：在每台路由器上配置 OSPF（单区域）。

```
[AR1]ospf 1   //启用 OSPF 路由协议
[AR1-ospf-1]area 0   //进入区域 0
[AR1-ospf-1-area-0.0.0.0]network 192.168.14.0 0.0.0.255   /* 在该网段的接口上启用 OSPF 协议 */
[AR1-ospf-1-area-0.0.0.0]network 192.168.12.0 0.0.0.255
[AR1-ospf-1-area-0.0.0.0]network 192.168.10.0 0.0.0.255

[AR2]ospf 1
[AR2-ospf-1]area 0
[AR2-ospf-1-area-0.0.0.0]network 192.168.12.0 0.0.0.255
[AR2-ospf-1-area-0.0.0.0]network 192.168.20.0 0.0.0.255
[AR2-ospf-1-area-0.0.0.0]network 192.168.23.0 0.0.0.255

[AR3]ospf 1
[AR3-ospf-1]area 0
[AR3-ospf-1-area-0.0.0.0]network 192.168.23.0 0.0.0.255
[AR3-ospf-1-area-0.0.0.0]network 192.168.30.0 0.0.0.255
[AR3-ospf-1-area-0.0.0.0]network 192.168.34.0 0.0.0.255

[AR4]ospf 1
[AR4-ospf-1]area 0
[AR4-ospf-1-area-0.0.0.0]network 192.168.14.0 0.0.0.255
[AR4-ospf-1-area-0.0.0.0]network 192.168.34.0 0.0.0.255
[AR4-ospf-1-area-0.0.0.0]network 192.168.40.0 0.0.0.255
```

步骤4：在每台路由器上查看OSPF邻居建立情况。

```
[AR1]display ospf peer brief
     OSPF Process 1 with Router ID 192.168.14.1
        Peer Statistic Information
 -----------------------------------------------------------------
 Area Id        Interface              Neighbor id        State
 0.0.0.0        GigabitEthernet0/0/0   192.168.14.4       Full
 0.0.0.0        GigabitEthernet0/0/1   192.168.23.2       Full
 -----------------------------------------------------------------

[AR2]display ospf peer brief
     OSPF Process 1 with Router ID 192.168.23.2
        Peer Statistic Information
 -----------------------------------------------------------------
 Area Id        Interface              Neighbor id        State
 0.0.0.0        GigabitEthernet0/0/0   192.168.23.3       Full
 0.0.0.0        GigabitEthernet0/0/1   192.168.14.1       Full
 -----------------------------------------------------------------

[AR3]display ospf peer brief
     OSPF Process 1 with Router ID 192.168.23.3
        Peer Statistic Information
 -----------------------------------------------------------------
 Area Id        Interface              Neighbor id        State
 0.0.0.0        GigabitEthernet0/0/0   192.168.23.2       Full
 0.0.0.0        GigabitEthernet0/0/1   192.168.14.4       Full
 -----------------------------------------------------------------

[AR4]display ospf peer brief
     OSPF Process 1 with Router ID 192.168.14.4
        Peer Statistic Information
 -----------------------------------------------------------------
 Area Id        Interface              Neighbor id        State
 0.0.0.0        GigabitEthernet0/0/0   192.168.14.1       Full
 0.0.0.0        GigabitEthernet0/0/1   192.168.23.3       Full
 -----------------------------------------------------------------
```

步骤5：在每台路由器上查看路由表。

```
[AR1]display ip routing-table protocol ospf
Route Flags: R - relay, D - download to fib
------------------------------------------------------------------
Public routing table : OSPF
         Destinations : 5        Routes : 6
OSPF routing table status : <Active>
         Destinations : 5        Routes : 6
```

```
Destination/Mask       Proto   Pre    Cost    Flags  NextHop         Interface
   192.168.20.0/24     OSPF    10     2       D      192.168.12.2    GigabitEthernet0/0/1
   192.168.23.0/24     OSPF    10     2       D      192.168.12.2    GigabitEthernet0/0/1
   192.168.30.0/24     OSPF    10     3       D      192.168.12.2    GigabitEthernet0/0/1
                       OSPF    10     3       D      192.168.14.4    GigabitEthernet0/0/0
   192.168.34.0/24     OSPF    10     2       D      192.168.14.4    GigabitEthernet0/0/0
   192.168.40.0/24     OSPF    10     2       D      192.168.14.4    GigabitEthernet0/0/0
OSPF routing table status : <Inactive>
         Destinations : 0         Routes : 0
[AR1]

[AR2]display ip routing-table protocol ospf
Route Flags: R - relay, D - download to fib
------------------------------------------------------------------------
Public routing table : OSPF
         Destinations : 5         Routes : 6
OSPF routing table status : <Active>
         Destinations : 5         Routes : 6
Destination/Mask       Proto   Pre    Cost    Flags  NextHop         Interface
   192.168.10.0/24     OSPF    10     2       D      192.168.12.1    GigabitEthernet0/0/1
   192.168.14.0/24     OSPF    10     2       D      192.168.12.1    GigabitEthernet0/0/1
   192.168.30.0/24     OSPF    10     2       D      192.168.23.3    GigabitEthernet0/0/0
   192.168.34.0/24     OSPF    10     2       D      192.168.23.3    GigabitEthernet0/0/0
   192.168.40.0/24     OSPF    10     3       D      192.168.12.1    GigabitEthernet0/0/1
                       OSPF    10     3       D      192.168.23.3    GigabitEthernet0/0/0
OSPF routing table status : <Inactive>
         Destinations : 0         Routes : 0
[AR2]

[AR3]display ip routing-table protocol ospf
Route Flags: R - relay, D - download to fib
------------------------------------------------------------------------
Public routing table : OSPF
         Destinations : 5         Routes : 6
OSPF routing table status : <Active>
         Destinations : 5         Routes : 6
Destination/Mask       Proto   Pre    Cost    Flags  NextHop         Interface
   192.168.10.0/24     OSPF    10     3       D      192.168.23.2    GigabitEthernet0/0/0
                       OSPF    10     3       D      192.168.34.4    GigabitEthernet0/0/1
   192.168.12.0/24     OSPF    10     2       D      192.168.23.2    GigabitEthernet0/0/0
   192.168.14.0/24     OSPF    10     2       D      192.168.34.4    GigabitEthernet0/0/1
   192.168.20.0/24     OSPF    10     2       D      192.168.23.2    GigabitEthernet0/0/0
   192.168.40.0/24     OSPF    10     2       D      192.168.34.4    GigabitEthernet0/0/1
OSPF routing table status : <Inactive>
         Destinations : 0         Routes : 0
[AR3]

[AR4]display ip routing-table protocol ospf
Route Flags: R - relay, D - download to fib
------------------------------------------------------------------------
```

```
Public routing table : OSPF
         Destinations : 5          Routes : 6
OSPF routing table status : <Active>
         Destinations : 5          Routes : 6
Destination/Mask    Proto    Pre    Cost    Flags    NextHop        Interface
    192.168.10.0/24  OSPF    10     2       D        192.168.14.1   GigabitEthernet0/0/0
    192.168.12.0/24  OSPF    10     2       D        192.168.14.1   GigabitEthernet0/0/0
    192.168.20.0/24  OSPF    10     3       D        192.168.14.1   GigabitEthernet0/0/0
                     OSPF    10     3       D        192.168.34.3   GigabitEthernet0/0/1
    192.168.23.0/24  OSPF    10     2       D        192.168.34.3   GigabitEthernet0/0/1
    192.168.30.0/24  OSPF    10     2       D        192.168.34.3   GigabitEthernet0/0/1
OSPF routing table status : <Inactive>
         Destinations : 0          Routes : 0
[AR4]
```

步骤6：PC 机进行连通性测试。不同网段要能相互 ping 通。

```
PC>ping 192.168.20.1                                    #PC1 ping PC2
Ping 192.168.20.1: 32 data bytes, Press Ctrl_C to break
From 192.168.20.1: bytes=32 seq=1 ttl=126 time=15 ms
From 192.168.20.1: bytes=32 seq=2 ttl=126 time=16 ms
From 192.168.20.1: bytes=32 seq=3 ttl=126 time=15 ms
From 192.168.20.1: bytes=32 seq=4 ttl=126 time=16 ms
From 192.168.20.1: bytes=32 seq=5 ttl=126 time=31 ms
--- 192.168.20.1 ping statistics ---
  5 packet(s) transmitted
  5 packet(s) received
  0.00% packet loss
  round-trip min/avg/max = 15/18/31 ms
PC>ping 192.168.30.1                                    #PC1 ping PC3
Ping 192.168.30.1: 32 data bytes, Press Ctrl_C to break
From 192.168.30.1: bytes=32 seq=1 ttl=125 time=15 ms
From 192.168.30.1: bytes=32 seq=2 ttl=125 time=32 ms
From 192.168.30.1: bytes=32 seq=3 ttl=125 time=31 ms
From 192.168.30.1: bytes=32 seq=4 ttl=125 time=16 ms
From 192.168.30.1: bytes=32 seq=5 ttl=125 time=31 ms
--- 192.168.30.1 ping statistics ---
  5 packet(s) transmitted
  5 packet(s) received
  0.00% packet loss
  round-trip min/avg/max = 15/25/32 ms
PC>ping 192.168.40.1                                    #PC1 ping PC4
Ping 192.168.40.1: 32 data bytes, Press Ctrl_C to break
From 192.168.40.1: bytes=32 seq=1 ttl=126 time=31 ms
From 192.168.40.1: bytes=32 seq=2 ttl=126 time=16 ms
From 192.168.40.1: bytes=32 seq=3 ttl=126 time=15 ms
From 192.168.40.1: bytes=32 seq=4 ttl=126 time=16 ms
```

```
From 192.168.40.1: bytes=32 seq=5 ttl=126 time=15 ms
--- 192.168.40.1 ping statistics ---
 5 packet(s) transmitted
 5 packet(s) received
 0.00% packet loss
 round-trip min/avg/max = 15/18/31 ms
```

【任务总结】

通过这次 OSPF 单区域的实施，小陈对 OSPF 有了初步的了解，在实施过程中，小陈也遇到了 OSPF 邻居无法建立的情况，经过项目经理老张的指导，熟悉了 OSPF 邻居表和路由表的用途。

任务四：OSPF 多区域的配置

【任务描述】

由于业务扩展和员工增多，公司规模扩大。如果继续使用 OSPF 单区域，会使区域内路由器的 LSDB 规模太大，对路由器 CPU 和内存的需求增大。项目经理老张要求小陈对公司内部的路由器划分区域，分区域管理。

【材料准备】

①华为路由器 AR3260：4 台。

②PC：4 台。

【任务实施】

一、实验拓扑（图 5-35）

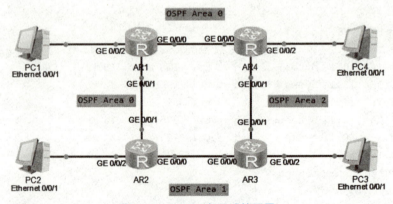

图 5-35 OSPF 多区域的配置

二、IP 规划（表 5-6）

表 5-6 IP 规划

设备名	接口	IP 地址	子网掩码
PC1	NIC	192.168.10.1	255.255.255.0
PC2	NIC	192.168.20.1	255.255.255.0

续表

设备名	接口	IP 地址	子网掩码
PC3	NIC	192.168.30.1	255.255.255.0
PC4	NIC	192.168.40.1	255.255.255.0
AR1	G0/0/0	192.168.14.1	255.255.255.0
	G0/0/1	192.168.12.1	255.255.255.0
	G0/0/2	192.168.10.254	255.255.255.0
AR2	G0/0/0	192.168.23.2	255.255.255.0
	G0/0/1	192.168.12.2	255.255.255.0
	G0/0/2	192.168.20.254	255.255.255.0
AR3	G0/0/0	192.168.23.3	255.255.255.0
	G0/0/1	192.168.34.3	255.255.255.0
	G0/0/2	192.168.30.254	255.255.255.0
AR4	G0/0/0	192.168.14.4	255.255.255.0
	G0/0/1	192.168.34.4	255.255.255.0
	G0/0/2	192.168.40.254	255.255.255.0

三、实验配置

步骤1：更改每台设备的名称。

```
<Huawei>system-view
[Huawei]sysname AR1                #修改 AR1 的名称
[AR1]
<Huawei>system-view
[Huawei]sysname AR2                #修改 AR2 的名称
[AR2]
<Huawei>system-view
[Huawei]sysname AR3                #修改 AR3 的名称
[AR3]
<Huawei>system-view
[Huawei]sysname AR4                #修改 AR4 的名称
[AR4]
```

步骤2：在每台路由器的接口上配置 IP。

```
[AR1]int GigabitEthernet 0/0/0
[AR1-GigabitEthernet0/0/0]ip address 192.168.14.1 24
[AR1]int GigabitEthernet 0/0/1
[AR1-GigabitEthernet0/0/1]ip address 192.168.12.1 24
```

```
[AR1]int GigabitEthernet 0/0/2
[AR1-GigabitEthernet0/0/2]ip address 192.168.10.254 24

[AR2]int GigabitEthernet 0/0/0
[AR2-GigabitEthernet0/0/0]ip address 192.168.23.2 24
[AR2]int GigabitEthernet 0/0/1
[AR2-GigabitEthernet0/0/1]ip address 192.168.12.2 24
[AR2]int GigabitEthernet 0/0/2
[AR2-GigabitEthernet0/0/2]ip address 192.168.20.254 24

[AR3]int GigabitEthernet 0/0/0
[AR3-GigabitEthernet0/0/0]ip address 192.168.23.3 24
[AR3]int GigabitEthernet 0/0/1
[AR3-GigabitEthernet0/0/1]ip address 192.168.34.3 24
[AR3]int GigabitEthernet 0/0/2
[AR3-GigabitEthernet0/0/2]ip address 192.168.30.254 24

[AR4]int GigabitEthernet 0/0/0
[AR4-GigabitEthernet0/0/0]ip address 192.16814.4 24
[AR4]int GigabitEthernet 0/0/1
[AR4-GigabitEthernet0/0/1]ip address 192.168.34.4 24
[AR4]int GigabitEthernet 0/0/2
[AR4-GigabitEthernet0/0/2]ip address 192.168.40.254 24
```

步骤3：在每台路由器上配置 OSPF 多区域。

```
[AR1]ospf 1
[AR1-ospf-1]area 0
[AR1-ospf-1-area-0.0.0.0]network 192.168.14.0 0.0.0.255
[AR1-ospf-1-area-0.0.0.0]network 192.168.12.0 0.0.0.255
[AR1-ospf-1-area-0.0.0.0]network 192.168.10.0 0.0.0.255

[AR2]ospf 1
[AR2-ospf-1]area 0
[AR2-ospf-1-area-0.0.0.0]network 192.168.12.0 0.0.0.255
[AR2-ospf-1-area-0.0.0.0]network 192.168.20.0 0.0.0.255
[AR2-ospf-1-area-0.0.0.0]quit
[AR2-ospf-1]area 1
[AR2-ospf-1-area-0.0.0.1]network 192.168.23.0 0.0.0.255

[AR3]ospf 1
[AR3-ospf-1]area 1
[AR3-ospf-1-area-0.0.0.1]network 192.168.23.0 0.0.0.255
[AR3-ospf-1-area-0.0.0.1]quit
[AR3-ospf-1]area 2
[AR3-ospf-1-area-0.0.0.2]network 192.168.30.0 0.0.0.255
```

[AR3-ospf-1-area-0.0.0.2]network 192.168.34.0 0.0.0.255

[AR4]ospf 1
[AR4-ospf-1]area 0
[AR4-ospf-1-area-0.0.0.0]network 192.168.40.0 0.0.0.255
[AR4-ospf-1-area-0.0.0.0]network 192.168.14.0 0.0.0.255
[AR4-ospf-1-area-0.0.0.0]quit
[AR4-ospf-1]area 2
[AR4-ospf-1-area-0.0.0.2]network 192.168.34.0 0.0.0.255

步骤4：在每台路由器上查看 OSPF 邻居建立情况。

```
[AR1]display ospf peer brief
     OSPF Process 1 with Router ID 192.168.14.1
          Peer Statistic Information
 ----------------------------------------------------------------
 Area Id          Interface              Neighbor id        State
 0.0.0.0          GigabitEthernet0/0/0   192.168.14.4       Full
 0.0.0.0          GigabitEthernet0/0/1   192.168.23.2       Full
 ----------------------------------------------------------------

[AR2]display ospf peer brief
     OSPF Process 1 with Router ID 192.168.23.2
          Peer Statistic Information
 ----------------------------------------------------------------
 Area Id          Interface              Neighbor id        State
 0.0.0.0          GigabitEthernet0/0/1   192.168.14.1       Full
 0.0.0.1          GigabitEthernet0/0/0   192.168.23.3       Full
 ----------------------------------------------------------------

[AR3]display ospf peer brief
     OSPF Process 1 with Router ID 192.168.23.3
          Peer Statistic Information
 ----------------------------------------------------------------
 Area Id          Interface              Neighbor id        State
 0.0.0.1          GigabitEthernet0/0/0   192.168.23.2       Full
 0.0.0.2          GigabitEthernet0/0/1   192.168.14.4       Full
 ----------------------------------------------------------------

[AR4]display ospf peer brief
     OSPF Process 1 with Router ID 192.168.14.4
          Peer Statistic Information
 ----------------------------------------------------------------
 Area Id          Interface              Neighbor id        State
 0.0.0.0          GigabitEthernet0/0/0   192.168.14.1       Full
 0.0.0.2          GigabitEthernet0/0/1   192.168.23.3       Full
 ----------------------------------------------------------------
```

步骤5：在每台路由器上查看路由表。

```
[AR1]display ip routing-table protocol ospf
Route Flags: R - relay, D - download to fib
------------------------------------------------------------------
Public routing table : OSPF
         Destinations : 5        Routes : 5
OSPF routing table status : <Active>
         Destinations : 5        Routes : 5
Destination/Mask    Proto    Pre    Cost    Flags    NextHop         Interface
   192.168.20.0/24  OSPF     10     2       D        192.168.12.2    GigabitEthernet0/0/1
   192.168.23.0/24  OSPF     10     2       D        192.168.12.2    GigabitEthernet0/0/1
   192.168.30.0/24  OSPF     10     3       D        192.168.14.4    GigabitEthernet0/0/0
   192.168.34.0/24  OSPF     10     2       D        192.168.14.4    GigabitEthernet0/0/0
   192.168.40.0/24  OSPF     10     2       D        192.168.14.4    GigabitEthernet0/0/0
OSPF routing table status : <Inactive>
         Destinations : 0        Routes : 0
[AR1]

[AR2]display ip routing-table protocol ospf
Route Flags: R - relay, D - download to fib
------------------------------------------------------------------
Public routing table : OSPF
         Destinations : 5        Routes : 5
OSPF routing table status : <Active>
         Destinations : 5        Routes : 5
Destination/Mask    Proto    Pre    Cost    Flags    NextHop         Interface
   192.168.10.0/24  OSPF     10     2       D        192.168.12.1    GigabitEthernet0/0/1
   192.168.14.0/24  OSPF     10     2       D        192.168.12.1    GigabitEthernet0/0/1
   192.168.30.0/24  OSPF     10     4       D        192.168.12.1    GigabitEthernet0/0/1
   192.168.34.0/24  OSPF     10     3       D        192.168.12.1    GigabitEthernet0/0/1
   192.168.40.0/24  OSPF     10     3       D        192.168.12.1    GigabitEthernet0/0/1
OSPF routing table status : <Inactive>
         Destinations : 0        Routes : 0
[AR2]

[AR3]display ip routing-table protocol ospf
Route Flags: R - relay, D - download to fib
------------------------------------------------------------------
Public routing table : OSPF
         Destinations : 5        Routes : 6
OSPF routing table status : <Active>
         Destinations : 5        Routes : 6
Destination/Mask    Proto    Pre    Cost    Flags    NextHop         Interface
   192.168.10.0/24  OSPF     10     3       D        192.168.23.2    GigabitEthernet0/0/0
                    OSPF     10     3       D        192.168.34.4    GigabitEthernet0/0/1
   192.168.12.0/24  OSPF     10     2       D        192.168.23.2    GigabitEthernet0/0/0
   192.168.14.0/24  OSPF     10     2       D        192.168.34.4    GigabitEthernet0/0/1
   192.168.20.0/24  OSPF     10     2       D        192.168.23.2    GigabitEthernet0/0/0
   192.168.40.0/24  OSPF     10     2       D        192.168.34.4    GigabitEthernet0/0/1
```

```
OSPF routing table status : <Inactive>
        Destinations : 0        Routes : 0
[AR3]


[AR4]display ip routing-table protocol ospf
Route Flags: R - relay, D - download to fib
------------------------------------------------------------
Public routing table : OSPF
        Destinations : 5        Routes : 5
OSPF routing table status : <Active>
        Destinations : 5        Routes : 5
Destination/Mask    Proto   Pre    Cost    Flags    NextHop          Interface
    192.168.10.0/24 OSPF    10     2       D        192.168.14.1     GigabitEthernet0/0/0
    192.168.12.0/24 OSPF    10     2       D        192.168.14.1     GigabitEthernet0/0/0
    192.168.20.0/24 OSPF    10     3       D        192.168.14.1     GigabitEthernet0/0/0
    192.168.23.0/24 OSPF    10     3       D        192.168.14.1     GigabitEthernet0/0/0
    192.168.30.0/24 OSPF    10     2       D        192.168.34.3     GigabitEthernet0/0/1
OSPF routing table status : <Inactive>
        Destinations : 0        Routes : 0
[AR4]
```

步骤6：在 PC 机上进行连通性测试。不同网段要能相互 ping 通。

```
PC>ping 192.168.20.1                                      #PC1 ping PC2
Ping 192.168.20.1: 32 data bytes, Press Ctrl_C to break
From 192.168.20.1: bytes=32 seq=1 ttl=126 time=15 ms
From 192.168.20.1: bytes=32 seq=2 ttl=126 time=16 ms
From 192.168.20.1: bytes=32 seq=3 ttl=126 time=15 ms
From 192.168.20.1: bytes=32 seq=4 ttl=126 time=16 ms
From 192.168.20.1: bytes=32 seq=5 ttl=126 time=31 ms

--- 192.168.20.1 ping statistics ---
  5 packet(s) transmitted
  5 packet(s) received
  0.00% packet loss
  round-trip min/avg/max = 15/18/31 ms
PC>ping 192.168.30.1                                      #PC1 ping PC3
Ping 192.168.30.1: 32 data bytes, Press Ctrl_C to break
From 192.168.30.1: bytes=32 seq=1 ttl=125 time=15 ms
From 192.168.30.1: bytes=32 seq=2 ttl=125 time=32 ms
From 192.168.30.1: bytes=32 seq=3 ttl=125 time=31 ms
From 192.168.30.1: bytes=32 seq=4 ttl=125 time=16 ms
From 192.168.30.1: bytes=32 seq=5 ttl=125 time=31 ms

--- 192.168.30.1 ping statistics ---
  5 packet(s) transmitted
  5 packet(s) received
  0.00% packet loss
  round-trip min/avg/max = 15/25/32 ms
```

```
PC >ping 192.168.40.1                                    #PC1 ping PC4
Ping 192.168.40.1: 32 data bytes, Press Ctrl_C to break
From 192.168.40.1: bytes =32 seq =1 ttl =126 time =31 ms
From 192.168.40.1: bytes =32 seq =2 ttl =126 time =16 ms
From 192.168.40.1: bytes =32 seq =3 ttl =126 time =15 ms
From 192.168.40.1: bytes =32 seq =4 ttl =126 time =16 ms
From 192.168.40.1: bytes =32 seq =5 ttl =126 time =15 ms
 --- 192.168.40.1 ping statistics ---
  5 packet(s) transmitted
  5 packet(s) received
  0.00% packet loss
  round -trip min/avg/max = 15/18/31 ms
```

【任务总结】

小陈通过 OSPF 多区域项目的实施，发现通过分区域管理，可以降低区域内路由器 LSDB 的规模，同时也感受到了 OSPF 路由协议优于 RIP 路由协议。

项目总结

本项目的重点是掌握路由和路由表的概念。路由器转发数据包的依据是路由表，路由表中包含了下列要素：目的地址/网络掩码、出接口、下一跳地址、度量值。路由的来源主要有三种：直连路由、手动配置的静态路由和动态路由协议发现的路由。路由度量值表示到达这条路由所指目的地址的代价。路由优先级代表了路由协议的可信度，直连路由的优先级为 0，静态路由的默认优先级为 60，RIP 路由协议的默认优先级为 100，OSPF 路由协议默认的优先级为 10。

静态路由是指网络管理员通过手工配置的方式为路由器创建的路由，可以配置为使用下一跳 IP 地址或者是出接口。一般情况下，配置静态路由都会指定路由的下一跳，系统会根据下一跳地址查找出接口。但如果无法预知下一跳地址，则必须指定路由的出接口。要注意，如果指定路由的出接口，则要求接口类型为点到点。通过配置浮动静态路由，可以有效地实现路由的备份，实现负载均衡。

按照路由的寻径算法和交换路由信息的方式，动态路由协议可以分为距离矢量路由协议和链路状态路由协议。典型的距离矢量路由协议有 RIP，典型的链路状态路由协议有 OSPF。

掌握 RIP 路由协议的工作原理，它通过三个定时器维护 RIP 路由表的信息，分别是 Update Timer、Age Timer 和 Garbage – College Timer。RIP 协议环路避免的机制有五种，分别是定义最大跳数、水平分割、毒性逆转、触发更新、毒性路由，在实际应用中，经常组合使用，以达到更有效地防止环路的目的。

由于 RIP 路由协议存在无法避免的缺陷，已经不能完全满足企业网络的需求，OSPF 路由协议应运而生。OSPF 协议路由得到路由表的整个过程可简单描述为如下四个阶段：寻找邻居、建立邻接关系、链路状态信息传递和路由计算。OSPF 定义了骨干区域和非骨干区域，从而限制了 LSA 泛洪的范围，有效提高了路由收敛的效率。

思考与练习

1. 静态路由的默认优先级是（　　）。
   A. 0　　　　　　B. 1　　　　　　C. 60　　　　　　D. 100
2. RIP 路由协议定义度量值时考虑的是（　　）。
   A. 带宽　　　　B. 距离　　　　C. 可信度　　　　D. 时延
3. RIP 协议的 Age Timer 定时器的默认时间是（　　）s。
   A. 30　　　　　B. 60　　　　　C. 120　　　　　　D. 180
4. 在运行了 RIP 的路由器上看到如下路由信息：

```
[RTA]display ip routing-table
Destination/Mask    Proto    Pre    Cost    NextHop    Interface
174.0.0.0/24        RIP      100    1       91.2.1.1   E0/0
174.0.0.0/8         Static   60     0       91.2.1.1   E0/0
```

此时路由器收到一个目的地址为 174.0.0.1 的数据包，那么（　　）。
   A. 该数据包将优先匹配路由表中的 RIP 路由，因为其掩码最长
   B. 该数据包将优先匹配路由表中的 RIP 路由，因为其优先级高
   C. 该数据包将优先匹配路由表中的静态路由，因为其掩码最短
   D. 该数据包将优先匹配路由表中的静态路由，因为其花费少
5. 某网络拓扑如图 5-36 所示，三台路由器在所有接口上都运行了 OSPF，而且都属于 Area 0，同时，在 Area 0 里发布了该接口连接的网段。假设 OSPF 运行正常，OSPF 邻居建立成功，那么下列说法错误的是（　　）。

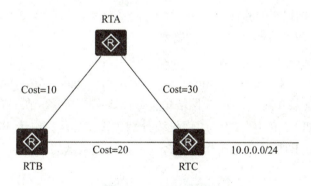

图 5-36　网络拓扑

   A. 如果三台路由器之间互连的接口类型都是 Ethernet，那么网络中可能只有一个 DR
   B. RTA 的路由表中肯定有两条到达 10.0.0.0/24 的 OSPF 路由
   C. 三台路由器的 OSPF 邻居状态稳定后，则三台路由器有同样的 LSDB
   D. RTB 的路由表中至少有两条 OSPF 路由
6. 在路由器上依次配置了如下两条静态路由：

```
ip route-static 192.168.0.0 255.255.240.0 10.10.202.1 preference 100
ip route-static 192.168.0.0 255.255.240.0 10.10.202.1
```

那么关于这两条路由，说法正确的是（　　）。

A. 路由表会生成两条去往 192.168.0.0 的路由，两条路由互为备份

B. 路由表会生成两条去往 192.168.0.0 的路由，两条路由负载分担

C. 路由器只会生成第 2 条配置的路由，其优先级为 0

D. 路由器只会生成第 2 条配置的路由，其优先级为 60

7. 下列关于网络中 OSPF 的区域（Area），说法正确的是（　　）。

A. 网络中的一台路由器可能属于多个不同的区域，但是其中必须有一个区域是骨干区域

B. 不同区域内的多个路由器共享相同的 LSDB

C. 只有在同一个区域的 OSPF 路由器才能建立邻居和邻接关系

D. 在同一个 AS 内，多个 OSPF 区域的路由器共享相同的 LSDB

8. 如果数据包在路由器的路由表中匹配多条路由项，那么关于路由优选的顺序描述，正确的是（　　）。

A. Preference 值越小的路由越优选

B. 掩码越短的路由越优先

C. Cost 值越小的路由越优选

D. 掩码越长的路由越优先

9. 对于 RIPv1 和 RIPv2，如下说法错误的是（　　）。

A. RIPv1 路由器发送的路由目的网段一定是自然分类网段

B. RIPv1 支持组播路由发送更新报文

C. RIPv2 支持协议报文的验证

D. RIPv2 可以学习到自然分类网段的路由

10. 在路由器上使用（　　）命令配置静态路由。

A. ip static-route　　B. route-static　　C. ip route-static　　D. static-route

11. 三台路由器连接在同一个 LAN 网络中，如图 5-37 所示。在三台路由器的 LAN 互连网段运行 OSPF，RTA、RTB、RTC 的优先级分别为 2、3、4。由于 RTC 的 LAN 链路故障，目前只有 RTA 和 RTB 在正常工作，那么（　　）会被选为 DR。

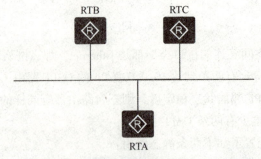

图 5-37　三台路由器连接在同一个 LAN 网络

A. RTA B. RTB
C. RTC D. 信息不足，无法判断

12. 在一台运行 RIP 的 MSR 路由器上配置了一条默认路由 A，其下一跳地址为 100.1.1.1；同时，该路由器通过 RIP 从邻居路由器学习到一条下一跳地址也是 100.1.1.1 的默认路由 B。该路由器对路由协议都使用默认优先级和 Cost 值，那么（ ）。

A. 在该路由器的路由表中只有路由 B，因为动态路由优先
B. 在该路由器的路由表中只有路由 A，因为路由 A 的优先级高
C. 在该路由器的路由表中只有路由 A，因为路由 A 的 Cost 为 0
D. 路由 A 和路由 B 都会被写入路由表，因为它们来源不同，互不产生冲突

参考答案：

1. C 2. B 3. D 4. A 5. A 6. D 7. C
8. D 9. B 10. C 11. B 12. B

项目 6

实施企业网络安全加固

【项目背景】

在我国数字化建设的过程中，计算机网络技术得到了快速的发展和广泛的应用，给人民的工作、生活带来了极大的便利，但与此同时，网络安全问题也不断显现。爆出的各类网络安全事件影响着我国人民群众切身的利益，严重的甚至关系到人民的生命安危，因此，网络安全问题已经成为我国重要的安全战略。

习近平总书记在 2014 年就强调，没有网络安全就没有国家安全，没有信息化就没有现代化。建设网络强国，要有自己的技术，有过硬的技术；要有丰富全面的信息服务、繁荣发展的网络文化；要有良好的信息基础设施，形成实力雄厚的信息经济；要有高素质的网络安全和信息化人才队伍；要积极开展双边、多边的互联网国际交流合作。

小陈毕业后来到一家网络系统集成公司上班，有幸第一个参与的项目是某公司网络建设项目。该项目公司已经中标，并且进入了实施阶段，目前项目进展到网络安全设计与实施部分，这对于刚毕业的小陈来说是一个新技术领域，完全不知如何下手，好在他有一个经验丰富的师傅老张来帮助他。

在本项目中，我们将跟着小陈一起，参加由项目经理老张组织的培训和指导实践。希望通过我们的努力，能够顺利完成项目的网络安全设计与实施，并为后续的项目验收打好基础。

【知识结构】

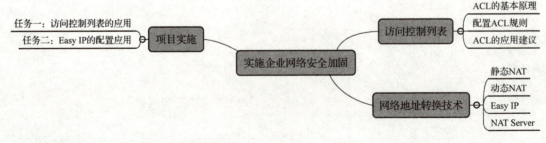

【项目目标】

知识目标：
- 了解访问控制列表的基本概念与工作原理

项目 6　实施企业网络安全加固

- 了解网络地址转换技术的基本概念与工作原理

技能目标：

- 掌握基本与高级 ACL 的配置方法
- 掌握静态/动态 NAT 的配置方法
- 掌握 NAT Server 的配置方法

【项目分析与准备】

6.1　访问控制列表

随着网络的飞速发展，网络安全和网络服务质量问题日益突出。例如：企业重要服务器资源被随意访问，企业机密信息容易泄露，造成安全隐患。网络带宽被各类业务随意挤占，服务质量要求最高的语音、视频业务的带宽得不到保障，造成用户体验差。以上这些问题都对正常的网络通信造成了很大的影响，因此，提高网络安全性服务质量迫在眉睫。访问控制列表（ACL）在这种情况下应运而生。

6.1.1　ACL 的基本原理

ACL 本质上是一种报文过滤器。设备基于规则进行报文匹配，根据 ACL 的处理策略来允许或阻止该报文通过。ACL 是由一条或多条规则组成的集合。所谓规则，是指描述报文匹配条件的判断语句，这些条件可以是报文的源地址、目的地址、端口号等。

ACL 配置完成后，必须应用在业务模块中才能生效，可以用于过滤流量、匹配流量等，根据不同的需求实施在接口、Telnet 服务、路由等模块中。

6.1.1.1　ACL 的组成

一条 ACL 策略的结构组成如图 6-1 所示。

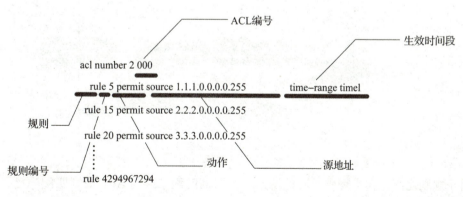

图 6-1　ACL 结构

ACL 名称：通过名称来标识 ACL，更加方便记忆。

ACL 编号：用于标识 ACL，可以单独使用数字编号，表明该 ACL 是数字型。

规则：描述报文匹配条件的判断语句。

①规则编号：用于标识 ACL 规则。可以自行配置规则编号，也可以由系统自动分配。一旦匹配上一条规则，即停止匹配。

②动作：报文处理动作，包括 permit/deny 两种，表示允许/拒绝。

③匹配项：ACL 定义了极其丰富的匹配项。包括 IP 地址、MAC 地址、端口等都可以作为匹配项。

6.1.1.2 ACL 的匹配机制

如图 6-2 所示，从整个 ACL 匹配流程可以看出，报文与 ACL 规则匹配后，会产生"匹配"或者"不匹配"两个结果。匹配（命中规则）规则后，则执行该规则后的动作，包括"permit"或者"deny"；不匹配（未命中规则），则继续往下遍历其他规则，直至匹配或完全不匹配，则执行默认动作。

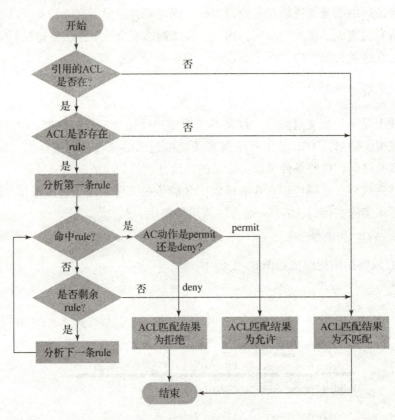

图 6-2 ACL 匹配流程

对于规则之间存在重复或矛盾的情形，报文的匹配结果与 ACL 规则匹配顺序是息息相关的，包含以下两种匹配顺序：

➢ 配置顺序

按照 ACL 规则编号从小到大的顺序进行报文匹配，编号越小，越容易被匹配。后插入的规则，如果指定的规则编号更小，那么这条规则可能会被先匹配上。

➢ **自动排序**

是指系统使用"深度优先"的原则,将规则按照精确度从高到底进行排序,系统按照精确度从高到低的顺序进行报文匹配。

注:在自动排序的 ACL 中配置规则,不允许自行指定规则编号。系统能自动识别出该规则在这条 ACL 中对应的优先级,并为其分配一个适当的规则编号。

例如,在自动排序模式下的 ACL 3010 中,存在以下两条规则:

```
acl number 3010 match-order auto
rule 5 permit ip destination 10.1.1.0 0.0.0.255
rule 10 deny ip destination 10.1.1.0 0.0.255.255
```

如果在 ACL 3010 中插入 rule deny ip destination 10.1.1.1 0.0.0.0(目的 IP 地址是主机地址,优先级高于上述两条规则),系统将按照规则的优先级关系,重新为各规则分配编号。插入新规则后,新的排序如下:

```
acl number 3010 match-order auto
rule 5 deny ip destination 10.1.1.1 0.0.0.0
rule 10 permit ip destination 10.1.1.0 0.0.0.255
rule 15 deny ip destination 10.1.0.0 0.0.255.255
```

可以看到,rule deny ip destination 10.1.1.1 0 的优先级最高,排列最靠前。

6.1.1.3 ACL 的分类

ACL 主要可分为基本 ACL 和高级 ACL。基本 ACL 只能根据源 IP 地址来匹配流量,而高级 ACL 则可以根据报文的五元组信息,即源 IP 地址、目的 IP 地址、源端口、目的端口和应用协议来匹配流量。因此,高级 ACL 的精度比基本 ACL 的更高。

在编号 ACL 中,可通过不同的编号来区分基本 ACL 和高级 ACL。基本 ACL 的编号范围是 2000~2999,高级 ACL 的编号是 3000~3999,而命名 ACL 则可以通过 basic、advance 关键字来区分是否是高级 ACL。

6.1.2 配置 ACL 规则

ACL 分为基本 ACL 与高级 ACL,两者的规则配置语法不同。基本 ACL 只能基于 IP 报文的源 IP 地址、报文分片标记和时间段信息来定义规则,而高级 ACL 则可以根据报文的五元组信息来定义规则。

6.1.2.1 基本 ACL 的配置

基本配置 ACL 规则的命令结构如下:

```
rule [ rule-id ] { deny |permit } [ source { source-address source-wildcard |any } | logging | time-range time-name ]
```

命令中各个组成项的解释如下:

rule:标识这是一条规则。

rule-id:标识这个规则的编号。

deny|permit：这是一个二选一选项，表示与这条规则相关联的处理动作。deny 表示"拒绝"；permit 表示"允许"。

source：表示源 IP 地址信息。

source‐address：表示具体的源 IP 地址。

source‐wildcard：表示与 source‐address 相对应的通配符。source‐wildcard 和 source‐address 结合使用，可以确定出一个 IP 地址的集合。

any：表示源 IP 地址可以是任意地址。

logging：表示需要将匹配上该规则的 IP 报文进行日志记录。

time‐range time‐name：表示该规则的生效时间段为 time‐name。

基本 ACL 典型配置如下：

基本编号 ACL：

```
acl 2000
rule 10 permit source 192.168.10.0 0.0.0.255   //允许 192.168.10.0/24 整个网段流量
rule 20 deny source 192.168.20.0 0.0.0.255    //拒绝 192.168.20.0/24 整个网段流量
```

基本命名 ACL：

```
acl name test1 basic //启用基本 ACL,名称为 test1
rule 10 permit source 192.168.10.0 0.0.0.255 //允许 192.168.10.0/24 整个网段流量
rule 20 deny source 192.168.20.0 0.0.0.255   //拒绝 192.168.20.0/24 整个网段流量
```

值得注意的是，在典型配置中，"0.0.0.255"的名称是通配符，代表掩码取反。即如果一个网段的掩码是 255.255.255.0，换算成二进制为 11111111.11111111.11111111.00000000，取反后为 00000000.00000000.00000000.11111111，计算成十进制为 0.0.0.255。

6.1.2.2 高级 ACL 的配置

高级 ACL 规则的命令结构如下：

```
rule [ rule‐id ] { deny | permit } ip [ source { source‐address source‐wildcard | any } ] [ source { source‐address source‐wildcard | any } ]
```

即 rule 编号允许或拒绝协议源地址段端口目的地址段端口。

高级 ACL 的典型配置如下：

高级编号 ACL：

```
acl 3000
rule 10 permit ip source 192.168.10.0 0.0.0.255 destination 192.168.20.0 0.0.0.255 //允许所有 192.168.10.0/24 到 192.168.20.0/24 的流量
rule 20 permit tcp source 192.168.20.0 0.0.0.255 destination 192.168.30.0 0.0.0.255 destination‐port 80 /* 允许 192.168.20.0/24 网段到 192.168.30.0/24 网段前往端口 80 的流量 */
rule 30 deny host 192.168.1.1 any //拒绝主机 192.168.1.1 到达任意地址的流量
```

高级命名 ACL：

```
acl name test02 advance ////启用高级ACL,名称为test2
rule 10 permit ip source 192.168.10.0 0.0.0.255 destination 192.168.20.0
0.0.0.255 //允许所有192.168.10.0/24到192.168.20.0/24的流量
```

上面的配置中用到了两个关键字：host 和 any。host 代表一台主机，即掩码为 255.255.255.255；any 代表任意地址，即掩码为 255.255.255.255。使用这两个关键字，可以简化配置。

与高级 ACL 相比，基本 ACL 只能关注源地址，而高级 ACL 可以关注源地址、目的地址以及端口，因此，高级 ACL 对流量的控制和管理精度比基本 ACL 的更高。

值得注意的是，华为 ACL 默认动作为拒绝所有流量。即配置了 ACL 以后，如果没有任何一条规则匹配，那么将匹配拒绝动作。从某种意义上来说，一个 ACL 条目中如果都是 deny 动作，而没有 permit 动作，则将拒绝掉所有的流量。

6.1.2.3 应用 ACL

ACL 通常用于过滤流量、匹配流量等用途。当用于过滤流量时，除了必要的定义规则以外，还需应用在接口之上。应用时是区分方向的，以配置该命令的设备为视角，进入该设备的方向为 inbound，离开该设备的方向为 outbound，如图 6-3 所示。

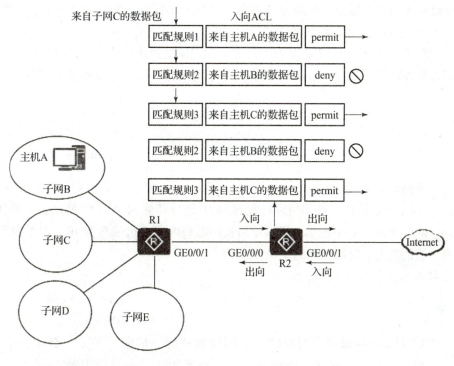

图 6-3 应用 ACL 的方向

例如，将某个 ACL 应用在接口的 inbound 方向的命令为：

```
interface GigabitEthernet 0/0/3
traffic-filter inbound acl 2000       //在G0/0/3接口的inbound方向上应用ACL 2000
```

ACL 还可以应用在 VTY 线路上。当应用于 VTY 线路时，可以起到允许或拒绝哪些网段远程登录的作用，具体配置如下：

```
acl 2000
rule 10 permit source 192.168.10.0 0.0.0.255    //允许 192.168.10.0/24 整个网段流量
user-interface vty 0 4
acl 2000 inbound    /* 在 VTY 接口上应用 ACL 2000,结合 rule 10 规则,即代表允许 192.168.10.0/
24 网段远程登录*/
```

6.1.3　ACL 的应用建议

使用 ACL 控制网络流量时，先考虑是使用基本 ACL 还是使用高级 ACL。如果只基于数据包源 IP 地址进行控制，就是用基本 ACL；如果需要基于数据包的源 IP 地址、目标 IP 地址、协议、目标端口进行控制，就需要使用高级 ACL。然后再考虑在哪个路由器上的哪个接口的哪个方向进行控制。确定了这些才能确定 ACL 规则中的哪些 IP 地址是源地址，哪些 IP 地址是目标地址。

在创建 ACL 规则前，还要确定 ACL 中规则的顺序。如果每条规则中的地址范围不重叠，则规则编号顺序无关紧要；如果多条规则中用到的地址有重叠，就要把地址块小的规则放在前面，地址块大的放在后面。在路由器的每个接口的出向和入向的每个方向只能绑定一个 ACL，一个 ACL 可以绑定到多个接口。

当采用高级 ACL 时，建议将该 ACL 放置于靠近流量源地址的地方。因为高级 ACL 精度更高，不容易误伤其他流量。而基本 ACL 由于精度更低，因此建议放置于靠近流量目的地址的地方。

6.2　网络地址转换技术

随着互联网的用户增多，IP 的公网地址资源显得越发短缺。NAT（Network Address Translation，网络地址转换）技术可以将局域网 IP 地址转换为公网 IP 地址，从而实现互联网的访问。除此之外，NAT 技术还能够帮助我们隐藏内网主机的真实 IP 地址，从而防止外网对内网主机的攻击，提高内网的安全性。

NAT 技术包含有以下几种分类：

6.2.1　静态 NAT

静态 NAT 建立起局域网私网地址与公网地址一对一的映射关系。有多少私网地址，就需要有多少个公网地址来建立起映射。NAT 技术解决的是公网 IPv4 地址不足的问题，如果所有私网 IP 都进行一对一转换的话，那么 NAT 就没有任何的意义。因此，静态 NAT 实际应用中使用的情景并不多，一般使用在内网服务器需要被外网用户访问的场景中，如图 6-4 所示。

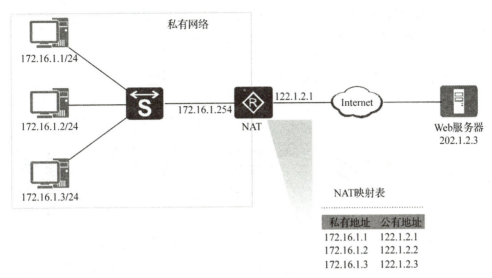

图 6-4 静态 NAT

配置静态 NAT 的方式很简单，只需在互联网出接口上通过 nat static 命令配置即可，如下所示：

[RouterA] interface gigabitethernet 0/0/0
[RouterA-GigabitEthernet0/0/0] nat static global 202.100.8.8 inside 192.168.1.1
//配置静态 NAT，将局域网内部地址 192.168.1.1 映射为公网地址 202.100.8.8

配置完毕后，在出口路由器上可使用 display nat static 命令查看地址池映射关系，如下所示：

```
<RouterA> display nat static
 Static Nat Information
 Interface : GigabitEthernet 0/0/0
    Global IP/Port        : 202.100.8.8/----
    Inside IP/Port        : 192.168.1.1/----
    Protocol              : ----
    VPN instance-name     : ----
    Acl number            : ----
    Netmask               : 255.255.255.255
    Description           : ----

 Total : 1
```

6.2.2 动态 NAT

动态 NAT，顾名思义，其中的私网 IP 地址与公网 IP 地址之间的转换不是固定的，具有动态性。通过把需要访问外网的私网 IP 地址动态地与公网 IP 地址建立临时映射关系，并将报文中的私网 IP 地址进行对应的临时替换，待返回报文到达设备时，再根据映射表"反向"把公网 IP 地址临时替换回对应的私网 IP 地址，然后转发给主机，实现内网用户和外网的通信。当映射关系超时后，该流量对应的公网地址将进行回收，不再与该私网地址对应，而是可以分配给其他私网地址进行映射，如图 6-5 所示。

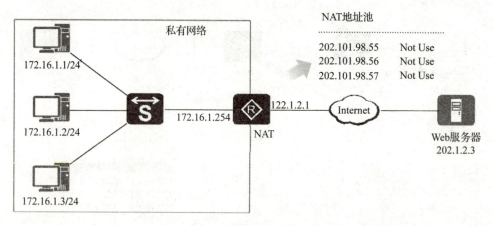

图 6-5 动态 NAT

动态 NAT 的实现方式有两种：一种是 Basic NAT，另一种是 NAPT。Basic NAT 是一种"一对一"的动态地址转换，即一个私网 IP 地址与一个公网 IP 地址进行映射；而 NAPT 则是通过引入"端口"变量，实现"多对一"的动态地址转换，即多个私网 IP 地址可以与同一个公网 IP 地址进行映射。目前使用最多的是 NAPT 方式，因为它能够提供多对一的映射功能。

> **NAPT 实现原理**

NAPT 使用"IP 地址+端口号"的形式进行转换，相当于增加了一个变量，最终可以使多个私网 IP 地址共用一个公网 IP 地址访问外网。图 6-6 所示为 NAPT 的实现原理。

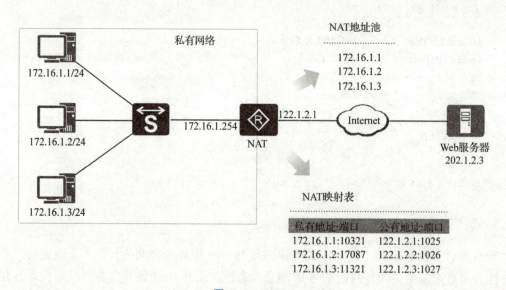

图 6-6 NAPT

动态 NAT 的配置遵循以下步骤：

①在出口路由器上配置 ACL，从而确定允许进行 NAT 的网段或流量。

```
[RouterA] acl 2000
[RouterA -acl-basic-2000] rule 5 permit source 192.168.1.0 0.0.0.255
[RouterA -acl-basic-2000] quit
```

②在出口路由器上定义地址池。

```
[RouterA]nat address-group 1 218.85.157.10 218.85.157.20   /* 创建 NAT 地址池,编号为 1,公网地址包括 218.85.157.10 ~ 218.85.157.20 */
```

③在出口路由器的出接口上绑定 ACL 和地址池。

```
[RouterA] interface g0/0/1
[RouterA -GigabitEthernet0/0/1] nat outbound 2000 address-group 1
```

④在出口路由器上执行"display nat session all"命令，查看 NAPT 会话信息进行验证。

```
[RouterA]disp nat session all
NAT Session Table Information:
   Protocol            : ICMP(1)
   SrcAddr      Vpn    : 192.168.1.1
   DestAddr     Vpn    : 200.10.1.201
   Type Code IcmpId    : 0    8    16411
   NAT-Info
     New SrcAddr       : 218.85.157.10
     New DestAddr      : ----
     New IcmpId        : 10263
   Protocol            : ICMP(1)
   SrcAddr      Vpn    : 192.168.1.2
   DestAddr     Vpn    : 200.10.1.201
   Type Code IcmpId    : 0    8    16416
   NAT-Info
     New SrcAddr       : 218.85.157.10
     New DestAddr      : ----
     New IcmpId        : 10265
……(省略部分)
Total : 9
```

6.2.3 Easy IP

在 NAPT 转换中有一种特例叫作 Easy IP，它可以自动根据路由器广域网接口的公网 IP 地址实现与私网 IP 地址之间的映射，不需要创建公网地址池。

Easy IP 主要应用在将路由器广域网接口 IP 地址作为要被映射的公网 IP 地址的情形，特别适用于中小企业局域网接入互联网的情况，如图 6-7 所示。一般中小型企业具有以下特点：内网主机较少；出接口通过拨号方式获取临时公网 IP，以供内网主机访问互联网。

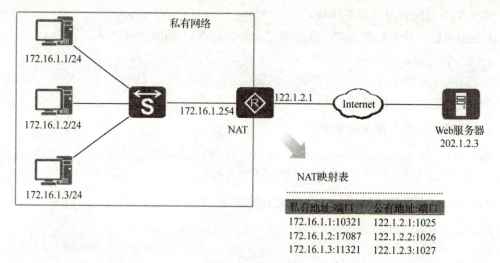

图 6-7 Easy IP

Easy IP 的配置遵循以下步骤：

①在出口路由器上配置 ACL，从而确定允许进行 NAT 的网段或流量。

```
[RouterA] acl 2000
[RouterA-acl-basic-2000] rule 5 permit source 192.168.1.0 0.0.0.255
[RouterA-acl-basic-2000] quit
```

②在出口路由器的出接口上绑定 ACL。

```
[RouterA] interface g0/0/1
[RouterA-GigabitEthernet0/0/1] nat outbound 2000
```

③在出口路由器上进行验证。

```
<RouterA> display nat outbound
NAT Outbound Information:
--------------------------------------------------------------
Interface      Acl     Address-group/IP/Interface    Type
--------------------------------------------------------------
Dialer1        2000            1.1.1.1               easyip
--------------------------------------------------------------
Total : 1
```

6.2.4 NAT Server

NAT Server 主要通过事先配置好的服务器的"公网 IP 地址 + 端口号"与服务器的"私网 IP 地址 + 端口号"间的静态映射关系来实现，主要用于将内网服务器的某个端口映射到公网上。由于只映射端口，因此 NAT Server 方式的安全性比静态 NAT 的更高一些。图 6-8 所示为 NAT Server 的实现原理，需要先在路由器上配置好静态的 NAT Server 转换映射表。

项目6 实施企业网络安全加固

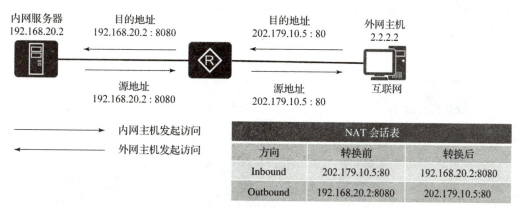

图 6-8 NAT Server

NAT Server 的配置遵循以下步骤：

①在出口路由器上配置服务器地址映射。

[RouterA-GigabitEthernet0/0/0] nat server protocol tcp global 202.179.10.5 www inside 192.168.20.2 8080 /* 将内网服务器 192.168.20.2 的 8080 端口映射为公网地址 202.179.10.5 的 80 端口 */

②在出口路由器上进行验证。配置好后，可以在路由器 A 上执行 display nat server 命令检查 NAT Server 配置，验证配置结果。具体如下。

```
[RouterA]display nat server

 Nat Server Information:
 Interface     : GigabitEthernet0/0/0
   Global IP/Port    :202.179.10.5/80(www)
   Inside IP/Port    :192.168.20.2/8080
   Protocol : 6(tcp)
   VPN instance-name    : ----
   Acl number           : ----
   Description : ----

 Total :    1
```

项目实施

任务一：访问控制列表的应用

【任务描述】

某天，客户打来电话要求老张到现场帮助实施内部网络的访问控制。老张带小陈来到客户现场，经过与客户的沟通，确认需求如下：

①研发部只可以访问项目部和业务服务器。

②财务部只可以访问项目部。

③路由器只有项目部可以通过 Telnet 协议远程访问。

用户网络拓扑如图 6-9 所示。

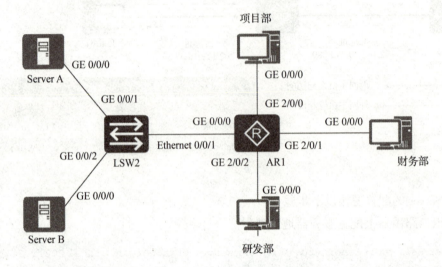

图 6-9　用户网络拓扑

设备与 IP 地址清单见表 6-1。

表 6-1　设备与 IP 地址清单

设备	接口	IP 地址	子网掩码	网关
Server A	G0/0/0	10.1.10.1	255.255.255.0	10.1.10.254
Server B	G0/0/0	10.1.10.2	255.255.255.0	10.1.10.254
项目部	G0/0/0	10.1.20.1	255.255.255.0	10.1.20.254
财务部	G0/0/0	10.1.30.1	255.255.255.0	10.1.30.254
研发部	G0/0/0	10.1.40.1	255.255.255.0	10.1.40.254
AR1	G0/0/0	10.1.10.254	255.255.255.0	不适用
	G2/0/0	10.1.20.254	255.255.255.0	不适用
	G2/0/1	10.1.30.254	255.255.255.0	不适用
	G2/0/2	10.1.40.254	255.255.255.0	不适用

【任务实施】

步骤 1：在路由器上配置 ACL 实现需求：研发部只可以访问项目部和业务服务器。研发部网段为 10.1.40.0/24，项目部网段为 10.1.20.0/24，服务器区网段为 10.1.10.0/24。要

项目6 实施企业网络安全加固

实现此需求,源和目的地址都非常明确,需采用高级 ACL,并在路由器上配置相应的访问规则,并应用在离研发部最近的接口,即 G0/0/0。

```
[AR1]acl 3000
[AR1 - acl - adv - 3000]rule 10 permit ip source 10.1.40.0 0.0.0.255 destination 10.1.20.0 0.0.0.255  //允许所有研发部到项目部的流量
[AR1 - acl - adv - 3000]rule 20 permit ip source 10.1.40.0 0.0.0.255 destination 10.1.10.0 0.0.0.255  //允许所有研发部到业务服务器的流量
[AR1 - acl - adv - 3000]rule 30 deny ip   //拒绝其他所有的流量
[AR1]interface g0/0/0
[AR1 - -GigabitEthernet0/0/0] traffic - filter inbound 3000
```

步骤2:在路由器上配置 ACL 实现需求:财务部只可以访问项目部。财务部网段为 10.1.30.0/24,项目部网段为 10.1.20.0/24。要实现此需求,源和目的地址都非常明确,需采用高级 ACL,并在路由器上配置相应的访问规则,并应用在离财务部最近的接口,即 G2/0/1。

```
[AR1]acl 3001
[AR1 - acl - adv - 3001]rule 10 permit ip source 10.1.30.0 0.0.0.255 destination 10.1.20.0 0.0.0.255  //允许所有财务部到项目部的流量
[AR1 - acl - adv - 3001]rule 30 deny ip   //拒绝其他所有的流量
[AR1]interface g2/0/1
[AR1—GigabitEthernet2/0/1] traffic - filter inbound 3001
```

步骤3:在路由器上配置 ACL 实现需求:路由器只有项目部可以通过 Telnet 协议远程访问。项目部网段为 10.1.20.0/24。要实现此需求,可以采用基本 ACL,并应用在 VTY 接口的 inbound 方向上。

```
[AR1]acl 2000
[AR1 - acl - basic - 2000]rule 10 permit source 10.1.20.0 0.0.0.255  /* 允许项目部的地址段 */
[AR1 - acl - abasic - 2000]rule 20 deny    //拒绝其他所有的流量
[AR1]user - interface vty 0 4
[AR1 - ui - vty0 - 4]acl 2000 inbound    //在 VTY 接口上应用过滤规则
```

步骤4:在研发部 PC 上进行 ping 测试,只能 ping 通项目部和服务器,无法 ping 通财务部。

```
<PC>ping 10.1.10.1
  PING 10.1.10.1: 56 data bytes, press CTRL_C to break
    Reply from 10.1.10.1: bytes =56 Sequence =1 ttl =254 time =70 ms
    Reply from 10.1.10.1: bytes =56 Sequence =2 ttl =254 time =50 ms
    Reply from 10.1.10.1: bytes =56 Sequence =3 ttl =254 time =40 ms
    Reply from 10.1.10.1: bytes =56 Sequence =4 ttl =254 time =50 ms

<PC>ping 10.1.20.1
```

```
    PING 10.1.20.1: 56 data bytes, press CTRL_C to break
      Reply from 10.1.20.1: bytes=56 Sequence=1 ttl=254 time=70 ms
      Reply from 10.1.20.1: bytes=56 Sequence=2 ttl=254 time=50 ms
      Reply from 10.1.20.1: bytes=56 Sequence=3 ttl=254 time=40 ms
Reply from 10.1.20.1: bytes=56 Sequence=4 ttl=254 time=50 ms
<PC>ping 10.1.30.1
    PING 10.1.30.1: 56 data bytes, press CTRL_C to break
      Request time out
      Request time out
      Request time out
      Request time out
```

步骤5：在财务部 PC 上进行 ping 测试，只能 ping 通项目部，无法 ping 通服务器。

```
<PC>ping 10.1.30.1
    PING 10.1.30.1: 56 data bytes, press CTRL_C to break
      Reply from 10.1.30.1: bytes=56 Sequence=1 ttl=254 time=70 ms
      Reply from 10.1.30.1: bytes=56 Sequence=2 ttl=254 time=50 ms
      Reply from 10.1.30.1: bytes=56 Sequence=3 ttl=254 time=40 ms
      Reply from 10.1.30.1: bytes=56 Sequence=4 ttl=254 time=50 ms

<PC>ping 10.1.10.1
    PING 10.1.10.1: 56 data bytes, press CTRL_C to break
      Request time out
      Request time out
      Request time out
      Request time out
```

步骤6：实施 telent 测试。在项目部 PC 上 telnet 路由器，能够正常登录。

```
<PC>telnet 10.1.20.254
  Press CTRL_] to quit telnet mode
  Trying 10.1.20.254…
  Connected to 10.1.20.254 …

Login authentication

Password:
```

步骤7：实施 telent 测试。在财务 PC 上 telnet 路由器，无法正常登录。

```
<PC>telnet 10.1.30.254
  Press CTRL_] to quit telnet mode
  Trying 10.1.30.254…
  Error: Can't connect to the remote host
```

【任务总结】

通过此次实习，小陈逐渐掌握了 ACL 技术的应用。ACL 可以非常方便地过滤不同网段之间的流量,还可以应用于 VTY 接口,实现对远程登录设备的控制。在应用 ACL 时,需非常谨慎,首先,需确保在应用之前,网段之间能够正常访问;其次,在应用之后再进行测试,确保与设计的预期是一致的,这样才能万无一失。

任务二:Easy IP 的配置应用

【任务描述】

某客户在泉州开了新的分公司。分公司有上网的需求,向电信申请了 1 个公网地址 218.85.157.100,希望通过配置使得局域网内所有的 PC 都能通过这个公网地址访问互联网。老张应邀带小陈一起实施这个项目。

网络拓扑如图 6 – 10 所示。

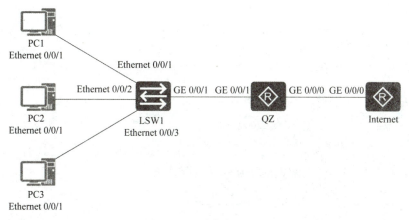

图 6 – 10　泉州分公司网络拓扑

设备与 IP 地址清单见表 6 – 2。

表 6 – 2　设备与 IP 地址清单

设备	接口	IP 地址	子网掩码
PC1	Ethernet 0/0/1	192.168.10.1	255.255.255.0
PC2	Ethernet 0/0/1	192.168.10.2	255.255.255.0
PC3	Ethernet 0/0/1	192.168.10.3	255.255.255.0
LSW1	Ethernet 0/0/1		
	Ethernet 0/0/2		
	Ethernet 0/0/3		
	GigabitEthernet 0/0/1		
QZ	GigabitEthernet 0/0/1	192.168.10.254	255.255.255.0
	GigabitEthernet 0/0/0	218.85.157.100	255.255.255.0
Internet	GigabitEthernet 0/0/0	218.85.157.99	255.255.255.0

【任务实施】

步骤 1：在路由器上配置 IP 地址。

```
[QZ]interface GigabitEthernet0/0/0
[QZ-GigabitEthernet0/0/0]ip address 218.85157.100 255.255.255.0
[QZ]interface GigabitEthernet0/0/1
[QZ-GigabitEthernet0/0/0]ip address 192.168.10.254 255.255.255.0

[GT]interface GigabitEthernet0/0/0
[GT-interface GigabitEthernet0/0/0]ip address 218.85.157.99 255.255.255.0
```

步骤 2：在出口路由器上配置 ACL，允许所有的局域网流量。

```
[QZ]acl 2000
[QZ-acl-basic-2000]rule 10 permit 192.168.10.0 0.0.0.255  /*允许整个局域网所有的 IP 地址*/
[QZ-acl-basic-2000]rule 20 deny    //拒绝其他所有的网段
```

步骤 3：在出口路由器上应用 Easy IP 技术。

```
[QZ]interface GigabitEthernet0/0/0
[QZ-GigabitEthernet0/0/0]nat outbound 2000
```

步骤 4：在出口路由器上配置前往互联网的默认路由。

```
[QZ]ip route-static 0.0.0.0 0.0.0.0 218.85.157.99
```

步骤 5：在 PC 上进行互联网连通性测试。

```
PC>ping 218.85.157.99
Ping 218.85.157.99 data bytes, Press Ctrl_C to break
From 218.85.157.99: bytes=32 seq=1 ttl=253 time=62 ms
From 218.85.157.99: bytes=32 seq=2 ttl=253 time=32 ms
From 218.85.157.99: bytes=32 seq=3 ttl=253 time=62 ms
From 218.85.157.99: bytes=32 seq=4 ttl=253 time=31 ms
```

【任务总结】

NAT 有很多种类型，适用于不同的应用场景。在小型办公室环境中，采用 Easy IP 方式进行部署无疑是最简单的。这种模式仅适用于只有一个公网 IP，并且这个 IP 是配置在出口路由器的出接口上的。如果公司购买了多个公网地址，那么就需配置 NAPT 方式。通过这次实践，小陈深度理解了 NAT 技术及其使用场景，明白了技术没有好坏之分，只有适合的技术才是最好的。

项目总结

经过本项目的学习，我们了解了网络安全相关的技术，包括可以用于流量控制的访问控制技术 ACL，以及解决 IPv4 地址短缺，实现企业私网 IP 访问互联网的网络地址转换技术

NAT。这些理论知识与实践技术的学习对于我们在企业网络的建设中非常有帮助，它可以让企业的网络更加安全、设计更加灵活。由于篇幅的限制，对于网络安全技术的学习，我们只是开了个头，网络安全的内容众多，例如 Web 安全、密码学、渗透技术、工控安全、云安全等，若同学们对网络安全领域有更加浓厚的兴趣，可以考取 CISP 或者各厂商的技术认证。只要肯努力，多实践，相信你一定可以从一个网络安全的小白成为网络安全行业的大神。

思考与练习

1. 基本访问控制列表应被放置的最佳位置是（　　）。

   A. 越靠近数据包的源越好　　　　　B. 越靠近数据包的目的越好

   C. 无论放在什么位置都行　　　　　D. 入接口方向的任何位置

2. 访问控制列表分为基本和高级两种。下面关于 ACL 的描述中，错误的是（　　）。

   A. 基本 ACL 可以根据报文中的 IP 源地址进行过滤

   B. 高级 ACL 可以根据报文中的 IP 目的地址进行过滤

   C. 基本 ACL 可以根据报文中的 IP 目的地址进行过滤

   D. 高级 ACL 可以根据不同的上层协议信息进行过滤

3. 在配置访问控制列表的规则时，关键字"any"代表的通配符掩码是（　　）。

   A. 0.0.0.0　　　　　　　　　　　　B. 所有使用的子网掩码的反码

   C. 255.255.255.255　　　　　　　　D. 无此命令关键字

4. NAPT 主要对数据包的（　　）信息进行转换。（多选）

   A. 数据链路层　　　　　　　　　　B. 网络层

   C. 传输层　　　　　　　　　　　　D. 应用层

5. 下面关于 Easy IP 的说法中，错误的是（　　）。

   A. Easy IP 是 NAPT 的一种特例

   B. 配置 Easy IP 时，不需要配置 ACL 来匹配需要被 NAT 转换的报文

   C. 配置 Easy IP 时，不需要配置 NAT 地址池

   D. Easy IP 适用于 NAT 设备拨号或动态获得公网 IP 地址的场合

标准答案：

1. B　2. C　3. C　4. BD　5. B

项目 7

运维网络系统

【项目背景】

小陈来公司实习也已经有几个月时间了，在这段时间里，他成长得非常迅速。从一开始的小白到成为其他新人实习生仰慕的老手，各种滋味自在心头。回想过去的几个月里，小陈不仅完成了对企业网络的认知，学习了公司的网络工程实施规范，还重新复习了路由、交换、安全的理论和实操技能，可以说，完全是脱胎换骨的改变。到这时候，项目经理老张计划帮助小陈补上最后的"短板"，即网络运维方面的知识和技能。要知道，这块内容是新人工程师所经常遇到的。

网络工程项目实施完毕后，通常会进入运维阶段。为了保证网络各项功能正常运行，从而支撑用户业务的顺利开展，需要对网络进行日常的维护工作和故障处理，前者是预防性的有计划的维护工作，而后者则是基于事件触发的维护工作。在本项目中，我们将与小陈共同学习关于网络巡检、网络变更、故障处理的相关知识和技能。

【知识结构】

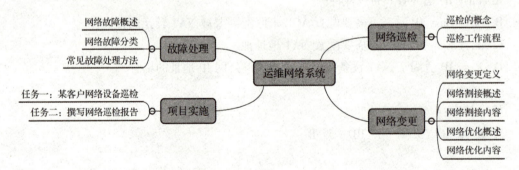

【项目目标】

知识目标：

- 熟悉日常的巡检维护任务
- 熟悉巡检维护报告的格式
- 掌握结构化的故障处理流程
- 掌握常见网络故障的处理方法

- 掌握网络变更的操作流程规范
- 熟悉网络变更的常见场景

技能目标：
- 能够理解并描述日常运维工作
- 能够理解网络变更的含义

【项目分析与准备】

7.1 网络巡检

7.1.1 巡检的概念

网络巡检是新人工程师经常被分配到的任务之一。项目验收后会进入运维阶段，而巡检是运维阶段重要的工作内容之一。因此，根据公司的项目分布，可能全国各地都有巡检的任务需求，作为刚毕业的新人，全国各地到处走走也是一件非常不错的事情。但是前提是你必须做好巡检的相关工作。

巡检是一种预防性的工作，它是指对网络进行的定期检查与优化；在网络的正常运行过程中，及时发现并消除网络所存在的缺陷或隐患，维持网络的健康水平，从而使网络能够长期安全、稳定、可靠地运行；根据网络现状建立日常巡检制度，确保网络维护有序、规范地进行。日常巡检对操作人员的技术要求不高，但对操作的规范性要求比较高。

7.1.2 巡检工作流程

如图 7-1 所示。

图 7-1 巡检工作流程

巡检工作流程主要分成以下几个阶段：

7.1.2.1 准备阶段

在准备阶段，主要进行相关培训工作及巡检计划的制订。参与培训的工程师可能大部分对巡检的客户及巡检的内容都不了解，因此进行培训是必要的，需要让参与的工程师了解巡检什么、如何巡检以及巡检的时间及地理路线安排。

技术培训的主要内容是用户的网络结构特点、网络中特殊应用对网络的需求、可能存在的不足之处及可能带来的影响，使参与巡检的工程师能够快速地定位故障，解决用户的实际问题，提高巡检工程师在用户端的印象，增加用户对企业的信任感。

制订及培训巡检计划,包括巡检日程安排等,工程师巡检前必须先与客户电话联系,确认到达时间等相关信息。

7.1.2.2 客户现场数据采集

到达现场后,数据采集的内容主要分为两个部分:

> **设备硬件运行环境采集**

硬件运行环境是指设备运行的机房、供电、散热等外部环境,这是设备运行的基础条件。对于设备环境的维护,工作人员需要亲临现场,借助一些专业工具进行观察、测量。向客户申请进入机房后,根据设备环境检查表(表7-1)中的内容进行评估,并给出检查的结果。

表7-1 设备环境检查表

序号	检查项	检查方法/工具	评估标准和说明	检查结果	备注说明
1	设备位置摆放是否合理、牢固	观察	设备应放在通风、干燥的环境中,并且放置位置平整,设备周围不得有杂物堆积		
2	机房温度状况	观察温湿度计	通常要求机房长期工作环境温度为0~45℃;短期工作环境温度为5~55℃		
3	机房湿度状况	观察温湿度计	通常机房的长期工作环境相对湿度应在5%RH~85%RH之间,不结露;短期工作环境相对湿度应在0%RH~95%RH之间,不结露		
4	机房内空调运行是否正常	观察/空调	空调可持续、稳定运行,使机房的温度和湿度保持在设备规定范围内		
5	清洁状况	观察	所有设备都应干净整洁,无明显尘土附着。应注意防尘网的清洁状况,及时清洗或更换,以免影响机柜门及风扇框的通风、散热		

> **设备软件运行情况采集**

设备软件运行情况与设备运行的具体业务密切相关。华为数通设备可通过常用的维护命令来进行运行情况的采集。巡检人员可以现场操作,也可以远程操作,主要通过设备的display命令采集,也可通过网络管理平台或巡检工具软件来采集。

常见的华为设备软件运行情况采集命令见表7-2。

表7-2 华为设备运行情况采集命令

序号	检查项目	命令	备注
1	设备软件版本信息	display version	检查软件版本是否是稳定运行版本
2	License 信息	display license	如有授权信息，必须为 Permanent（永久）状态
3	配置正确性	display current-configuration	检查当前生效的配置是否是正确的配置
4	单板运行状态	display device	status 为 normal 代表正常
5	风扇运行状态	display fan	status 为 normal 代表正常
6	电源运行状态	display power	status 为 supply 代表正常
7	CPU 利用率	display cpu-usage	如果 CPU 利用率超过 80%，需重点关注
8	内存利用率	display memory-usage	如果内存利用率超过 60%，需重点关注
9	日志信息	display logbuffer	检查日志中是否存在异常信息
10	诊断信息	display diagnostic-information	检查诊断信息中是否存在异常信息

7.1.2.3 数据分析与报告生成

巡检工程师根据采集到的数据进行整理并分析。特别是对一些异常信息，包括日志、接口状态、路由状态、交换状态等，需结合客户网络的情况加以分析。如果不确定是否为异常，需联络该客户的首责工程师进行确认，最终根据公司提供的巡检报告模板进行输出，并于次日再次返回客户现场，就巡检过程中发现的问题进行汇报，并请客户在巡检报告上签字以表示确认。巡检报告模板见表7-3。

表7-3 设备巡检报告模板

设备巡检报告
1. 报告封面
2. 文档信息
3. 综述
1）巡检拓扑
2）巡检清单
3）巡检命令参考
4）巡检问题汇总分析

续表

```
4. 设备巡检明细
    1）设备 1
        环境信息检查
        设备基本信息
        设备运行状态检查
        端口状态检查
        业务运行状态检查
    2）设备 2
        环境信息检查
        设备基本信息
        设备运行状态检查
        端口状态检查
        业务运行状态检查
    3）设备 3
    ……
```

7.1.2.4　汇报结果与满意度调查

待所有分支节点的巡检工作都完成后，巡检工程师需汇总所有的巡检报告装订成册。并将所有节点中发现的问题汇总后与总部客户进行汇报，提出整改方案并实施改进。巡检工作是网络运维中一项非常重要的工作，有利于增进与客户之间的互动并提前发现解决问题。事后，需进行巡检工作的满意度调查，及时了解客户对巡检服务的评价以及对巡检服务的改进建议，在后续完善巡检工作。

7.2　网络变更

7.2.1　网络变更定义

网络变更主要包含两个层面：

> **网络割接**

随着企业业务的不断发展，企业网络为了适应业务的需求而不断地改造和优化。无论是硬件的扩容、软件的升级还是配置的变更，凡是影响现网运行业务的操作（如造成业务的中断），企业都会根据业务的安全等级要求，制订严格的操作流程和风险规避措施，并将其定义为割接项目。

> **网络优化**

用户的业务在不断发展，因此用户对网络功能的需求也会不断变化。当现有网络不能满足业务需求，或网络在运行过程中暴露出了某些隐患时，就需要通过网络优化来解决。与新建网络不同，网络优化基于现有的正在运行的网络，在优化方案设计和实施上有许多需要注意的地方。

7.2.2 网络割接概述

如图 7-2 所示,某公司在 2018 年时只有一个小型的办公区域,并且业务流量较小,只需要进行简单的网络接入即可。经过两年的发展,公司员工的数量越来越多,业务流量越来越大,并且业务也越来越重要,故对网络进行了扩容,新增了一台交换设备,并形成了汇聚层负载分担的网络架构。到了 2020 年,企业网络出口带宽已经不能满足业务需求,于是在网络出口处又增加了一台核心路由器,并形成了主备模式的网络出口架构。如此不断地升级、扩容、整改,怎样才能保障业务的平稳过渡?这就需要在过程中实施网络割接。

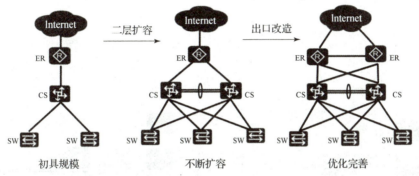

图 7-2 某公司网络改造演进

7.2.3 网络割接内容

网络割接可分为以下几类:

(1)设备升级

常见的有设备单板扩容、设备单板更换、设备软件版本升级等。

(2)网络物理结构改造

常见的有新增链路、新增设备、结构调整等,如图 7-3 所示。

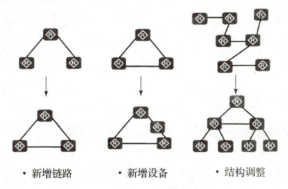

图 7-3 网络物理结构改造

(3)网络系统调整

常见的有 IP 地址改造、IP 协议变更等,如图 7-4 所示。

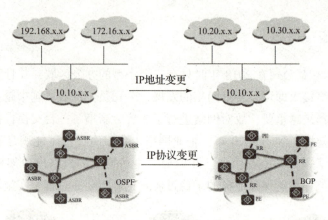

图 7-4 网络系统调整

(4) 网络性能优化

比如 QoS 优化、业务优化等,如图 7-5 所示。

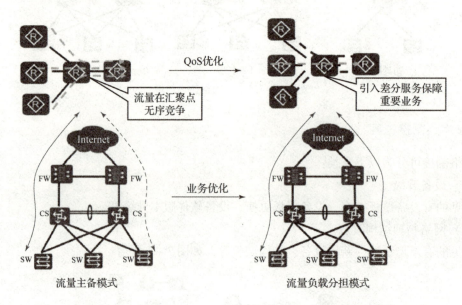

图 7-5 网络性能优化

7.2.4 网络优化概述

网络优化的目的是提升网络的性能、增强网络安全性以及提升网络的用户体验。网络优化主要包括:

➢ **硬件优化**

在合理分析对新硬件的需求后,在性能和价格方面做出最优解决方案。

➢ **软件优化**

对软件的参数进行设置,从而使系统性能达到最优的过程。

> 网络扩容

在原有网络的基础上，增加新的网络建设项目，包括设备的替换、设备的增加、组网改变等；进行新技术更新，将原有网络中的全部或部分技术更替。

7.2.5 网络优化内容

1. 提升网络的安全性

网络安全是一个系统性问题，涉及全网所有设备，也涉及安全管理。提升网络的安全性，主要从以下几个方面考虑：管理安全、边界安全、访问控制、接入安全、网络监控。

（1）管理安全优化

指在技术层面上保障管理手段的安全。如防止非网管人员恶意访问网络设备、修改配置等。

（2）边界安全优化

主要是指保护网络内部的资源（包括网络设备和信息资产）和用户终端不受到来自外部的攻击危害。如某企业的内部服务器经常受外部的 DDoS 攻击，为了防止此类攻击，应该在网络边界部署防御措施，比如增加防火墙设备或其他防护策略等。

（3）访问控制优化

访问控制是指在网络路由可达的基础上，基于业务管控的需要，对特定的访问流量进行限制或阻断。如企业可以通过技术手段禁止其他部门访问财务部门的服务器。

（4）接入安全优化

主要是指保护网络资源（包括网络设备和信息资产）不受来自内部用户有意或无意的危害。如可以通过技术手段，防止外来访问人员随意接入公司网络。

（5）网络监控优化

网络监控是指对网络的流量进行实时的或周期性的监控和分析。如某企业希望监控网络流量，能够及时对异常流量做阻断。为了实现网络监控，可以通过部署网络监控软件/硬件对流量做分析。

2. 提升网络的用户体验

提升网络的用户体验主要包括：服务质量保证，如保障语音业务的实时性，提高关键用户的可靠性，对异常流量的识别与限制等；提升网络性能，如网络扩容等；简化用户侧配置，如采用 DHCP 功能等。

3. 新增网络功能

任何新增网络功能的需求首要需要考虑对现网的影响问题。在新增网络功能时，切忌顾此失彼，任何新增功能都不能够对现有正常业务造成长期影响。当然，可控范围内的短期影响是可以接受的。通常新增一项网络功能，可以先在小范围试点，确认没有问题再大面积部署。例如，当需要实现 WLAN 功能大面积覆盖时，可以先在某一些办公室部署 AP，充分评估其对当前网络的影响之后再大面积部署。

7.3 故障处理

7.3.1 网络故障概述

网络故障是指由于某种原因而使网络丧失规定功能而影响业务的现象。从用户的角度出发，凡是影响业务的现象，都可以定义为故障。因而故障不一定只是设备问题，也有可能是系统或兼容性等问题。

7.3.2 网络故障分类

网络故障可以分为硬件类、配置类、网络类、性能问题、软件类、对接类以及其他故障。不同的网络故障所引起的异常现象见表7-4。

表7-4 网络故障现象分类

分类	告警	环路	业务不通	业务中断	业务瞬断	丢包	协议异常	协议震荡	路由异常
硬件类	✓			✓		✓			
配置类		✓					✓		✓
网络类		✓	✓	✓	✓	✓			✓
性能问题	✓				✓	✓		✓	
软件类							✓	✓	
对接类			✓				✓		
其他	✓		✓	✓	✓	✓			

按照故障对设备或业务影响的严重程度不同，将网络故障分为一般故障、严重故障和重大故障。

①一般故障：是指在网络运行过程中，系统发生了部分功能异常，电路质量恶化，通信质量下降，监控、测量、网络管理功能受损等，但尚未对业务产生直接的影响，用户感知不到网络服务水平下降的故障。

②严重故障：是指在网络运行过程中，系统发生瘫痪或服务能力明显降低，电路阻断或出现障碍，监控维护的手段中断等情况，并对用户业务造成严重影响，但持续时间和影响程度尚未达到重大故障标准的故障。对时间要求紧迫，需要立即进行处理，否则会对用户业务造成严重影响的故障。

③重大故障：是指网络中断、系统瘫痪、监控手段中断、业务中断等严重故障持续到一定时间或影响用户超过规定数量的故障。

7.3.3 常见故障处理方法

日常维护，目的是预防故障发生；故障处理，是指在故障发生之后，采取措施，使系统尽快恢复正常。故障处理是事件驱动的工作任务，通常会比较突然地出现，对工程师的技术能力也提出了更高的要求。尽管良好的日常维护可以规避大量的突发故障，但是由于网络运行受到多方面条件限制，再好的日常维护也不可能完全避免突发故障的发生。因此，网络维护人员具备关键的技术，并掌握故障处理流程和方法是非常必要的。

故障排查一般采用结构化的网络故障排除流程。由报告故障触发，合理地一步一步找出故障原因，并解决故障的总体流程。基本步骤是确认故障、收集信息、判断分析、原因列表、排障评估、逐一排查、解决故障；其基本思想是系统地将故障的所有可能原因缩减或隔离成几个小的子集，从而使排障的复杂度迅速下降。排除了故障之后，还需要进行收尾工作，如输出故障处理报告、向相关部门汇报、通告故障处理情况等。结构化网络故障排除流程程如图 7-6 所示。

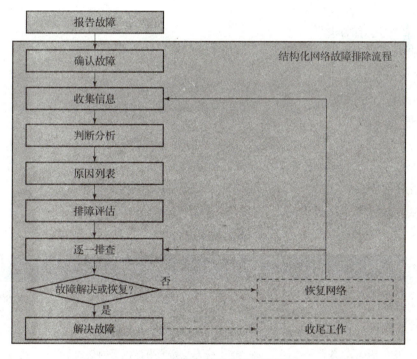

图 7-6 结构化网络故障排除流程

项目实施

任务一：某客户网络设备巡检

【任务描述】

某客户是公司的长期服务对象，购买了公司的维保服务。根据服务合同中的要求，公司每季度需要定期为该客户提供巡检服务。作为新人，小陈非常乐意参加巡检任务。

【材料准备】

在巡检前,客户给出了巡检的设备清单,见表7-5。

表7-5 巡检的设备清单

编号	产品类型	品牌	品名型号	设备名称	管理地址	备注
1	交换机	华为	S7706	XXXB-COR-SW01	10.10.0.3	
2	交换机	华为	S7706	XXXB-COR-SW02	10.10.0.4	

【任务实施】

步骤1:确定巡检内容。经过项目经理与客户的沟通协商,确定此次巡检的主要任务包括:

①环境巡检。
②配置信息检查。
③运行状态检查:CPU、内存状态、网络端口状态、日志等。
④网络设备软件版本信息。
⑤设备持续运行时间。
⑥设备模块运行状态。
⑦设备风扇及电源状况。
⑧设备运行机箱温度。
⑨设备表面清洁。

步骤2:小陈跟客户打电话约好上门服务的时间,带着必要的巡检装备,来到了客户现场。根据以下巡检规范进行巡检工作。相关规范包括:

> **环境巡检**

(1) 检查机房环境(表7-6)

表7-6 检查机房环境

维护项目	操作指导	参考标准
温度状况	观测机房内温度计指示,并记录数据	在正常情况下,机房长期工作环境温度应在0~45℃之间,短期工作环境温度应在-5~55℃之间。若机房的环境温度长期不能满足要求,维护人员应考虑检修或更换机房的空调系统。检查空调制冷度、开关情况等,空调制冷应完好无损,开关接触良好
湿度状况	观测机房内湿度计指示,并记录数据	在正常情况下,机房的长期工作环境相对湿度应在5%RH~85%RH之间,短期工作环境相对湿度应在0%RH~95%RH之间。若机房的相对湿度过大,运营商应考虑为机房安装除湿设备;若机房的相对湿度过小,运营商应考虑为机房安装加湿设备

(2) 检查机房清洁度（表7-7）

表7-7 检查机房清洁度

维护项目	操作指导	参考标准
清洁状况	观察机房内设备外壳、设备内部、机架内各通风口、地板、桌面	所有项目都应干净整洁，无明显尘土附着。注意通风口的清洁状况，及时清洗，以免影响机柜门及风扇框的通风、散热
散热状况	观察机房内设备的散热状况	设备正常工作时，要求保持风扇正常运转（清理风扇期间除外），擅自关闭风扇会引起设备温度升高，并可能损坏单板。不要在设备架子上、通风口处放置杂物，还应定期清理风扇的通风口

(3) 检查设备电源及风扇（表7-8）

表7-8 检查设备电源及风扇

维护项目	操作指导	参考标准
单板运行状态	Display device	重点关注单板在位信息及状态信息是否正常，当显示如下信息时，表示正常。 单板"Online"为"Present"。 单板"Power"为"PowerOn"。 单板"Register"为"Registered"。 单板"Status"为"Normal"
风扇状态	Display fan	Status 为 Normal 表示正常
电源状态	Display power	State 为 Supply 表示正常

(4) 检查设备运行温度（表7-9）

表7-9 检查设备运行温度

维护项目	操作指导	参考标准
设备温度	执行 display temperature slot slot-id 命令查看设备各模块的温度，并记录数据	正常情况下，各模块当前的温度应该在上、下限之间

(5) 检查设备供电系统（表7-10）

维护工程师观测并记录的电源模块的基本情况。

表7-10　检查设备供电系统

维护项目	操作指导	参考标准
电源备份情况	观察电源模块是否有备份	维护工程师观测并记录的电源模块的基本情况

（6）检查机柜内部环境（表7-11）

维护工程师观测并记录的机柜内部环境。

表7-11　检查机柜内部环境

维护项目	操作指导	参考标准
线缆布放	观察机柜内部线缆的布放情况	电源线与业务线缆分开布放。电源线布放整齐、有序；业务线缆布放整齐、有序
线缆标签	观察机柜内部线缆标签情况	线缆标签清晰、准确，符合规范
机框外观	观察机框是否完整	空闲槽位有假面板保护
机框散热	观察机框是否正常散热。如果单板面板上有通风口，应观察面板通风口是否存在灰尘堵塞的情况。若安装有防尘网，应观察防尘网的灰尘情况	机框的进风口没有过多灰尘堵塞，不影响设备正常散热。进风框和电源面板应安装有防尘网，如果防尘网上灰尘较多，需要及时清洗

（7）检查消防（表7-12）

表7-12　检查消防

维护项目	操作指导	参考标准
消防状况	检查机柜、机框、电缆走线槽等关键部位	所有部位均不存在火警隐患，且机房内配备的各种消防设施均完好无损、无异常

（8）检查防盗（表7-13）

表7-13　检查防盗

维护项目	操作指导	参考标准
防盗状况	检查机房的门、窗、防盗网等设施	机房所有的门、窗、防盗网等设施均应该完好、无损

> 检查设备基本信息

检查设备的基本信息（表7-14），如软件版本、补丁信息、系统时间等是否正确。

表7-14 检查设备基本信息

序号	检查项	检查方法	评估标准
1	设备运行的版本	Display version	单板PCB版本号、软件版本号与要求相符
2	检查软件包	Display starup	设备正在使用及下次启动时将要加载的产品版本软件和配置文件的文件名正确
3	License信息	Display license	License文件已经激活，并且"Expired date"为"PERMANENT"（即永久有效）或在运行截止日期之内
4	检查补丁信息	display patch-information	补丁文件必须与实际要求一致，建议加载华为公司发布的该产品版本对应的最新的补丁文件。补丁必须已经生效，即补丁的总数量和正在运行的补丁数量一致
5	检查系统时间	display clock	时间应与当地实际时间一致（时间差不大于5 min），便于故障时通过时间精确定位。如果不合格，则执行clock datetime命令修改系统时间或者配置NTP同步网络时间
6	CF卡中的文件	dir cfcard: dir slave#cfcard	CFcard里的文件都必须是有用的，否则，执行delete/unreserved命令删除
7	检查配置	Display current-configuration	通过查看当前生效的配置参数，验证设备配置是否正确
8	检查debug开关	Display debuging	设备正常运行时，debug开关应该全部关闭
9	检查配置是否保存	Compare configuration	业务配置正常后，要进行保存。运行配置需要与保存过的配置相同

> 检查设备运行状态

检查设备的运行情况（表7-15），如单板运行状态、设备复位情况、设备温度等是否正确。

表7-15 检查设备运行状态

序号	检查项	检查方法	评估标准
1	单板运行状态	display device	重点关注单板在位信息及状态信息是否正常，当显示如下信息时，表示为正常。 单板"Online"为"Present"。 单板"Power"为"PowerOn"。 单板"Register"为"Registered"。 单板"Status"为"Normal"

续表

序号	检查项	检查方法	评估标准
2	风扇状态	display fan	Status 为 normal 表示正常
3	电源状态	display power	State 为 supply 表示正常
4	主用板/备用板的备份状态	display switchover state	主、备板同时存在时,要同时有主、备板的显示状态信息。倒换完成,设备开始正常工作后,主、备板需要显示为 "realtime or routine backup" 表示正常
5	FTP 网络服务端口	display ftp-server	不使用的 FTP 网络服务端口要关闭
6	告警信息	display alarm all	无告警信息。如果有告警,需要记录,对于严重以上告警,需并立即分析并处理
7	CPU 状态	display cpu-usage	各模块的 CPU 占用率正常。如果 CPU 占用率超过 80%,建议重点关注
8	内存占用率	display memoryusage	内存占用情况正常,如果 "Memory Using Percentage" 超过 60%,则需要关注
9	日志信息	display logbuffer display trapbuffer	不存在异常信息

> 检查端口

检查设备的端口信息(表 7-16),如端口协商模式、端口配置、端口状态等是否正确。

表 7-16 检查设备端口信息

序号	检查项	检查方法	评估标准
1	端口错包	display interface	业务运行时,要检查端口有无错包,包括 CRC 错包等
2	端口协商模式	display interface	端口协商模式正确,两边端口要一致,不能有半双工模式
3	端口配置	display current-configuration interface	接口的配置项合理,如接口协商模式、速率、隔离、限速等
4	端口状态	display interface brief	端口的 Up/Down 状态满足规划要求
5	端口统计	执行 display ip interface 命令。分两次,隔 5 min 收集数据,然后进行比较	正常情况下,两次的数据没有增长,并且基数不大于 500

> **检查业务模块运行情况**

检查设备运行的业务是否正常,并记录设备各业务模块运行信息(表7-17)。

表7-17 检查设备业务模块运行情况

序号	检查项	检查方法	评估标准
1	组播成员接口和路由器接口信息	display igmpsnooping port - info	静态成员接口、动态成员接口、静态路由器接口和动态路由器接口的信息正确
2	组播报文统计	display igmpsnooping statistics vlan	VLAN 接收/发送的 IGMP 报文和 PIM Hello 报文个数,以及所有 VLAN 内发生的二层事件次数统计合理
3	信息组播转发表	执行 display l2 - multicast forwarding - table 命令查看二层组播转发表项。执行 display multicast forwarding - table 命令查看三层组播转发表项	组播转发表项正确
4	组播路由协议	执行 display multicast routing - table 命令	域内组播路由协议采用 PIM - SM。与组播相连的接口都必须要使能 IGMP
5	DHCP Snooping 绑定表	display dhcp snooping user - bind all	静态表项和动态表项正确
6	MAC 地址表信息	display macaddress	MAC 地址表信息正确
7	OSPF 错包情况	执行 display ospf error 命令。分两次,隔 5 min 收集数据,然后比较	正常情况下,两次的数据没有增长
8	VRRP 状态	执行 display vrrp 命令。执行 display vrrp statistics 命令	"State" 不为 "Initialize" 状态。备份组中的设备的 VRRP 状态 "State" 不能同时为 "Master"。"Checksum errors" "Version errors" 和 "Vrid errors" 为零
9	防攻击检测	执行 display currentconfiguration | include car 命令	应该有防攻击的配置。如果未配置,请使用 car 命令为设备配置防攻击功能。具体步骤请参见《S7700&S9700 智能 & 核心路由交换机配置指南——安全》中的"本机防攻击配置"

续表

序号	检查项	检查方法	评估标准
10	MSTP 状态	执行 display stp brief 命令	指定端口和根端口的"STP State"为"FORWARDING"。备份根端口的"STP State"为"DISCARDING"
11	MST 域配置信息	执行 display stp region-configuration 命令	查看交换机上当前生效的 MST 域配置信息。输出内容包括域名、域的修订级别、VLAN 与生成树实例的映射关系以及配置的摘要
12	MSTP 拓扑变化	执行 display stp topolo-gychange 命令	查看 MSTP 拓扑变化相关的统计信息。如果设备拓扑变化次数递增,则可以确定网络存在震荡
13	TC/TCN 报文收发计数	执行 display stp tc-bpdu statistics 命令	查看实例端口的 TC/TCN 报文收发计数
14	LDT 环路	执行 display loop-detection 命令。执行 display loopdetection [interface | interface-type interfacenumber | interface-name]	LDT 功能配置正常的情况下:"Following ports are block for loop""Following ports are shutdown for loop"下无端口,证明启动环路检测的 VLAN 中没有出现环路。端口的"Status"为"Normal",证明该端口所属的 VLAN 没有出现环境
15	OSPF 邻居状态	执行 display ospf peer 命令。执行 display ospf peer lastnbr-down 命令	OSPF 邻居状态:邻居状态"State"为"Full"。正常情况下,要求该邻居建立时间不应该小于一天。正常情况下,没有邻居 down 掉
	IS-IS 邻居状态	执行 display isis peer 命令	IS-IS 邻居状态:邻居状态"State"为"Up"
	BGP 邻居	执行 display bgp peer 命令	BGP 邻居状态:邻居状态"State"为"Established"
16	路由信息	执行 display ip routing ta-ble 命令。与前一次记录的路由信息比较,检查是否有明显变化,并可抽样对其中的路由项进行 ping 或者 tracert 操作	正常情况下,路由表中具有默认路由或者其他精确路由,便于故障时候可以远程定位。对于处于一个网络中同一层次的设备,如果运行相同的路由协议,各设备上的路由条目应该相差不大(因为静态路由的配置差异,路由条目上可能存在一定差异)

续表

序号	检查项	检查方法	评估标准
17	OSPF Router ID	执行 display currentconfiguration configuration ospf 或者 display router id 命令	指定 Router ID 为 Loopback 口地址。如未分配 Loopback 口地址，则要指定为上行口地址或其他 Down 掉概率最小接口的地址。配置的 Router ID 必须与 OSPF 正在使用的 Router ID 一致
18	OSPF 路由引入	执行 display currentconfiguration configuration ospf 命令	尽量使用 network 发布路由，也可以通过 import 方式引入路由
19	OSPF 虚连接	执行 display ospf vlink 命令	不允许使用虚连接
20	OSPF STUB 区域	执行 display currentconfiguration configuration ospf 命令	STUB 区域，不能有 import – route 命令
21	BGP 路由发布	布执行 display current-configuration configuration bgp 命令	除了 VPN 路由，禁止采用 import – route 命令发布 IP 路由。应使用 network 命令和 ip route – static ipaddress ｛mask｜masklength｝ null0 命令手工聚合路由后再静态发布
22	IBGP 邻居	执行 display currentconfiguration configuration bgp 命令	基于协议稳定性的考虑，建议使用 Loopback 这类状态总为 UP 的接口建立邻居关系
23	ISIS 路由	执行 display currentconfiguration configuration isis 命令	尽量使用 network – entity 发布路由，也可以通过 import 方式引入路由

【任务总结】

巡检工作是一件看似简单却又并不简单的工作。其既包含了硬件环境的检查，也包含了软件环境的检查，既考验了技术能力，又锻炼了巡检工程师与客户打交道的能力，是一件对综合素质要求较高的任务。小陈通过这次的巡检工作，对网络运维工作有了更加深入的认识。

任务二：撰写网络巡检报告

【任务描述】

小陈完成了对客户网络的现场软硬件运行情况采集后，现在要开始撰写巡检报告。巡检的每台设备都要单独列表检查，结合收集的信息，然后将检查的结果进行分析并编写巡检报告。

【材料准备】
巡检报告模板。

【任务实施】
步骤1：撰写巡检报告封面。

××股份有限公司

网络设备巡检报告

文档编号：AAA – BBB – CCC – DDD

××信息技术股份有限公司

步骤2：填写文档信息。

文档信息		
文档名称	××股份有限公司巡检报告	
文档编号	AAA – BBB – CCC – DDD	
文档版本	Version 1.0	
创建日期	20××/××/××	
修改内容		
文档类别	□测试文档 □设计文档 □工程文档 □项目文档 □运维文档 □服务文档 □其他	
文档交付部门	信息技术部	
文档作者	×××	
文档审核		
联系方式		

保密承诺

对本次巡检服务涉及的用户绝密事项,同时在技术支持服务中获取的客户保密信息,未经××客户同意,××公司承诺对保密信息不用于其他与客户服务无关的用途,不向任何与客户服务无关的第三方披露。

同时,××公司将严格遵守××客户的有关保密规定。

××信息技术股份有限公司
20××年××月

步骤3:撰写巡检报告正文。

1. 巡检问题汇总分析

序号	问题设备名称	问题描述	解决建议	重要程序

本报告一式二份,甲方、乙方各执一份。

甲方:××股份有限公司	乙方:××信息技术股份有限公司
授权代表:_____	授权代表:_____
日期:_____	日期:_____

2. 设备(×××B-COR-SW01)巡检明细

(1)环境巡检

序号	检查内容	记录情况	结果	备注
1	温度状况		■正常 □不正常	
2	湿度状况		■正常 □不正常	
3	清洁状况		■正常 □不正常	
4	散热状况		■正常 □不正常	
5	电源插头		■正常 □不正常	
6	电源指示灯		■正常 □不正常	
7	风扇运转		■正常 □不正常	
8	风扇指示灯		■正常 □不正常	
9	系统状态指示灯		■正常 □不正常	

(2) 硬件基本信息

硬件基本信息			
主机序列号	FOX1614××××		
槽位	模块型号	序列号	状态分析
Slot1	SPA-5X1GE-V2	SAL1910××××	正常
Slot1	SPA-5X1GE-V2	SAL1910××××	正常
Slot1	6XGE-BUILT-IN	SAL1910××××	正常
PS1	ASR1002-PWR-AC	SAL1910××××	正常
PS2	ASR1002-PWR-AC	SAL1910××××	正常

(3) 系统基本信息

系统基本信息			
运行时间	44 周,5 天,14 小时,35 分钟		
软件版本	Version 15.3(3)S3	内存大小	1 GB
软件当前运行路径	bootflash:/asr1002x-universalk9.03.10.03.S.153-3.S3-ext.SPA.bin		
软件下次启动路径	bootflash:/asr1002x-universalk9.03.10.03.S.153-3.S3-ext.SPA.bin		
内置存储剩余空间	5G	外置存储剩余空间	N/A
异常 log 信息			状态分析
无			正常
设备温度	状态分析	CPU 使用率	状态分析
35 ℃	正常	5 s:0%/0%	正常
内存使用率	状态分析	1 min:0%	正常
36%	正常	5 min:0%	正常

(4) 端口状态检查

端口状态检查				
设备接口	物理状态	协议状态	错误包	状态分析
GigabitEthernet 0/0/0	UP	UP	0	正常
GigabitEthernet 0/1/0	UP	UP	0	正常
GigabitEthernet 0/1/1	UP	UP	0	正常

续表

端口状态检查				
GigabitEthernet 0/1/2	UP	UP	0	正常
GigabitEthernet 0/1/3	UP	UP	0	正常
GigabitEthernet 0/1/4	UP	UP	0	正常
GigabitEthernet 0/2/0	UP	UP	0	正常
GigabitEthernet 0/2/1	UP	UP	0	正常
GigabitEthernet 0/2/2	UP	UP	0	正常
GigabitEthernet 0/2/3	UP	UP	0	正常
GigabitEthernet 0/2/4	UP	UP	0	正常

（5）业务运行状态检查

路由协议检查			
路由表条目数	587		
OSPF 邻居数	9	OSPF 路由条目数	488
OSPF 邻居			
Neighbor ID		状态	状态分析
100.111.249.64		FULL/DROTHER	正常
100.111.249.253		FULL/BDR	正常
100.111.249.253		FULL/ BDR	正常
100.111.249.250		FULL/	正常
100.111.249.249		FULL/	正常
100.111.249.97		FULL/	正常
100.111.249.98		FULL/	正常
100.112.249.252		FULL/	正常
100.111.0.254		FULL/	正常

【任务总结】

撰写巡检报告是一项相对枯燥的任务，需要耐心、仔细地检查从用户现场收集的软件运行信息，才能整理出正确无误的巡检报告。对检查过程中发现的问题，也需及时与项目经理沟通，避免可能发生的遗漏而导致重大故障发生，这同样也需要认真负责的工作态度。

项目总结

  运维无小事。例如巡检工作看似简单，却有可能因为巡检的疏忽而导致重大故障发生。网络运维主要包括日常巡检、网络变更、软硬件升级、突发故障排查等。巡检工作意义重大，"千里之堤，溃于蚁穴"。任何故障在出现之前都可能会有所表现，小的隐患不消除，可能导致重大的故障出现。需定期对软硬件运行环境进行检查，千万不可大意。日常运维中还包括网络变更的工作内容，随着业务的多样化和不断发展，经常要对业务进行调整，要根据应用的需要，及时、准确做出变更。软硬件升级也属于变更工作经常遇到的内容，在软硬件升级时需要做好回退机制，以防升级出现问题时无法回退，业务长时间无法恢复。当接手网络中心维护工作时就会发现，会有很多的升级，几乎每个月都要有升级操作，熬夜升级工作成了维护人员的家常便饭。没有任何一个网络中心是不出故障的，在网络中心运行的过程中都会出现这样那样的问题。对于突发故障，高水平的维护人员可以静下心来冷静分析故障的触发原因，迅速找到解决的方法，如果在短时间内找不到解决方法，也可以通过切换到备用设备上先恢复业务，再进行分析，这时拥有高水平的维护人员对于一个网络中心至关重要，在关键时刻就能派上用场。

  虽然这些工作看起来有些平常，但千万别小看它们。网络中心日常维护工作实际上非常重要，关乎着整个网络中心业务的正常运行。只有重视网络中心的维护工作，才能保障各项应用稳定、安全地运行，从而让我们的生活更加美好。这是每一位网络工程师对社会的最大贡献。

思考与练习

1. 关于网络维护的作用，以下的说法正确的有（　　）。
   A. 日常维护是一种预防性的工作
   B. 通过日常维护可以得出网络基线，从而为故障排除工作打下良好的基础
   C. 日常维护对操作人员的技术要求很高，但对操作的规范性要求不高
   D. 网络的维护不仅仅是技术问题，而且也是管理问题
2. 网络割接的内容包括（　　）。
   A. 设备升级　　　　B. 网络系统调整　　C. 网络性能优化　　D. 网络故障排除
3. 整理输出巡检报告是在巡检工作的（　　）阶段。
   A. 准备阶段　　　　　　　　　　　　B. 客户现场数据采集
   C. 数据分析　　　　　　　　　　　　D. 汇报生成
4. 网络优化主要包括（　　）。
   A. 硬件优化　　　B. 软件优化　　　　C. 网络扩容　　　　D. 系统优化
5. 网络故障类型包括（　　）。
   A. 硬件类　　　　B. 软件类　　　　　C. 配置类　　　　　D. 性能类

标准答案：

  1. ABD　2. ABC　3. D　4. ABC　5. ABCD

项目 8

设计并实施网络工程案例

【项目背景】

光阴如梭，小陈到公司上班已经大半年了。在这段时间里，小陈不仅学习了路由交换和网络安全的基础知识，还跟着项目经理老张依照公司项目实施的规范参与了一些小项目，可以说获得了很大的成长与提高，不再是当年初出茅庐的小"菜鸟"了。老张对小陈这段时间的表现也非常满意。刚好近期公司拿到了一个新的项目，难度与规模比较适合小陈来实施，老张也想借机考验小陈是否能够独立自主地实施项目。

在本项目中，我们将与小陈一起实施一个真实的项目案例，涉及需求分析、网络规划设计、具体实施、验收测试四个方面的完整过程。需配合项目负责人了解客户需求信息，进行有效且必要的跟踪，做好产品规划、实施指导服务工作等。需要充分了解项目需求，制订总体规划，包含物理规划和逻辑规划等。并根据设计方案进行安装、调试、测试、写脚本、刷脚本等具体任务。知易行难，让我们跟随小陈一起努力工作吧！

【知识结构】

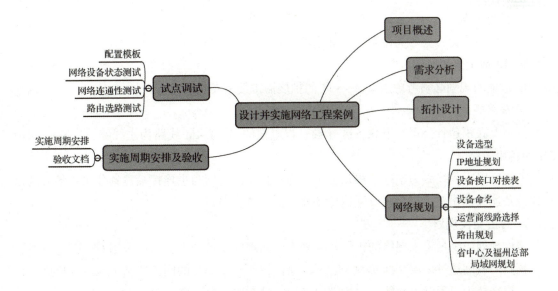

【项目目标】

知识目标：
- 了解网络系统集成的设计和方法
- 通过客户需求，了解如何做好逻辑和物理设计
- 了解企业网络所需的技术与特点

技能目标：
- 理解网络设计规划和内容
- 掌握企业网络所需的通用技术
- 理解项目验收的过程与准备

【项目分析与准备】

8.1 项目概述

某企业为了实现信息化，决定建设福州五区八县 IP 网，实现区域互联及统一管理。其以福州市为中心辐射 5 区 8 县，实现中心到节点的拓扑结构，从而为信息流转提供更加有力的业务支撑。

8.2 需求分析

项目经理老张与小陈多次前往客户现场沟通，经过几轮的沟通协商，终于确定了以下需求并记录在案：

➢ **采用设备**

招标采购的设备为华为设备，因此本项目建设使用华为设备。

➢ **IP 地址规划**

IP 地址的规划必须考虑未来 3~5 年的扩展需求及汇总和管理。

➢ **线路规划**

福州上联福建省公司及下联各区（县）以电信的 MSTP 4M 线路为主线路，以联通 SDH 2M 为备用线路。

各县区以电信线路为主连接福州公司，福州公司以电信为主连接福建省公司；各县区以联通冷备连接福州，福州公司以联通冷备连接福建省公司。

➢ **路由交换规划**

路由规划应满足未来网络的扩展及未来不同品牌的设备融入，协议采用 OSPF。

福州局域网通过多层交换实现 VLAN 间路由，所有 VLAN 的网关终结于三层交换机。

三层交换机启用路由功能，启用端口三层特性与路由器互联，运行 OSPF 路由协议。

福州公司以鼓楼区作为中心 LAN 进行 VLAN 的划分，各县区只允许 1 个 VLAN。

8.3 拓扑设计

用户规划的网络拓扑如图 8-1 所示。

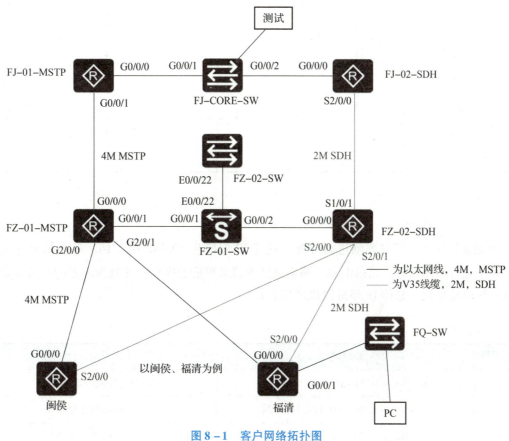

图 8-1 客户网络拓扑图

8.4 网络规划

8.4.1 设备选型

根据拓扑设计，在每个节点选择的设备、板卡及线缆见表 8-1。

表 8-1 设备选型

序号	地点	AR1220 路由器	4GEW-T 板卡	2SA 板卡	V35 线缆	3700 交换机
1	福州	2	1	2	3	2
2	福建省中心	2	0	0	0	1

续表

序号	地点	AR1220 路由器	4GEW-T 板卡	2SA 板卡	V35 线缆	3700 交换机
3	闽侯	1	0	1	1	0
4	闽清	1	0	1	1	0
5	福清	1	0	1	1	1
6	长乐	1	0	1	1	0
7	平潭	1	0	1	1	0
8	罗源	1	0	1	1	0
9	永泰	1	0	1	1	0
10	连江	1	0	1	1	0

8.4.2 IP 地址规划

IP 地址按照统一规划原则进行分配,福建 IP 网段为 10.188.0.0/16。事先划分好地址块有利于进行子网划分、路由汇总、路由过滤等将来可能的操作,并且为未来的发展预留好连续可用的地址块。总体 IP 地址段规划见表 8-2。

表 8-2 总体 IP 地址段规划

序号	地址段	用途
1	10.188.0.0/24 ~ 10.188.15.0/24	省中心局域网地址段
2	10.188.16.0/24 ~ 10.188.31.0/24	福州局域网地址段
3	10.188.32.0/24 ~ 10.188.63.0/24	五区八县局域网地址段
4	10.188.64.0/24 ~ 10.188.65.0/24	下联五区八县广域网地址段
5	10.188.66.0/24 ~ 10.188.67.0/24	上联省中心广域网地址段
6	10.188.68.0/24	省中心内部设备互联网段
7	10.188.69.0/24	福州内部设备互联网段
8	10.188.127.0/24	省中心设备管理地址段
9	10.188.126.0/24	福州设备管理地址段
10	10.188.125.0/24	五区八县设备管理地址段
11	10.188.128.0/24 ~ 10.188.255.0/24	预留

在广域网地址具体的使用上遵循设备互联使用 30 位的 IP,主设备和上级设备用单数,备用设备和下级设备用偶数,见表 8-3。

表 8－3 广域网地址分配表

设备名	接口	IP 地址	对端设备	接口	IP 地址	线路
FZ－01－MSTP	G2/0/0	10.188.64.1/30	MH－AR	G0/0/0	10.188.64.2/30	电信
	G2/0/1	10.188.64.5/30	FQ－AR	G0/0/0	10.188.64.6/30	
	G0/0/0	10.188.66.2/30	FJ－－01－MSTP	G0/0/1	10.188.66.1/30	
FZ－02－SDH	S2/0/0	10.188.65.1/30	MH－AR	S2/0/0	10.188.65.2/30	联通
	S2/0/1	10.188.65.5/30	FQ－AR	S2/0/0	10.188.65.6/30	
	S1/0/1	10.188.67.2/30	FJ－－02－SDH	S2/0/0	10.188.67.1/30	

除了广域网地址以外，根据 IP 地址总体规划局域网内的互联地址采用 30 位掩码，使用规划见表 8－4。

表 8－4 局域网内互联地址使用规划

设备	接口	IP 地址
FZ－01－MSTP	G0/0/1	10.188.69.1/30
FZ－02－SDH	G0/0/0	10.188.69.5/30
FZ－01－SW	G0/0/1（VLAN100）	10.188.69.2/30
	G0/0/2（VLAN101）	10.188.69.6/30
FJ－01－MSTP	G0/0/0	10.188.68.1/30
FJ－02－SDH	G0/0/0	10.188.68.5/30
FJ－CORE－SW	G0/0/1（VLAN100）	10.188.68.2/30
	G0/0/2（VLAN101）	10.188.68.6/30

五区八县局域网使用规划见表 8－5。

表 8－5 五区八县局域网地址使用规划

序号	地点	局域网段
1	闽侯	10.188.32.0/24
2	福清	10.188.33.0/24
3	闽清	10.188.34.0/24
4	长乐	10.188.35.0/24

续表

序号	地点	局域网段
5	平潭	10.188.36.0/24
6	罗源	10.188.37.0/24
7	永泰	10.188.38.0/24
8	连江	10.188.39.0/24

根据总体 IP 地址段规划设计，福建及福州局域网交换机采用各自管理地址段的最后 16 个地址，路由器的管理地址按各自管理网段顺序采用地址，见表 8-6。

表 8-6 设备管理地址

序号	设备名称	管理接口	IP 地址	子网掩码
1	FJ–CORE–SW	Loopback 1	10.188.127.254	32
2	FZ–01–SW	VLAN 1	10.188.126.254	28
3	FZ–02–SW	VLAN 1	10.188.126.253	28
4	FJ--01–MSTP	Loopback 1	10.188.127.1	32
5	FJ--02–SDH	Loopback 1	10.188.127.2	32
6	FZ--01–MSTP	Loopback 1	10.188.126.1	32
7	FZ--02–SDH	Loopback 1	10.188.126.2	32
8	MH–AR	Loopback 1	10.188.125.1	32
9	FQ–AR	Loopback 1	10.188.125.2	32
10	MQ–AR	Loopback 1	10.188.125.3	32
11	CL–AR	Loopback 1	10.188.125.4	32
12	PT–AR	Loopback 1	10.188.125.5	32
13	LY–AR	Loopback 1	10.188.125.6	32
14	YT–AR	Loopback 1	10.188.125.7	32
15	LJ–AR	Loopback 1	10.188.125.8	32

8.4.3 设备接口对接表

设备接口对接表见表 8-7。

表 8-7　设备接口对接表

本端设备	接口	对端设备	接口
FJ-01-MSTP	G0/0/0	FJ-01-MSTP	G0/0/1
	G0/0/1	FZ-1-SW	G0/0/1
	G2/0/0	MH-AR	G0/0/0
	G20/0/1	FQ-AR	G0/0/1
	G2/0/3	Internet	G0/0/0
FZ-02-SDH	G0/0/0	FZ-01-SW	G0/0/2
	G0/0/1	FJ-02-SDH	G0/0/1
	S1/0/0	WAILIAN-AR	S2/0/0
	S1/0/1	MH-AR	S2/0/1
	S2/0/0	FQ-AR	S2/0/1
FZ-01-SW	G0/0/1	FZ-01-MSTP	G0/0/1
	G0/0/2	FZ-02-SDH	G0/0/0
	E0/0/22	FZ-02-SW	E0/0/22
FZ-02-SW	E0/0/22	FZ-01-SW	E0/0/22
FJ-01-MSTP	G0/0/0	FJ-CORE-SW	G0/0/1
	G0/0/1	FZ-01-MSTP	G0/0/0
FJ-02-SDH	G0/0/0	FJ-CORE-SW	G0/0/2
	G0/0/1	FZ-02-SDH	G0/0/1
FJ-CORE-SW	G0/0/1	FJ-01-MSTP	G0/0/0
	G0/0/2	FJ-02-SDH	G0/0/0
Internet	G0/0/0	FZ-01-MSTP	G2/0/3
MH-AR	G0/0/0	FZ-01-MSTP	G2/0/0
	S2/0/1	FZ-02-SDH	S1/0/1
FQ-AR	G0/0/0	FQ-SW	G0/0/1
	G0/0/1	FZ-01-MSTP	G2/0/1
	S2/0/1	FZ-02-SDH	S2/0/0
FQ-SW	G0/0/1	FQ-AR	G0/0/0
	E0/0/1	PC	E0/0/1
WAILIAN-AR	S2/0/0	FZ-02-SDH	S1/0/0

8.4.4 设备命名

路由器命名原则：

➢ 地市的拼音首字缩写－主从－线路类型，例如福州 MSTP 线路路由器：FZ－01－MSTP；县（区）路由器命名：县（区）拼音首字缩写－型号，例如福清 AR 路由器：FQ－AR。

➢ 地市交换机命名：地市的拼音首字缩写－编号－型号，例如福州局域网交换机1：FZ－01－SW。

➢ 县（区）交换机命名：县（区）拼音首字缩写－型号，例如福清交换机：FQ－SW。

8.4.5 运营商线路选择

福州上联福建省中心，采用双上行线路，以电信的 MSTP 4M 作为主线路，联通的 SDH 2M 作为备线路。福州下联各县（区），采用双下行线路，以电信的 MSTP 4M 作为主线路，联通的 SDH 2M 作为备线路。

8.4.6 路由规划

福州路由器与福建省中心路由器运行 OSPF，并且在同一区域中（Area 0），福州 LAN 规划到 OSPF Area 0 中。福州与各县区运行 OSPF，并且在同一个区域中（Area1），并保证优先走电信 MSTP 4M 线路，联通 SDH 线路作为备份。实现全网路由互通，如图 8－2 所示。

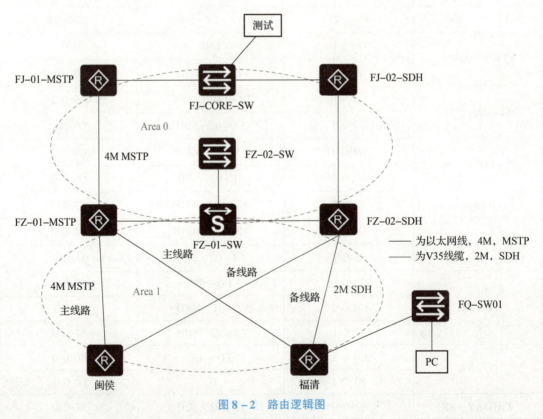

图 8－2　路由逻辑图

8.4.7 省中心及福州总部局域网规划

①省中心及福州总部规划5个LAN，其中VLAN 1作为管理VLAN，用来管理网络设备。VLAN 10规划为办公；VLAN 20规划为财务中心；VLAN 30规划为管理中心；VLAN 40规划为业务服务器，见表8-8。

表8-8 省中心及福州二层VLAN规划

FZ-01-SW 的 VLAN 规划	描述	成员
VLAN 10	BanGong	E0/0/1-5
VLAN 20	CaiWuZhongXin	E0/0/6-10
VLAN 30	GuanLiZhongXin	E0/0/11-15
VLAN 40	YeWuServer	E0/0/16-20
FZ-02-SW 的 VLAN 规划	描述	成员
VLAN 10	BanGong	E0/0/1-5
VLAN 20	CaiWuZhongXin	E0/0/6-10
VLAN 30	GuanLiZhongXin	E0/0/11-15
VLAN 40	YeWuServer	E0/0/16-20
FJ-CORE-SW 的 VLAN 规划	描述	成员
VLAN 10	BanGong	E0/0/3-5
VLAN 20	CaiWuZhongXin	E0/0/6-10
VLAN 30	GuanLiZhongXin	E0/0/11-15
VLAN 40	YeWuServer	E0/0/16-20

②以FZ-01-SW作为福州VLAN的网关，实现VLAN间的通信，见表8-9。

表8-9 福州三层VLAN规划

FZ-01-SW	描述	子网	网关
VLAN 10	BanGong	10.188.16.0/24	10.188.16.254
VLAN 20	CaiWuZhongXin	10.188.17.0/24	10.188.17.254
VLAN 30	GuanLiZhongXin	10.188.18.0/24	10.188.18.254
VLAN 40	YeWuServer	10.188.19.0/24	10.188.19.254

③以FJ-CORE-SW作为省中心局域网的网关，实现VLAN间的通信，见表8-10。

表 8-10　省中心三层 VLAN 规划

FJ-CORE-SW	描述	子网	网关
VLAN 10	BanGong	10.188.0.0/24	10.188.0.254
VLAN 20	CaiWuZhongXin	10.188.1.0/24	10.188.1.254
VLAN 30	GuanLiZhongXin	10.188.2.0/24	10.188.2.254
VLAN 40	YeWuServer	10.188.3.0/24	10.188.3.254

8.5　试点调试

试点调试是工程实施中一个非常重要的环节，直接影响到整个项目的实施进度和方案的正确与否，通过试点后，对已经设计完的方案进行修改，形成实施文档，提交给项目组成员分派到用户各现场进行实施。这个文档成为项目实施的一个指导书。通常试点分为两种：在实验室模拟用户现场进行调试；利用用户的现有环境进行调试。试点至少有两个区域的网络才能够进行调试。

8.5.1　配置模板

FJ-01-MSTP 的配置：

```
 sysname FJ-01-MSTP
#
aaa
 local-user admin password cipher huawei
local-user admin privilege level 15
local-user admin service-type telnet
#
interface GigabitEthernet0/0/0
 ip address 10.188.68.1 255.255.255.252
#
interface GigabitEthernet0/0/1
 ip address 10.188.66.1 255.255.255.252
#
interface LoopBack1
 ip address 10.188.127.1 255.255.255.255
#
ospf 10
 area 0.0.0.0
  network 10.188.66.0 0.0.0.3
  network 10.188.68.0 0.0.0.3
  network 10.188.127.1 0.0.0.0
#
user-interface vty 0 4
 authentication-mode aaa
```

FJ-02-MSTP 的配置：

```
sysname FJ-02-SDH
#
aaa
 local-user admin password cipher huawei
local-user admin privilege level 15
local-user admin service-type telnet
#
interface Serial2/0/0
 link-protocol ppp
 ip address 10.188.67.1 255.255.255.252
#
interface GigabitEthernet0/0/0
 ip address 10.188.68.5 255.255.255.252
#
interface LoopBack1
 ip address 10.188.127.2 255.255.255.255
#
ospf 10
 area 0.0.0.0
  network 10.188.67.0 0.0.0.3
  network 10.188.68.4 0.0.0.3
  network 10.188.127.2 0.0.0.0
#
user-interface vty 0 4
 authentication-mode aaa
```

FZ-01-MSTP 的配置：	FZ-02-SDH 的配置：
sysname FZ-01-MSTP # aaa 　local-user admin password cipher huawei 　local-user admin privilege level 15 　local-user admin service-type telnet # interface GigabitEthernet0/0/0 　ip address 10.188.66.2 255.255.255.252 # interface GigabitEthernet0/0/1 　ip address 10.188.69.1 255.255.255.252 # interface GigabitEthernet2/0/0 　ip address 10.188.64.1 255.255.255.252 　ospf cost 10 # interface GigabitEthernet2/0/1 　ip address 10.188.64.5 255.255.255.252 　ospf cost 10 # interface LoopBack1 　ip address 10.188.126.1 255.255.255.255 # ospf 10 　area 0.0.0.0 　　network 10.188.66.0 0.0.0.3 　　network 10.188.69.0 0.0.0.3 　　network 10.188.126.1 0.0.0.0 　area 0.0.0.1 　　network 10.188.64.0 0.0.0.3 　　network 10.188.64.4 0.0.0.3 # user-interface vty 0 4 　authentication-mode aaa	sysname FZ-02-SDH # aaa 　local-user admin password cipher huawei 　local-user admin privilege level 15 　local-user admin service-type telnet # interface Serial1/0/1 　link-protocol ppp 　ip address 10.188.67.2 255.255.255.252 # interface Serial2/0/0 　link-protocol ppp 　ip address 10.188.65.1 255.255.255.252 　ospf cost 20 # interface Serial2/0/1 　link-protocol ppp 　ip address 10.188.65.5 255.255.255.252 　ospf cost 20 # interface GigabitEthernet0/0/0 　ip address 10.188.69.5 255.255.255.252 # interface LoopBack1 　ip address 10.188.126.2 255.255.255.255 # ospf 10 　area 0.0.0.0 　　network 10.188.67.0 0.0.0.3 　　network 10.188.69.4 0.0.0.3 　　network 10.188.126.2 0.0.0.0 　area 0.0.0.1 　　network 10.188.65.0 0.0.0.3 　　network 10.188.65.4 0.0.0.3 # user-interface vty 0 4 　authentication-mode aaa
FQ-AR 的配置： 注：其他网点设备配置应做相应的变动	MH-AR 的配置： 注：其他网点设备配置应做相应的变动
sysname FQ-AR # aaa 　local-user admin password cipher hauwei 　local-user admin privilege level 15 　local-user admin service-type telnet #	sysname MH-AR # aaa 　local-user admin password cipher huawei 　local-user admin privilege level 15 　local-user admin service-type telnet #

```
interface Serial2/0/0                                  interface Serial2/0/0
 link-protocol ppp                                      link-protocol ppp
 ip address 10.188.65.6 255.255.255.252                 ip address 10.188.65.2 255.255.255.252
 ospf cost 20                                           ospf cost 20
#                                                      #
interface GigabitEthernet0/0/0                         interface GigabitEthernet0/0/0
 ip address 10.188.64.6 255.255.255.252                 ip address 10.188.64.2 255.255.255.252
 ospf cost 10                                           ospf cost 10
#                                                      #
interface GigabitEthernet0/0/1                         interface LoopBack1
 ip address 10.188.33.254 255.255.255.0                 ip address 10.188.125.1 255.255.255.255
#                                                      #
interface LoopBack1                                    ospf 10
 ip address 10.188.125.2 255.255.255.255                area 0.0.0.1
#                                                       network 10.188.64.0 0.0.0.3
ospf 10                                                 network 10.188.65.0 0.0.0.3
 area 0.0.0.1                                           network 10.188.125.1 0.0.0.0
  network 10.188.33.0 0.0.0.255                        #
  network 10.188.64.4 0.0.0.3                          user-interface vty 0 4
  network 10.188.65.4 0.0.0.3                           authentication-mode aaa
  network 10.188.125.2 0.0.0.0
#
user-interface vty 0 4
 authentication-mode aaa
```

FZ-01-SW 的配置: FZ-02-SW 的配置:

```
sysname FZ-01-SW                                       sysname FZ-02-SW
#                                                      #
vlan batch 10 20 30 40 100 to 101                      vlan batch 10 20 30 40
#                                                      #
vlan 10                                                vlan 10
 description BanGong                                    description BanGong
vlan 20                                                vlan 20
 description CaiWuZhongXin                              description CaiWuZhongXin
vlan 30                                                vlan 30
 description GuanLiZhongXin                             description GuanLiZhongXin
vlan 40                                                vlan 40
 description YeWuServer                                 description YeWuServer
#                                                      #
aaa                                                    aaa
 local-user admin password cipher huawei                local-user admin password cipher huawei
 local-user admin privilege level 15                    local-user admin privilege level 15
 local-user admin service-type telnet                   local-user admin service-type telnet
#                                                      #
interface Vlanif1                                      interface Vlanif1
 ip address 10.188.126.254 255.255.255.240              ip address 10.188.126.253 255.255.255.240
#                                                      #
interface Vlanif10                                     interface MEth0/0/1
 description BanGong                                   #
 ip address 10.188.16.254 255.255.255.0                interface Ethernet0/0/1
```

```
#
interface Vlanif20
 ip address 10.188.17.254 255.255.255.0
#
interface Vlanif30
 ip address 10.188.18.254 255.255.255.0
#
interface Vlanif40
 ip address 10.188.19.254 255.255.255.0
#
interface Vlanif100
 ip address 10.188.69.2 255.255.255.252
#
interface Vlanif101
 ip address 10.188.69.6 255.255.255.252
#
interface MEth0/0/1
#
interface Ethernet0/0/1
 port link-type access
 port default vlan 10
#
interface Ethernet0/0/2
 port link-type access
 port default vlan 10
#
interface Ethernet0/0/3
 port link-type access
 port default vlan 10
#
interface Ethernet0/0/4
 port link-type access
 port default vlan 10
#
interface Ethernet0/0/5
 port link-type access
 port default vlan 10
#
interface Ethernet0/0/6
 port link-type access
 port default vlan 20
#
interface Ethernet0/0/7
 port link-type access
 port default vlan 20
#
interface Ethernet0/0/8
 port link-type access
 port default vlan 20
#
 port link-type access
 port default vlan 10
interface Ethernet0/0/2
 port link-type access
 port default vlan 10
#
interface Ethernet0/0/3
 port link-type access
 port default vlan 10
#
interface Ethernet0/0/4
 port link-type access
 port default vlan 10
#
interface Ethernet0/0/5
 port link-type access
 port default vlan 10
#
interface Ethernet0/0/6
 port link-type access
 port default vlan 20
#
interface Ethernet0/0/7
 port link-type access
 port default vlan 20
#
interface Ethernet0/0/8
 port link-type access
 port default vlan 20
#
interface Ethernet0/0/9
 port link-type access
 port default vlan 20
#
interface Ethernet0/0/10
 port link-type access
 port default vlan 20
#
interface Ethernet0/0/11
 port link-type access
 port default vlan 30
#
interface Ethernet0/0/12
 port link-type access
 port default vlan 30
#
interface Ethernet0/0/13
 port link-type access
 port default vlan 30
```

```
interface Ethernet0/0/9
 port link-type access
 port default vlan 20
#
interface Ethernet0/0/10
 port link-type access
 port default vlan 20
#
interface Ethernet0/0/11
 port link-type access
 port default vlan 30
#
interface Ethernet0/0/12
 port link-type access
 port default vlan 30
#
interface Ethernet0/0/13
 port link-type access
 port default vlan 30
#
interface Ethernet0/0/14
 port link-type access
 port default vlan 30
#
interface Ethernet0/0/15
 port link-type access
 port default vlan 30
#
interface Ethernet0/0/16
 port link-type access
 port default vlan 40
#
interface Ethernet0/0/17
 port link-type access
 port default vlan 40
#
interface Ethernet0/0/18
 port link-type access
 port default vlan 40
#
interface Ethernet0/0/19
 port link-type access
 port default vlan 40
#
interface Ethernet0/0/20
 port link-type access
 port default vlan 40
#
interface Ethernet0/0/21
#
interface Ethernet0/0/14
 port link-type access
 port default vlan 30
#
interface Ethernet0/0/15
 port link-type access
 port default vlan 30
#
interface Ethernet0/0/16
 port link-type access
 port default vlan 40
#
interface Ethernet0/0/17
 port link-type access
 port default vlan 40
#
interface Ethernet0/0/18
 port link-type access
 port default vlan 40
#
interface Ethernet0/0/19
 port link-type access
 port default vlan 40
#
interface Ethernet0/0/20
 port link-type access
 port default vlan 40
#
interface Ethernet0/0/21
#
interface Ethernet0/0/22
 port link-type trunk
 port trunk allow-pass vlan 2 to 4094
#
interface GigabitEthernet0/0/1
#
interface GigabitEthernet0/0/2
#
interface NULL0
#
ospf 10
 area 0.0.0.0
  network 10.188.126.240 0.0.0.15
#
user-interface con 0
user-interface vty 0 4
 authentication-mode aaa
#
return
```

```
interface Ethernet0/0/22
 port link-type trunk
 port trunk allow-pass vlan 2 to 4094
#
interface GigabitEthernet0/0/1
 port link-type access
 port default vlan 100
#
interface GigabitEthernet0/0/2
 port link-type access
 port default vlan 101
#
interface NULL0
#
ospf 10
 area 0.0.0.0
  network 10.188.69.0 0.0.0.3
  network 10.188.69.4 0.0.0.3
  network 10.188.126.240 0.0.0.15
  network 10.188.16.0 0.0.0.255
  network 10.188.17.0 0.0.0.255
  network 10.188.18.0 0.0.0.255
  network 10.188.19.0 0.0.0.255
#
user-interface con 0
user-interface vty 0 4
 authentication-mode aaa
#
return
```

FJ-CORE-SW 的配置：

```
sysname FJ-CORE-SW
#
vlan batch 10 20 30 40 100 to 101
#
vlan 10
 description BanGong
vlan 20
 description CaiWuZhongXin
vlan 30
 description GuanLiZhongXin
vlan 40
 description YeWuServer
#
aaa
 local-user admin password cipher huawei
 local-user admin privilege level 15
 local-user admin service-type telnet
#
interface Vlanif1
```

```
#
interface Vlanif10
 ip address 10.188.0.254 255.255.255.0
#
interface Vlanif20
 ip address 10.188.1.254 255.255.255.0
#
interface Vlanif30
 ip address 10.188.2.254 255.255.255.0
#
interface Vlanif40
 ip address 10.188.3.254 255.255.255.0
#
interface Vlanif100
 ip address 10.188.68.2 255.255.255.252
#
interface Vlanif101
 ip address 10.188.68.6 255.255.255.252
#
interface MEth0/0/1
#
interface GigabitEthernet0/0/1
 port link-type access
 port default vlan 100
#
interface GigabitEthernet0/0/2
 port link-type access
 port default vlan 101
#
interface GigabitEthernet0/0/3
 port link-type access
 port default vlan 10
#
interface GigabitEthernet0/0/4
 port link-type access
 port default vlan 10
#
interface GigabitEthernet0/0/5
 port link-type access
 port default vlan 10
#
interface GigabitEthernet0/0/6
 port link-type access
 port default vlan 20
#
interface GigabitEthernet0/0/7
 port link-type access
 port default vlan 20
#
interface GigabitEthernet0/0/8
```

```
 port link-type access
 port default vlan 20
#
interface GigabitEthernet0/0/9
 port link-type access
 port default vlan 20
#
interface GigabitEthernet0/0/10
 port link-type access
 port default vlan 20
#
interface GigabitEthernet0/0/11
 port link-type access
 port default vlan 30
#
interface GigabitEthernet0/0/12
 port link-type access
 port default vlan 30
#
interface GigabitEthernet0/0/13
 port link-type access
 port default vlan 30
#
interface GigabitEthernet0/0/14
 port link-type access
 port default vlan 30
#
interface GigabitEthernet0/0/15
 port link-type access
 port default vlan 30
#
interface GigabitEthernet0/0/16
 port link-type access
 port default vlan 40
#
interface GigabitEthernet0/0/17
 port link-type access
 port default vlan 40
#
interface GigabitEthernet0/0/18
 port link-type access
 port default vlan 40
#
interface GigabitEthernet0/0/19
 port link-type access
 port default vlan 40
#
interface GigabitEthernet0/0/20
 port link-type access
 port default vlan 40
```

```
#
interface LoopBack1
 ip address 10.188.127.254 255.255.255.255
#
ospf 10
 area 0.0.0.0
  network 10.188.127.254 0.0.0.0
  network 10.188.68.0 0.0.0.3
  network 10.188.68.4 0.0.0.3
  network 10.188.0.0 0.0.0.255
  network 10.188.1.0 0.0.0.255
  network 10.188.2.0 0.0.0.255
  network 10.188.3.0 0.0.0.255
#
user-interface con 0
user-interface vty 0 4
 authentication-mode aaa
#
return
```

8.5.2 网络设备状态测试

在路由器和交换机上进行网络设备状态检测并与预期输出进行比对。

路由器验证（表8-11）：

表8-11 路由器验证

序号	命令	结果
1	dis ip int brief	□ 正常　□ 不正常
2	dis ip ospf peer brief	□ 正常　□ 不正常
3	dis ip route	□ 正常　□ 不正常

交换机验证（表8-12）：

表8-12 交换机验证

序号	命令	结果
1	dis vlan	□ 正常　□ 不正常
2	dis ip int brief	□ 正常　□ 不正常
3	dis ip ospf peer brief	□ 正常　□ 不正常
4	dis ip route	□ 正常　□ 不正常

8.5.3 网络连通性测试

在 PC 上使用 ping 命令进行网络连通性测试,如图 8-3 所示。

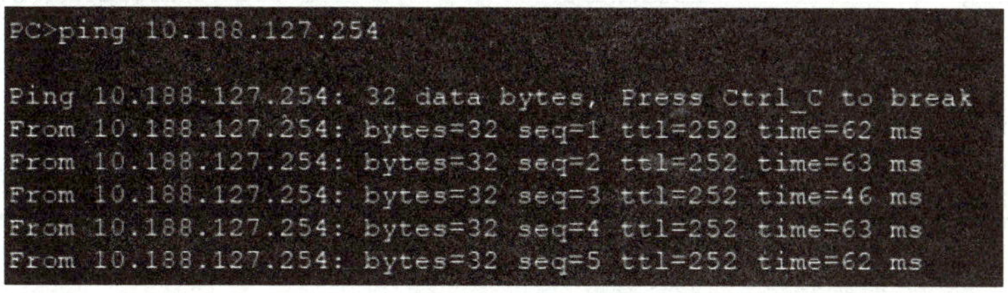

```
PC>ping 10.188.127.254

Ping 10.188.127.254: 32 data bytes, Press Ctrl_C to break
From 10.188.127.254: bytes=32 seq=1 ttl=252 time=62 ms
From 10.188.127.254: bytes=32 seq=2 ttl=252 time=63 ms
From 10.188.127.254: bytes=32 seq=3 ttl=252 time=46 ms
From 10.188.127.254: bytes=32 seq=4 ttl=252 time=63 ms
From 10.188.127.254: bytes=32 seq=5 ttl=252 time=62 ms
```

图 8-3 网络连通性测试

测试结果见表 8-13。

表 8-13 连通性测试表

序号	IP 地址	用途	测试结果
1	10.188.127.254	设备管理地址	通
2	10.188.126.254	设备管理地址	通
3	10.188.126.253	设备管理地址	通
4	10.188.127.1	设备管理地址	通
5	10.188.127.2	设备管理地址	通
6	10.188.126.1	设备管理地址	通
7	10.188.126.2	设备管理地址	通
8	10.188.125.1	设备管理地址	通
9	10.188.125.2	设备管理地址	通
10	10.188.64.1	广域网接口地址	通
11	10.188.64.5	广域网接口地址	通
12	10.188.66.2	广域网接口地址	通
13	10.188.65.1	广域网接口地址	通
14	10.188.65.5	广域网接口地址	通
15	10.188.67.2	广域网接口地址	通
16	10.188.16.254	局域网网关	通
17	10.188.17.254	局域网网关	通
18	10.188.18.254	局域网网关	通
19	10.188.19.254	局域网网关	通

续表

序号	IP 地址	用途	测试结果
20	10.188.0.254	局域网网关	通
21	10.188.1.254	局域网网关	通
22	10.188.2.254	局域网网关	通
23	10.188.3.254	局域网网关	通

8.5.4 路由选路测试

在 PC 上通过 Tracert 命令测试到达省中心设备管理地址的路由路径，符合以电信线路为主的预期（10.188.64.5 配置在电信线路上），如图 8-4 所示。

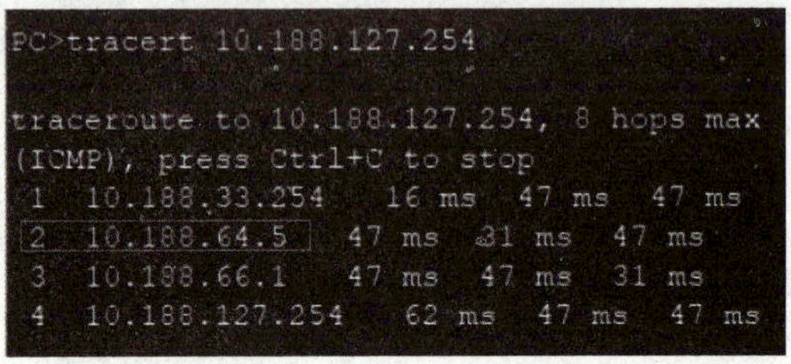

```
PC>tracert 10.188.127.254
traceroute to 10.188.127.254, 8 hops max
(ICMP), press Ctrl+C to stop
 1  10.188.33.254    16 ms  47 ms  47 ms
 2  10.188.64.5      47 ms  31 ms  47 ms
 3  10.188.66.1      47 ms  47 ms  31 ms
 4  10.188.127.254   62 ms  47 ms  47 ms
```

图 8-4 路由选路

8.6 实施周期安排及验收

8.6.1 实施周期安排

项目名称	福建省××××网络建设		合同号	×× BJJCSB1108190
客户名称			实施人数	3
时间	2022.3.5—2022.3.23		项目经理	张××
项目成员	张××（项目经理）、陈××、林××、蔡××			
序号	实施地点	实施时间	实施人员	备注
1	福州	3.5—3.9	所有人员	项目所有成员一起实施（同时对参与人员进行项目培训）作为试点进行最终的文档完善
2	罗源	3.8—3.9	陈××	张××在福州中心支持
3	闽侯	3.12—3.14	蔡××	张××在福州中心支持
4	闽清	3.12—3.14	林××	张××在福州中心支持

续表

项目名称	福建省××××网络建设		合同号	×× BJJCSB1108190
客户名称			实施人数	3
时间	2022.3.5—2022.3.23		项目经理	张××
项目成员	张××（项目经理）、陈××、林××、蔡××			
序号	实施地点	实施时间	实施人员	备注
5	福清	3.12—3.14	陈××	张××在福州中心支持
6	长乐	3.15—3.16	林××	张××在福州中心支持
7	平潭	3.15—3.16	蔡××	张××在福州中心支持
8	连江	3.19—3.21	蔡××	张××在福州中心支持
9	永泰	3.19—3.21	陈××	张××在福州中心支持
实施人员	此表格由具体实施人员填写			
	实施人员： 日　期：　　年　　月　　日		项目经理： 日　期：　　年　　月　　日	

8.6.2　验收文档

福建省××××网络建设验收报告

项目名称	福建省××××		合同号	×× BJJCSB1108190
客户名称			实施人数	
时间			项目经理	张××
参加人员				
序号	实施地点	实施时间	实施人员	备注
1				甲方（集成商）
2				乙方（用户）
实施人员	此表格由具体实施人员填写			
	实施人员： 日　期：___年___月___日		项目经理： 日　期：___年___月___日	

续表

项目名称	福建省××××		合同号	×× BJJCSB1108190
客户名称			实施人数	
时间			项目经理	张××
参加人员				
序号	实施地点	实施时间	实施人员	备注

用户意见:	
甲 方：福建省×××× 授权代表：_____（签章） 日 期：_____	乙 方：福建××信息技术股份有限公司 授权代表：_____（签章） 日 期：_____

项目总结

首先恭喜你坚持到了最后并顺利完成了一个完整的项目。这是公司所有项目中的一个小项目，但是对于你来说，却是成长历程中非常重要的一个大项目。我们和小陈、老张等团队成员一起，共同完成了项目中的网络规划、试点调试等重大工作任务。这些任务使得我们对于具体技术在项目中的应用有了更加深刻的理解与认识。我们不再是"菜鸟"，我们已经成为能够在工作中独当一面的专业网络工程师。通过项目实践，你与小陈都明白了，IP地址的分类和子网的划分只是一个个碎片化的知识，通过具体的网络规划，合情合理地应用这方面的技术才是真正的掌握。通过具体地撰写配置模板，在实施中应用模板进行配置，你与小陈更加明白了认真细致的工作态度、对具体技术理论和实操的深刻了解，是确保项目顺利进行的两个重要关键因素。

越发努力地学习，越发努力地吸收，越感觉自己知识和技能的储备还远远不足。世间所有美好的事，都值得我们花点时间慢慢来，让我们继续一起努力，共同进步，找到未来人生职业生涯的锚点，开启全新的篇章。

参 考 文 献

［1］华为技术有限公司．网络系统建设与运维［M］．北京：人民邮电出版社，2020．
［2］华为技术有限公司．数据通信与网络技术［M］．北京：人民邮电出版社，2021．
［3］鲍勃·瓦尚，艾伦·约翰逊．路由和交换基础［M］．北京：人民邮电出版社，2018．
［4］鲍勃·瓦尚，艾伦·约翰逊．扩展网络［M］．北京：人民邮电出版社，2018．
［5］时瑞鹏，汪双顶，刘颖．网络设备安装与维护［M］．北京：高等教育出版社，2022．